化学检验工（中级）职业技能鉴定指导

主　　编　　方向红　张元志

副 主 编　　杜永芳　胡婉玉　钟　静

编写人员　（以姓氏笔画为序）

　　　　　　方向红　方　星　张元志　杜永芳

　　　　　　胡婉玉　钟　静　戴晨伟

U0350529

中国科学技术大学出版社

内容简介

　　本书是学生在学习了无机化学、有机化学、化学实验技能训练、分析化学、仪器分析等课程之后,以化学检验工(中级)职业资格标准为要求进行化学检验工(中级)职业技能鉴定的应知应会的知识技能的综合训练,注重培养学生将理论知识用于实践的应用能力和实际动手操作的能力,为学生参加化学检验工(中级)职业技能资格鉴定奠定职业技能基础,为在校化工技术类专业学生和企业员工进行化学检验工(中级)技能培训鉴定提供理论综合复习及技能训练指导。

　　本书适用于工业分析与检验、应用化工技术、精细化学品生产技术、生物化工工艺和环境监测与治理技术等专业大学二年级学生在学习过基础化学、化学实验技能训练、仪器分析等课程后参加化学检验工(中级)技能鉴定的培训指导。

图书在版编目(CIP)数据

化学检验工(中级)职业技能鉴定指导/方向红,张元志主编. —合肥:中国科学技术大学出版社,2014.8
ISBN 978-7-312-03481-7

Ⅰ. 化…　Ⅱ. ①方…②张…　Ⅲ. 化工产品—检验—职业技能—鉴定—自学参考资料
Ⅳ. TQ075

中国版本图书馆 CIP 数据核字(2014)第 153214 号

出版	中国科学技术大学出版社
	安徽省合肥市金寨路 96 号,230026
	http://press.ustc.edu.cn
印刷	合肥市宏基印刷有限公司
发行	中国科学技术大学出版社
经销	全国新华书店
开本	787 mm×1092 mm　1/16
印张	13.5
字数	354 千
版次	2014 年 8 月第 1 版
印次	2014 年 8 月第 1 次印刷
定价	29.00 元

前　言

随着各行各业对人才需求的迅速增长,职业院校作为培养和输送各类技能型技术型实用人才的基地,在经过迅速扩大办学规模的初步发展阶段后,现进入调整专业结构、加强内涵建设、提高人才培养质量的深化发展阶段,以适应社会主义市场经济对各类实用人才的需求。职业教育的根本任务是培养有较强动手能力和职业能力的技能型人才,而实际训练是培养这种能力的关键环节。

如何检验化工技术类专业学生在毕业时的理论知识和技能水平? 安徽职业技术学院经过多年的教学经验积累,探索出"双证融入,跟班实训,顶岗实习"的人才培养模式,即将"化学检验工(中级)"和"专业对应工种"两种职业资格标准融入化工技术类专业课程体系和教学内容中。在第一学年学习基础化学类课程,同时进行化学实验技能训练,在第三学期要求学生通过"化学检验工"中级工职业技能鉴定;在第二学年学习专业核心课程的理论知识及训练专业技能,在第五学期进行专业对应工种的职业资格技能鉴定,提升学生的综合技能;通过组织专业技能竞赛检验学生的专业理论知识和综合技能水平,为第六学期学生"顶岗实习"做准备,为学生顺利毕业进入企业工作岗位奠定基础。

本书是在全国石油化工行业职业技能竞赛题库的基础上,根据安徽职业技术学院化工系探索出的"双证融入,跟班实训,顶岗实习"人才培养模式,开发编写的各专业对应工种职业技能鉴定指导系列教程之一。工业分析与检验专业对应的双证是化学检验工(中级)+化学检验工(高级),应用化工技术专业对应的双证是化学检验工(中级)+化工总控工(高级),精细化学品生产技术专业对应的双证是化学检验工(中级)+有机合成工(高级),生物化工工艺专业对应的双证是化学检验工(中级)+化工总控工(高级),环境监测与治理技术专业对应的双证是化学检验工(中级)+三废处理工(高级)。其中,应用化工技术专业和生物化工工艺专业对应的第二个工种职业资格证书虽然都是化工总控工,但两个专业的理论、仿真考核的标准不同。应用化工技术专业对应的理论考核知识主要是应用化工技术专业主干课程,仿真考核的是乙醛氧化制醋酸氧化工段;生物化工专业对应的理论考核知识主要是生物化工工艺专业主干课程,仿真考核的是15个化工单元的组合。应用化工技术专业和生物化工工艺实操考核的项目基本相同。

安徽职业技术学院在 A 联盟的指导下,与兄弟院校合作开发编写出《基础化学》(上、下册)和《基础化学实验》(上、下册),由中国科学技术大学出版社出版发行。现进一步借助安徽职业技术学院化工技术类品牌专业群建设之力,编写出版化工系各专业对应工种职业技能鉴定指导教程。

安徽职业技术学院结合多年开展化学检验工职业技能鉴定和安徽省及全国职业技能大赛石油化工类专业对应的化学检验工(暨工业分析与检验)赛项参赛经验,编写出的《化学检验工(中级)职业技能鉴定指导》,是学生在学习了无机化学、有机化学、化学实验技能训练、分析化学、仪器分析等课程之后,以化学检验工(中级)职业资格标准为要求进行化学检验工(中级)职业技能鉴定的应知应会的知识技能的综合训练,注重培养学生将理论知识用于实践的应用能力和实际动手操作的能力,为学生参加化学检验工(中级)职业技能资格鉴定奠定职业技能基础,为在校化工技术类专业学生和企业员工进行化学检验工(中级)技能培训鉴定提供理论综合复习及技能训练指导。

本书适用于工业分析与检验、应用化工技术、精细化学品生产技术、生物化工工艺和环境监测与治理技术等专业大学二年级学生在学习过基础化学、化学实验技能训练、仪器分析等课程后参加化学检验工(中级)技能鉴定的培训指导。

全书由方向红、张元志担任主编,方向红负责教程编写大纲的构思及全书的统稿审核,张元志负责书稿的整理、分析化学题库的组建、化学分析和仪器分析实操项目的编写,杜永芳、胡婉玉、钟静组建无机化学、有机化学题库,方星组建化学实验技能训练题库,戴晨伟组建仪器分析题库。在编写过程中,安徽职业技术学院领导给予了大力支持,教务处给予了大力帮助,在此一并表示衷心的感谢,并向为出版本书出过力的各位老师表示感谢!

由于编者水平有限,编写时间仓促,书中不完善甚至缺漏之处在所难免,敬请读者和同仁批评指正。

编　者

2014 年 5 月

目 录

项目一　化学检验工（中级）国家职业标准

一、职业概况

（一）职业名称

化学检验工。

（二）职业定义

以抽样检查的方式，使用化学分析仪器和理化仪器等设备，对试剂溶剂、日用化工品、化学肥料、化学农药、涂料染料颜料、煤炭焦化、水泥和气体等化工产品的成品、半成品、原材料及中间过程进行检验、检测、化验、监测和分析的人员。

（三）职业等级

本职业共设五个等级，分别为：初级（国家职业资格五级）、中级（国家职业资格四级）、高级（国家职业资格三级）、技师（国家职业资格二级）、高级技师（国家职业资格一级）。

（四）职业环境

室内，常温。

（五）职业能力特征

有一定的观察、判断和计算能力，具有较强的颜色分辨能力。

（六）基本文化程度

高中毕业（或同等学力）。

（七）培训要求

1. 培训期限

全日制职业学校教育，根据其培养目标和教学计划确定。晋级培训时间：初级、中级、高级不少于180标准学时；技师、高级技师不少于150标准学时。

2. 培训教师

培训中、高级化学检验工的教师应具有本职业技师以上职业资格证书或本专业中级以上专业技术职务任职资格；培训技师的教师应具有本职业高级技师职业资格证书或本专业高级专业技术职务任职资格；培训高级技师的教师应具有本职业高级技师职业资格证书2年以上或本专业高级专业技术职务任职资格。

3. 培训场地设备

标准教室及具备必要检验仪器设备的实验室。

(八) 鉴定要求

1. 适用对象

从事或准备从事本职业的人员。

2. 申报条件(具备以下条件之一者)

(1) 取得本职业初级职业资格证书后,连续从事本职业工作 3 年以上,经本职业中级正规培训达规定标准学时数,并取得毕(结)业证书。

(2) 取得本职业初级职业资格证书后,连续从事本职业工作 4 年以上。

(3) 连续从事本职业工作 5 年以上。

(4) 取得经劳动保障行政部门审核认定的、以中级技能为培养目标的中等以上职业学校本职业(专业)毕业证书。

3. 鉴定方式

分为理论知识考试和技能操作考核。理论知识考试采用闭卷笔试方式,技能操作考核采用现场实际操作方式。理论知识考试和技能操作考核均实行百分制,成绩皆达 60 分及以上者为合格。

4. 考评人员与考生配比

理论知识考试考评人员与考生配比为 1∶20,每个标准教室不少于 2 名考评人员;技能操作考核考评员与考生配比为 1∶10,且不少于 3 名考评员。

5. 鉴定时间

理论知识考试时间为 90～120 分钟;技能操作考核时间为 90～120 分钟。

6. 鉴定场所设备

理论知识考试在标准教室进行;技能操作考核在具备必要检测仪器设备的实验室进行。实验室的环境条件、仪器设备、试剂、标准物质、工具及待测样品能满足鉴定项目需求,各种计量器具必须计量检定合格,且在检定有效期内。

二、基本要求

(一) 职业道德

1. 职业道德

每个人都生活在一定的社会环境中。在这个特定的社会环境中必然要与他人、社会、自然界之间发生这样那样的关系。这些关系错综复杂,往往会产生各种矛盾,对待这些矛盾有不同的态度和行为。而约束、调整这些关系就要运用一定的规范,这种规范就是道德。

道德是调节个人与自我、他人、社会和自然界之间关系的行为规范的总和,是靠社会舆论、传统习惯、教育和内心信念来维持的。它渗透于各种社会关系中,既是人们的行为应该遵守的原则和标准,又是对人们思想和行为进行评价的标准。

职业道德是指从事一定职业的人们所应遵循的行为规范的总和。社会主义职业道德是社会主义道德原则在职业活动中的体现,是社会主义社会从事各种职业的劳动者都应遵守的职业行为规范的总和。

社会主义职业道德规范,是社会主义道德在职业范围内的特殊要求,也是社会主义道德在职业生活中的具体体现。

2. 职业守则

(1) 爱岗敬业,工作热情主动。

(2) 认真负责,实事求是,坚持原则,一丝不苟地依据标准进行检验和判定。

(3) 努力学习,不断提高基础理论水平和操作技能。

(4) 遵守劳动纪律。

(5) 遵守操作规程,注意安全。

(6) 遵纪守法,不谋私利,不徇私情。

(二) 基础知识

(1) 标准化计量质量基础知识。

(2) 化学实验技术知识(包括环境与安全知识)。

(3) 无机化学知识。

(4) 有机化学知识。

(5) 分析化学知识。

(6) 仪器分析知识。

(7) 品质管理知识。

(8) 相关法律、法规知识。

三、工作要求

本标准适用对中级技能要求。

表1.1中大写英文字母表示各检验类别:A——试剂溶剂检验;B——日用化工检验;C——化学肥料检验;D——化学农药检验;E——涂料染料颜料检验;F——煤炭焦化检验;G——水泥检验。按各检验类别分别进行培训、考核。

表1.1

职业功能	工作内容	技能要求	相关知识
一、样品交接	检验项目介绍	1. 能提出样品检验的合理化建议。 2. 能解答样品交接中提出的一般问题	1. 检验产品和项目的计量认证和审查认可。 2. 各检验专业一般知识
二、检验准备	(一)明确检验方案	1. 能读懂较复杂的化学分析和物理性能检测的方法、标准和操作规范。 2. 能读懂较复杂的检(试)验装置示意图	1. 化学分析和物理性能检测的原理。 2. 分析操作的一般程序。 3. 测定结果的计算方法和依据

职业功能	工作内容	技能要求	相关知识
二、检验准备	(二) 准备实验用水、溶液	1. 能正确选择化学分析、仪器分析及标准溶液配制所需实验用水的规格;能正确贮存实验用水。 2. 能根据不同分析检验需要选用各种试剂和标准物质。 3. 能按标准和规范配制各种化学分析用溶液;能正确配制和标定标准滴定溶液;能正确配制标准杂质溶液、标准比对溶液(包括标准比色溶液、标准比浊溶液);能准确配置 pH 标准缓冲液	1. 实验室用水规格及贮存方法。 2. 各类化学试剂的特点及用途;常用标准物质的特点及用途。 3. 标准滴定溶液的制备方法;标准杂质溶液、标准比对溶液的制备方法
	(三) 检验实验用水	能按标准或规范要求检验实验用水的质量,包括电导率、pH 范围、可氧化物、吸光度、蒸发残渣等	实验室用水规格及检验方法
	(四) 准备仪器设备	1. 能按有关规程对玻璃量器进行容量校正。 2. 能根据检验需要正确选用紫外—可见分光光度计;能按有关规程检验分光光度计的性能,包括波长准确度、光电流稳定度、透射比正确度、杂散光、吸收池配套性等。 3. 能正确选用常见专用仪器设备: A. 阿贝折光仪、旋光仪、卡尔·费休水分测定仪、闭口杯闪点测定仪、沸程测定仪; B. 冷原子吸收测汞仪、白度测定仪; C. 颗粒强度测定仪; D. 卡尔·费休水分测定仪; E. 白度测定仪、附着力测定仪、光泽计、摆杆式硬度计、冲击试验器、柔韧性测定器; F. 转鼓、库仑测硫仪、恩氏黏度计; G. 抗折(压)试验机、恒温恒湿标准养护箱、水泥胶砂搅拌机	1. 玻璃量器的校正方法。 2. 分光光度计的检验方法。 3. 各检验类别常见专用仪器的工作原理、结构和用途
三、采样	(一) 制定采样方案	能按照产品标准和采样要求制定合理的采样方案,对采样的方法进行可行性实验	化工产品采样知识
	(二) 实施采样	能对一些采样难度较大的产品(不均匀物料、易挥发物质、危险品等)进行采样	
四、检测与测定	(一) 分离富集、分解试样	能按标准或规程要求,用液—液萃取、薄层(或柱)层析、减压浓缩等方法分离富集样品中的待测组分,或用规定的方法(如溶解、熔融、灰化、消化等)分解试样	化学检验中的分离和富集、分解试样知识

职业功能	工作内容	技能要求	相关知识
四、检测与测定	(二) 化学分析	能用沉淀滴定法、氧化还原滴定法、目视比色(或比浊)法、薄层色谱法测定化工产品的组分: A. 能测定化学试剂中的硫酸盐、磷酸盐、氯化物以及澄清度、重金属、色度; B. 能测定肥皂中的干皂含量和氯化物、洗涤剂中的4A沸石含量; C. 能测定化肥中的氮、磷、钾含量; D. 能测定农药的有效成分(用化学分析法或薄层色谱法,如氧乐果); E. 能测定"环境标志产品"水性涂料的游离甲醛、重金属含量; F. 能测定煤焦油中的甲苯不溶物; G. 能测定水泥中的三氧化二铁、三氧化二铝、氧化钙	1. 沉淀滴定、氧化还原滴定、目视比色、薄层色谱分析的方法。 2. 相关国家标准中各检验项目的相应要求
	(三) 仪器分析	能用电位滴定法、分光光度法等仪器分析法测定化工产品的组分: A. 能用卡尔·费休法测定化学试剂中的水分; B. 能用冷原子吸收法测定化妆品中的汞;能用分光光度法测定化妆品中的汞;能用分光光度法测定化妆品中的砷和洗涤剂中的各种磷酸盐; C. 能用电位滴定法测定过磷酸钙中的游离酸;能用卡尔·费休法测定化肥的水分;能用分光光度法测定尿素中的缩二脲含量; D. 能用电位滴定法和紫外可见分光光度法测定农药的有效成分;能用卡尔·费休法测定农药中的水分; F. 能用恒电流库仑滴定法测定煤炭中的硫含量;能用分光光度法测定硫酸铵中的铁含量; G. 能用分光光度法测定可溶性二氧化硅含量	1. 电位滴定法、分光光度法有关知识。 2. 相关国家标准中各检验项目的相应要求
	(四) 检测物理参数和性能	能检测化工产品的物理参数和性能: A. 能测定化学试剂的折射率、比旋光度;能测定溶剂的闪点和沸程; B. 能测定洗涤剂的去污力; C. 能测定化肥的颗粒平均抗压强度; D. 能测定农药乳油的稳定性; E. 能测定涂料的闪点和涂膜的光泽、硬度、附着力、柔韧性、耐冲击性、耐热性;能测定染料的色光和强度;能用仪器法测定白度; F. 能测定焦炭的机械强度和焦化产品的馏程、黏度	相关国家标准中各检验项目的相应要求

续表

职业功能	工作内容	技能要求	相关知识
四、检测与测定	(五)微生物学检验	从事B类检验的人员能测定化妆品中的粪大肠菌、金黄色葡萄球菌、绿脓杆菌等微生物指标	微生物学及检验方法
	(六)进行对照试验	1. 能将标准试样(或管理试样、人工合成试样)与被测试样进行对照试验。 2. 能按其他标准分析方法(如仲裁法)与所用检验方法做对照试验	消除系统误差的方法
五、测后工作	(一)进行数据处理	1. 能由对照试验结果计算校正系数,并据此校正测定结果,消除系统误差。 2. 能正确处理检验结果中出现的可疑值。当查不出可疑值出现的原因时,能采用Q值检验法和格鲁布斯法判断可疑数值的取舍	实验结果的数据处理知识
	(二)校核原始记录	能校核其他检验人员的检验原始记录,验证其检验方法是否正确,数据运算是否正确	对原始记录的要求
	(三)填写检验报告	能正确填写检验报告,做到内容完整、表述准确、字迹清晰、判定无误	对检验报告的要求
	(四)分析检验误差的产生原因	能分析一般检验误差产生的原因	检验误差产生的一般原因
六、修验仪器设备	排除仪器设备故障	能够排除所用仪器设备的简单故障	常用仪器设备的工作原理、结构和常见故障及其排除方法
七、安全实验	安全事故的处理	能对突发的安全事故果断采取适当措施,进行人员急救和事故处理	意外事故的处理方法和急救知识

四、知识结构及配分

(一) 理论知识

理论知识要求见表1.2。

表 1.2　理论知识要求

项　目		配　分
基本要求	职业道德	5%
	基础知识	35%
相关知识	样品交接	2%
	检验准备	17%
	采样	7%
	检测与测定	22%
	测后工作	5%
	安全实验	5%
	修验仪器设备	2%
合　计		100%

(二) 技能操作

技能操作要求见表 1.3。

表 1.3　技能操作要求

项　目		配　分
技能要求	样品交接	5%
	检验准备	18%
	采样	10%
	检测与测定	42%
	测后工作	9%
	安全实验	10%
	修验仪器设备	6%
合　计		100%

项目二 职业技能鉴定与职业资格证书制度简介

一、职业技能鉴定简介

（一）内容

按照国家制定的职业技能标准或任职资格条件，通过政府认定的考核鉴定机构，对劳动者的技能水平或职业资格进行客观公正、科学规范的评价和鉴定，对合格者授予相应的国家职业资格证书。

（二）工作体系

工作体系见图2.1。

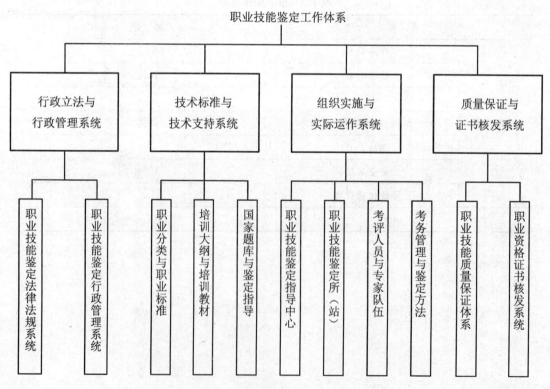

图 2.1

（三）技能要求

1. 国家职业资格五级（初级技能）

能够运用基本技能独立完成本职业的常规工作。

2. 国家职业资格四级（中级技能）

能够熟练运用基本技能独立完成本职业的常规工作；并在特定情况下，能够运用专门技能完成较为复杂的工作；能够与他人进行合作。

3. 国家职业资格三级（高级技能）

能够熟练运用基本技能和专门技能完成较复杂的工作，包括完成部分非常规性工作；能够独立处理工作中出现的问题；能指导他人进行工作或协助培训一般操作人员。

4. 国家职业资格二级（技师）

能够熟练运用基本技能和专门技能完成较为复杂的、非常规性的工作；掌握本职业的关键操作技能技术；能够独立处理和解决技术或工艺问题；在操作技能技术方面有创新；能组织指导他人进行工作；能培训一般操作人员；具有一定的管理能力。

5. 国家职业资格一级（高级技师）

能够熟练运用基本技能和特殊技能在本职业的各个领域完成复杂的、非常规性的工作；熟练掌握本职业的关键操作技能技术；能够独立处理和解决高难度的技术或工艺问题；在技术攻关、工艺革新和技术改革方面有创新；能组织开展技术改造、技术革新和进行专业技术培训；具有管理能力。

（四）多元评价机制

1. 社会化职业技能鉴定

全社会劳动者参与，客观评价劳动者技能。

2. 企业技能人才评价

企业职工参与，企业内部组织、管理、实施和评价。

3. 院校职业资格认证

在校学生参与，院校组织、管理、实施和评价。

4. 专项职业能力考核

全社会劳动者参与国家、行业和省级各类技能大赛等。

（五）管理体系

管理体系见图2.2。

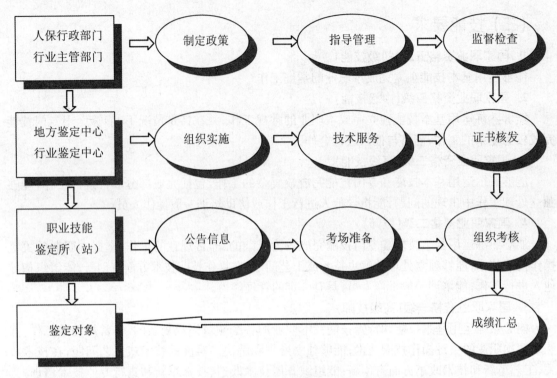

图2.2 管理体系

二、职业资格证书制度简介

（一）概况

1988年，国家颁布了《中华人民共和国工种分类目录》，将传统的对工人实行的八级技术等级考核制度更改为初、中、高三级制，并建立了技师制度。1990年，经国务院批准，劳动部颁布实施了《工人考核条例》，初步建立了国家技术等级和技师考评制度，将培训、考核与使用、待遇相结合，规定了考核种类、方法、依据、组织管理、证书核发及处罚等事项。1999年，《中共中央国务院关于深化教育改革全面推进素质教育的决定》决定要在全社会实行学业证书与职业资格证书并重制度。

（二）国家职业资格等级序列

国家职业资格等级序列见图2.3。

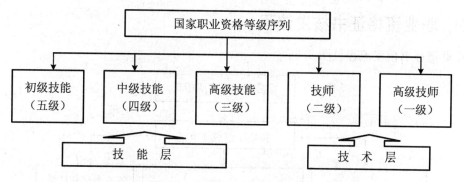

图 2.3　国家职业资格等级序列

（三）国家人力资源开发两大支柱和两大体系

1. 两大支柱

国家人力资源开发两大支柱见图 2.4。

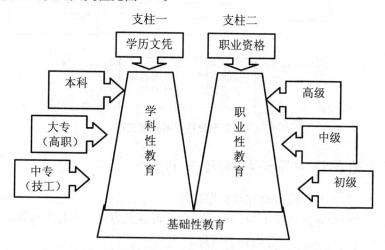

图 2.4　国家人力资源开发两大支柱

2. 两大体系

国家人力资源开发两大体系见图 2.5。

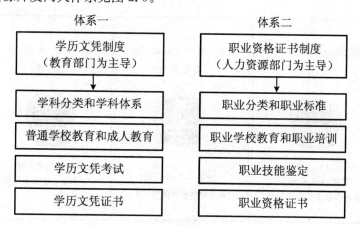

图 2.5　国家人力资源开发两大体系

（四）职业资格证书核发流程

职业资格证书核发流程见图2.6。

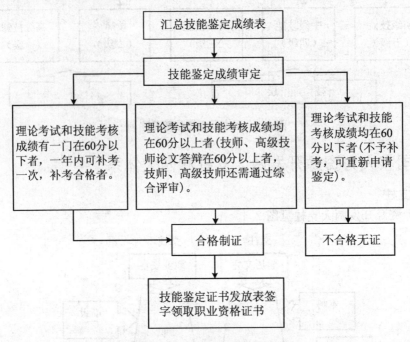

图 2.6 职业资格证书核发流程

（五）职业资格证书颁证机构及查询方式

颁证机构：中华人民共和国劳动和社会保障部。

查询方式：在取得职业资格证书30个工作日后，可在人力资源和社会保障部职业资格证书网站（网址：www.ciosta.org.cn）查询证书信息。

（六）证书样本

证书样本见图2.7。

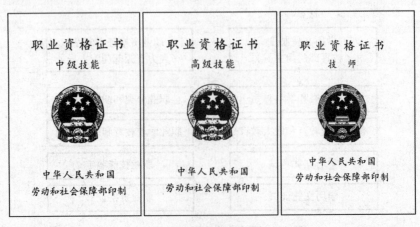

图 2.7 证书样本

项目三　化学检验工(中级)职业技能鉴定应知应会内容

一、无机化学

(一) 单项选择题

(共 **110** 题。选择一个正确的答案,将相应的字母填入题内的括号中,每题 1 分)

1. 已知反应:

$$C(s) + O_2(g) \longrightarrow CO_2(g) \qquad \Delta_r H_m^\ominus = -393.5 \text{ kJ/mol}$$

$$CO(g) + \frac{1}{2}O_2(g) \longrightarrow CO_2(g) \qquad \Delta_r H_m^\ominus = -282.99 \text{ kJ/mol}$$

则反应 $C(s) + \frac{1}{2}O_2(g) \longrightarrow CO(g)$ 的 $\Delta_r H_m^\ominus$ 为(　　)。

   A. -393.5 kJ/mol
   B. -282.99 kJ/mol
   C. -110.51 kJ/mol
   D. 无法确定

2. 对平衡体系 $CO(g) + H_2O(g) \rightleftharpoons CO_2(g) + H_2(g)$,$\Delta_r H_m^\ominus < 0$,要使 CO 得到充分利用,可采用的措施是(　　)。

   A. 加水蒸气
   B. 升温
   C. 加压
   D. 加催化剂

3. 下列措施不能使反应 $C(s) + O_2(g) \rightleftharpoons CO_2(g)$ 的速率增加的是(　　)。

   A. 增加压力
   B. 增加固体碳的用量
   C. 将固体碳粉碎成细小的颗粒
   D. 升高温度

4. 当溶液 pH 减小时,下列(　　)物质的溶解度基本不变。

   A. $Mg(OH)_2$
   B. $AgAc$
   C. $CaCO_3$
   D. $BaSO_4$

5. 在氨水中加入少量固体 NH_4Ac 后,溶液的 pH 将(　　)。

   A. 增大
   B. 减小
   C. 不变
   D. 无法判断

6. 有下列反应:

$$4Fe^{2+} + 4H^+ + O_2 \longrightarrow 4Fe^{3+} + 2H_2O$$

$$2Fe^{3+} + Fe \longrightarrow 3Fe^{2+}$$

$$2Fe^{3+} + Cu \longrightarrow 2Fe^{2+} + Cu^{2+}$$

其中,电极电势值最大的是(　　)。

   A. $E^\ominus(Fe^{3+}/Fe^{2+})$
   B. $E^\ominus(Fe^{2+}/Fe)$
   C. $E^\ominus(Cu^{2+}/Cu)$
   D. $E^\ominus(O_2/H_2O)$

7. 甲醇和水之间存在的分子间作用力是(　　)。

   A. 取向力
   B. 氢键
   C. 色散力和诱导力
   D. 以上几种作用力都存在

8. 原子中电子的描述不可能的量子数组合是(　　)。

   A. $1,0,0,+\dfrac{1}{2}$　　　　　　　　　　B. $3,1,1,-\dfrac{1}{2}$

   C. $2,2,0,-\dfrac{1}{2}$　　　　　　　　　　D. $4,3,-3,-\dfrac{1}{2}$

9. 在下面的电子结构中,第一电离能最小的原子可能是(　　)。

   A. ns^2np^3　　　　B. ns^2np^5　　　　C. ns^2np^4　　　　D. ns^2np^6

10. 下列分子中,中心原子是 sp^2 杂化的是(　　)。

   A. PCl_3　　　　　B. CH_4　　　　　C. BF_3　　　　　D. H_2O

11. 下列溶液中因盐的水解而显碱性的是(　　)溶液。

   A. HCl　　　　　B. NaAc　　　　　C. NaOH　　　　　D. NH_4Ac

12. 比较 O,S,As 三种元素的电负性和原子半径大小,顺序正确的是(　　)。

   A. 电负性:O>S>As;原子半径:O<S<As

   B. 电负性:O<S<As;原子半径:O<S<As

   C. 电负性:O<S<As;原子半径:O>S>As

   D. 电负性:O>S>As;原子半径:O>S>As

13. 下列叙述正确的是(　　)。

   A. 离子化合物中可能存在共价键　　　B. 共价化合物中可能存在离子键

   C. 含极性键的分子一定是极性分子　　　D. 非极性分子中一定存在非极性键

14. 对可逆反应:

$$C(s) + H_2O \Longrightarrow CO(g) + H_2(g) \quad \Delta_r H_m^{\ominus} > 0$$

下列说法正确的是(　　)。

   A. 达到平衡时,反应物的浓度和生成物的浓度相等

   B. 达到平衡时,反应物和生成物的浓度不再随时间而变化

   C. 由于反应前后分子数相等,所以增加压力对平衡没有影响

   D. 加入正催化剂可以使化学平衡向正反应方向移动

15. 根据吕·查得里原理,下列反应:

$$2Cl_2(g) + 2H_2O(g) \Longrightarrow 4HCl(g) + O_2(g) \quad \Delta_r H_m^{\ominus} > 0$$

在一密闭容器中达到平衡后,下列讨论错误的是(　　)。

   A. 增大容器体积,$n(H_2O,g)$ 减小

   B. 加入 O_2,$n(HCl)$ 减小

   C. 升高温度,$K^{\ominus}$ 增大

   D. 加入 N_2(总压不变),$n(HCl)$ 减小

16. 在下列四种情况下,$Mg(OH)_2$ 溶解度最大的是(　　)。

   A. 在纯水中　　　　　　　　　　　B. 在 0.1 mol/L 的 HCl 溶液中

   C. 在 0.1 mol/L 的 NaOH 溶液中　　　D. 在 0.1 mol/L 的 $MgCl_2$ 溶液中

17. 有下列反应:

$$2Fe^{3+} + Cu \Longrightarrow 2Fe^{2+} + Cu^{2+}$$

$$2Fe^{3+} + Fe \Longrightarrow 3Fe^{2+}$$

$$Cl_2 + 2Fe^{2+} \Longrightarrow 2Fe^{3+} + 2Cl^-$$

其中,电极电势最大的电对是( )。

    A. Fe^{3+}/Fe^{2+} B. Cu^{2+}/Cu C. Cl_2/Cl^- D. Fe^{2+}/Fe

18. 下列基态或激发态原子核外电子排布中,错误的是( )。

    A. $1s^2 2s^2 2p^1$ B. $1s^2 2s^2 2p^6 2d^1$

    C. $1s^2 2s^2 2p^4 3s^1$ D. $1s^2 2s^2 2p^6 3s^2 3p^6 3d^5 4s^1$

19. 在下列性质中,碱金属比碱土金属高(或大)的是( )。

    A. 熔点   B. 沸点   C. 硬度   D. 半径

20. SiF_4、NH_4^+ 和 BF_4^- 均具有正四面体空间构型,则其中心原子采取的杂化状态为( )。

    A. sp 杂化   B. sp^2 杂化   C. sp^3 杂化   D. sp^3 不等性杂化

21. 下列各组的两种分子间,同时存在色散力、诱导力、取向力和氢键的是( )。

    A. Cl_2 和 CCl_4 B. CO_2 和 H_2O C. H_2S 和 H_2O D. NH_3 和 H_2O

22. 下列有关氧化值的叙述,正确的是( )。

    A. 主族元素的最高氧化值一般等于其所在的族数

    B. 副族元素的最高氧化值都等于其所在的族数

    C. 副族元素的最高氧化值一定不会超过其所在的族数

    D. 元素的最低氧化值一定是负数

23. 既有离子键又有共价键的化合物是( )。

    A. KBr   B. NaOH   C. HBr   D. N_2

24. 下列碱金属碳酸盐中溶解度最小的( )。

    A. 碳酸锂   B. 碳酸钠   C. 碳酸铷   D. 碳酸铯

25. 常温下,下列金属不与水反应的是( )。

    A. Na   B. Rb   C. Ca   D. Mg

26. 将 H_2O_2 加到用 H_2SO_4 酸化的 $KMnO_4$ 溶液中,放出氧气,H_2O_2 的作用是( )。

    A. 氧化 $KMnO_4$ B. 氧化 H_2SO_4 C. 还原 $KMnO_4$ D. 还原 H_2SO_4

27. 某一反应在一定条件下的转化率为 25%,如加入催化剂,这一反应的转化率将( )。

    A. 大于 25%   B. 小于 25%   C. 不变   D. 无法判断

28. 当一个化学反应处于平衡时,则( )。

    A. 平衡混合物中各种物质的浓度都相等

    B. 正反应速率和逆反应速率都是零

    C. 反应混合物的组成不随时间而改变

    D. 反应的焓变是零

29. 下列反应均在恒压下进行,若压缩容器体积,增加其总压力,平衡正向移动的是( )。

    A. $CaCO_3(s) \longrightarrow CaO(s) + CO_2(g)$ B. $H_2(g) + Cl_2(g) \longrightarrow 2HCl(g)$

    C. $2NO(g) + O_2(g) \longrightarrow 2NO_2(g)$ D. $COCl_2(g) \longrightarrow CO(g) + Cl_2(g)$

30. 要降低反应的活化能,可以采取的手段是( )。

    A. 升高温度   B. 降低温度   C. 移去产物   D. 使用催化剂

31. pH=1.0 和 pH=3.0 的两种强酸溶液等体积混合后溶液的 pH 是( )。

　　A. 0.3　　　　　　　B. 1.0　　　　　　　C. 1.3　　　　　　　D. 1.5

32. 已知 $K_{sp(Ag_2CrO_4)} = 9.0 \times 10^{-12}$,其饱和溶液中 Ag^+ 浓度为(　　)mol/L。

　　A. 1.3×10^{-4}　　　B. 2.1×10^{-4}　　　C. 2.6×10^{-4}　　　D. 4.2×10^{-4}

33. 下列各组一元酸,酸性强弱顺序排列正确的是(　　)。

　　A. $HClO > HClO_3 > HClO_4$　　　　　　　B. $HClO > HClO_4 > HClO_3$

　　C. $HClO_4 > HClO > HClO_3$　　　　　　　D. $HClO_4 > HClO_3 > HClO$

34. 在标准条件下,下列反应均向正方向进行:

$$Cr_2O_7^{2-} + 6Fe^{2+} + 14H^+ \Longrightarrow 2Cr^{3+} + 6Fe^{3+} + 7H_2O$$

$$2Fe^{3+} + Sn^{2+} \Longrightarrow 2Fe^{2+} + Sn^{4+}$$

它们中间最强的氧化剂和最强的还原剂分别是(　　)。

　　A. Sn^{2+} 和 Fe^{3+}　　B. $Cr_2O_7^{2-}$ 和 Sn^{2+}　C. Cr^{3+} 和 Sn^{4+}　　D. $Cr_2O_7^{2-}$ 和 Fe^{3+}

35. $AgCl$ 在水中的溶解度大于 AgI 的,这主要是因为(　　)。

　　A. $AgCl$ 的晶格能比 AgI 的大

　　B. 氯的电负性比碘的大

　　C. I^- 离子的变形性比 Cl^- 离子的大,从而使 AgI 中键的共价成分比 $AgCl$ 的大

　　D. 氯的电离能比碘的大

36. 对于反应速率常数 K,下列说法正确的是(　　)。

　　A. 速率常数值随反应物浓度增大而增大　　B. 每个反应只有一个速率常数

　　C. 速率常数的大小与浓度有关　　　　　　D. 速率常数随温度而变化

37. 对于可逆反应:

$$C(s) + H_2O(g) \Longrightarrow CO(g) + H_2(g) \qquad \Delta_r H_m^\ominus > 0$$

为了提高 $C(s)$ 的转化率,可采取的措施是(　　)。

　　A. 升高反应温度　　　　　　　　　　　　B. 降低反应温度

　　C. 增大体系的总压力　　　　　　　　　　D. 减小 $H_2O(g)$ 的分压

38. 对可逆反应:

$$C(s) + H_2O(g) \Longrightarrow CO(g) + H_2(g) \qquad \Delta_r H_m^\ominus > 0$$

下列说法正确的是(　　)。

　　A. 达到平衡时,反应物和生成物的浓度不再随时间的变化而变化

　　B. 达到平衡时,反应物的浓度和生成物的浓度相等

　　C. 由于反应前后分子数相等,所以增加压力对平衡没有影响

　　D. 加入正催化剂只可以加快正反应达到平衡的速度

39. 下列叙述错误的是(　　)。

　　A. 催化剂不能改变反应的始态和终态

　　B. 催化剂不能影响产物和反应物的相对能量

　　C. 催化剂不参与反应

　　D. 催化剂同等程度地加快正逆反应的速率

40. 对可逆反应:

$$2SO_2(g) + O_2(g) \Longrightarrow 2SO_3(g) \qquad \Delta_r H_m^\ominus < 0$$

根据勒夏特列原理和生产的实际要求,在硫酸生产中,下列不适宜的条件是(　　)。

　　A. 选用 V_2O_5 作催化剂　　　　　　　　B. 空气过量些

　　C. 适当的压力和温度　　　　　　　　　D. 低压、低温

41. 勒夏特列原理(　　)。

　　A. 只适用于气体间的反应　　　　　　　B. 适用所有化学反应

　　C. 只限于平衡时的化学反应　　　　　　D. 适用于平衡状态下的所有体系

42. 气体反应 $A(g) + B(g) \Longrightarrow C(g)$ 在密闭容器中建立化学平衡,如果温度不变,但体积缩小了 2/3,则平衡常数 $K^{\ominus}$ 为原来的(　　)。

　　A. 3 倍　　　　　　B. 9 倍　　　　　　C. 2 倍　　　　　　D. 不变

43. 下列叙述正确的是(　　)。

　　A. 在化学平衡体系中加入惰性气体,平衡不发生移动

　　B. 在化学平衡体系中加入惰性气体,平衡发生移动

　　C. 恒压下,在反应后气体分子数相同的体系中加入惰性气体,化学平衡不发生移动

　　D. 在封闭体系中加入惰性气体,平衡向气体分子数增多的方向移动

44. 已知反应 $N_2O_4(g) \Longrightarrow 2NO_2(g)$ 在 873 K 时,$K_1 = 1.78 \times 10^4$,转化率为 $a\%$,改变条件,并在 1 273 K 时,$K_2 = 2.8 \times 10^4$,转化率为 $b\%(b>a)$,则下列叙述正确的是(　　)。

　　A. 由于 1 273 K 时的转化率大于 873 K 时的,所以此反应为放热反应

　　B. 由于 K 随温度升高而增大,所以此反应的 $\Delta H > 0$

　　C. 由于 K 随温度升高而增大,所以此反应的 $\Delta H < 0$

　　D. 由于温度不同,反应机理不同,因而转化率不同

45. 为表示一个原子在第三电子层上有 10 个电子可以写成(　　)。

　　A. 3^{10}　　　　　　B. $3d^{10}$　　　　　　C. $3s^2 3p^6 3d^2$　　　　　　D. $3s^2 3p^6 4s^2$

46. 下列说法不正确的是(　　)。

　　A. 波函数由四个量子数确定

　　B. 多电子原子中,电子的能量不仅与 n 有关,还与 l 有关

　　C. 氢原子中,电子的能量只取决于主量子数 n

　　D. $m_s = \pm \dfrac{1}{2}$ 表示电子的自旋有两种方式

47. 在主量子数为 4 的电子层中,能容纳的最多电子数是(　　)。

　　A. 18　　　　　　B. 24　　　　　　C. 32　　　　　　D. 36

48. 有 A、B 和 C 三种主族元素,若 A 元素阴离子与 B、C 元素的阳离子具有相同的电子层结构,且 B 的阳离子半径大于 C,则这三种元素的原子序数大小次序是(　　)。

　　A. B<C<A　　　　　　B. A<B<C　　　　　　C. C<B<A　　　　　　D. B>C>A

49. 下列电负性大小顺序错误的是(　　)。

　　A. H>Li　　　　　　B. As<P　　　　　　C. Si>C　　　　　　D. Mg>Al

50. 下列物质中熔点最高的是(　　)。

　　A. Na_2O　　　　　　B. SrO　　　　　　C. MgO　　　　　　D. BaO

51. 下列物质,(　　)不是电解 NaCl 水溶液的直接产物。

　　A. NaH　　　　　　B. NaOH　　　　　　C. H_2　　　　　　D. Cl_2

52. 下列金属单质不能保存在煤油里的是(　　)。

　　A. Li　　　　　　B. Na　　　　　　C. K　　　　　　D. Rb

53. 下列物质中与 Cl_2 作用能生成漂白粉的是(　　)。

　　A. $CaCO_3$　　　　　B. $CaSO_4$　　　　　C. $Mg(OH)_2$　　　　D. $Ca(OH)_2$

54. 下列物质热分解温度最高的是(　　　)。

　　A. $MgCO_3$　　　　B. $CaCO_3$　　　　C. $SrCO_3$　　　　D. $BaCO_3$

55. 以下四种氢氧化物中碱性最强的是(　　　)。

　　A. $Ba(OH)_2$　　　B. $CsOH$　　　　C. $NaOH$　　　　D. KOH

56. 高层大气中的臭氧层保护了人类生存的环境,其作用是(　　　)。

　　A. 消毒　　　　　B. 漂白　　　　　C. 保温　　　　　D. 吸收紫外线

57. 有一能溶于水的混合物,已检出有 Ag^+ 和 Ba^{2+} 存在,则在阴离子中可能存在的是(　　　)。

　　A. PO_4^{3-}　　　　B. NO_3^-　　　　C. CO_3^{2-}　　　　D. I^-

58. 黑火药的主要成分是(　　　)。

　　A. KNO_3,S,C　　B. $NaNO_3$,S,C　　C. KNO_3,P,C　　D. KNO_3,S,P

59. 要同时除去 SO_2 气体中的 SO_3(气)和水蒸气,应将气体通入(　　　)。

　　A. $NaOH$ 溶液　　　　　　　　　B. 饱和 $NaHSO_3$ 溶液

　　C. 浓 H_2SO_4　　　　　　　　　　D. CaO 粉末

60. 下列干燥剂,可用来干燥 H_2S 气体的是(　　　)。

　　A. 浓 H_2SO_4　　　B. P_2O_5　　　　C. CaO　　　　D. $NaOH(s)$

61. 亚硫酸盐用作漂白织物的去氯剂是利用其(　　　)。

　　A. 氧化性　　　　B. 还原性　　　　C. 水解性　　　　D. 不稳定性

62. 浓硫酸能使葡萄糖灰化是因为它具有(　　　)。

　　A. 强氧化性　　　B. 强酸性　　　　C. 脱水性　　　　D. 吸水性

63. 下列(　　　)组的两种金属遇到冷的浓硝酸、浓硫酸都不发生反应(包括钝态)。

　　A. Au,Ag　　　　B. Ag,Cu　　　　C. Cu,Fe　　　　D. Fe,Al

64. 对于白磷和红磷,以下叙述正确的是(　　　)。

　　A. 它们都有毒　　　　　　　　　B. 红磷不溶于水而白磷溶于水

　　C. 白磷在空气中能自燃,红磷不能　D. 它们都溶于 CS_2

65. 用盐酸滴定硼砂水溶液至恰好中和时,溶液呈(　　　)。

　　A. 中性　　　　　B. 弱酸性　　　　C. 弱碱性　　　　D. 强碱性

66. CO 对人体的毒性源于它的(　　　)。

　　A. 加合性　　　　B. 还原性　　　　C. 氧化性　　　　D. 极性

67. 一定能使某弱电解质在溶液中的电离度增大的方法是(　　　)。

　　A. 加酸　　　　　B. 加碱　　　　　C. 浓缩　　　　　D. 升温

68. 温度升高能加快反应速度,其原因是(　　　)。

　　A. 活化能降低　　B. 活化分子减少　C. 活化分子增加　D. 有效碰撞减少

69. 下列物质由分子构成的是(　　　)。

　　A. 甲烷　　　　　B. 二氧化硅　　　C. 金属汞　　　　D. 碳化硅

70. 下列无机酸中,(　　　)具有配位性。

　　A. HCl　　　　　B. 浓 H_2SO_4　　　C. H_3PO_4　　　　D. CH_3COOH

71. 1 m^3 容器中含有 0.25 mol H_2,0.1 mol He,在 35 ℃时 H_2 的分压为(　　　)。

　　A. 640 Pa　　　　B. 256 Pa　　　　C. 896 Pa　　　　D. 不能确定

72. 一定量的某气体,压力增为原来的 4 倍,绝对温度是原来的 2 倍,那么气体体积变化的倍数是(　　　)。

  A. 8   B. 2   C. 1/2   D. 1/8

73. H_2、N_2、O_2 三种理想气体分别盛于三个容器中,当温度和密度相同时,这三种气体的压强关系是(　　　)。

  A. $P_{H_2} = P_{N_2} = P_{O_2}$ B. $P_{H_2} > P_{N_2} > P_{O_2}$

  C. $P_{H_2} < P_{N_2} < P_{O_2}$ D. 不能判断大小

74. 某一温度下,一容器中含有 3.0 mol 氧气、2.0 mol 氮气及 1.0 mol 氩气,如果混合气体的总压为 a kPa,则 $P(O_2) = ($ 　　　$)$kPa。

  A. $\dfrac{a}{3}$ B. $\dfrac{a}{6}$ C. $\dfrac{a}{2}$ D. $\dfrac{a}{4}$

75. 将 100 kPa 压力下的氢气 150 ml 和 45 kPa 压力的氧气 75 mL 装入 250 mL 的真空瓶,则氢气的分压为(　　　)kPa。

  A. 13.5   B. 27   C. 60   D. 72.5

76. 将等物质的量的 SO_2 和 H_2S 于常温下在定容的密闭容器中充分反应后恢复到常温,容器内压强是原压强的(　　　)。

  A. $\dfrac{1}{2}$ B. $\dfrac{1}{4}$ C. $< \dfrac{1}{4}$ D. $> \dfrac{1}{4}$

77. 反应 $2A(g) \rightleftharpoons 2B(g) + E(g)$(正反应为吸热反应)达到平衡时,要使正反应速率降低,A 的浓度增大,应采取的措施是(　　　)。

  A. 加压   B. 减压   C. 减小 E 的浓度   D. 降温

78. 真实气体与理想气体相近的条件是(　　　)。

  A. 高温高压   B. 高温低压   C. 低温高压   D. 低温低压

79. 在恒定温度下,向一容积为 2 dm^3 的抽空容器中依次充初始状态为 100 kPa,2 dm^3 的气体 A 和 200 kPa、2 dm^3 的气体 B。A、B 均可当做理想气体,且 A、B 之间不发生化学反应。容器中混合气体总压力为(　　　)kPa。

  A. 300   B. 200   C. 150   D. 100

80. 相同条件下,质量相同的下列物质,所含分子数最多的是(　　　)。

  A. 氢气   B. 氯气   C. 氯化氢   D. 二氧化碳

81. 在温度、容积恒定的容器中,含有 A 和 B 两种理想气体,它们的物质的量、分压和分体积分别为 n_A、P_A、V_A 和 n_B、P_B、V_B,容器中的总压力为 P,试判断下列公式中哪个是正确的?(　　　)。

  A. $P_A V = n_A RT$ B. $P_B V = (n_A + n_B) RT$

  C. $P_A V_A = n_A RT$ D. $P_B V_B = n_B RT$

82. 在乡村常用明矾溶于水,其目的是利用明矾(　　　)。

  A. 使杂技漂浮而得到纯水   B. 吸附后沉降来净化水

  C. 与杂质反应而得到纯水   D. 杀菌消毒来净化水

83. 表示 CO_2 生成热的反应是(　　　)。

  A. $CO(g) + \dfrac{1}{2} O_2(g) \longrightarrow CO_2(g)$ $\Delta_r H_m^\ominus = -283.0$ kJ/mol

  B. $2C(石墨) + 2O_2(g) \longrightarrow CO_2(g)$ $\Delta_r H_m^\ominus = -787.0$ kJ/mol

C. $C(石墨) + O_2(g) \longrightarrow CO_2(g)$ $\quad\quad \Delta_r H_m^{\ominus} = -393.5 \text{ kJ/mol}$

D. $C(金刚石) + O_2(g) \longrightarrow CO_2(g)$ $\quad\quad \Delta_r H_m^{\ominus} = -395.4 \text{ kJ/mol}$

84. 已知 298 K 时有下列热化学方程式：

(1) $C_2H_2(g) + \dfrac{5}{2}O_2(g) \longrightarrow 2CO_2(g) + H_2O$ $\quad\quad \Delta_r H_m^{\ominus} = -1300 \text{ kJ/mol}$

(2) $C(s) + O_2(g) \longrightarrow CO_2(g)$ $\quad\quad \Delta_r H_m^{\ominus} = -394 \text{ kJ/mol}$

(3) $H_2(g) + \dfrac{1}{2}O_2(g) \longrightarrow H_2O(l)$ $\quad\quad \Delta_r H_m^{\ominus} = -286 \text{ kJ/mol}$

试确定 $\Delta_r H_m^{\ominus}(C_2H_2, g) = ($ 　　$)$kJ/mol。

A. -226 　　　　B. 226 　　　　C. 113 　　　　D. -113

85. 下列反应中属于歧化反应的是( )。

A. $BrO_3^- + 5Br^- + 6H^+ \rightleftharpoons 3Br_2 + 3H_2O$

B. $Cl_2 + 6KOH \rightleftharpoons 5KCl + KClO_3 + 3H_2O$

C. $2AgNO_3 \rightleftharpoons 2Ag + 2NO_2 + O_2 \uparrow$

D. $KClO_3 + 6HCl(浓) \rightleftharpoons 3Cl_2 \uparrow + KCl + 3H_2O$

86. 下列电极反应,其他条件不变时,将有关离子浓度减半,电极电势增大的是( )。

A. $Cu^{2+} + 2e^- \rightleftharpoons Cu$ 　　　　　B. $I_2 + 2e^- \rightleftharpoons 2I^-$

C. $Fe^{3+} + e^- \rightleftharpoons Fe^{2+}$ 　　　　　D. $Sn^{4+} + 2e^- \rightleftharpoons Sn^{2+}$

87. 影响氧化还原反应平衡常数的因素是( )。

A. 反应物浓度 　　B. 温度 　　　　C. 催化剂 　　　　D. 反应产物浓度

88. 对于电对 Zn^{2+}/Zn,增大其 Zn^{2+} 的浓度,则其标准电极电势值将( )。

A. 增大 　　　　B. 减小 　　　　C. 不变 　　　　D. 无法判断

89. 在酸性溶液中 Fe 易腐蚀是因为( )。

A. Fe^{2+}/Fe 的标准电极电势下降

B. Fe^{3+}/Fe^{2+} 的标准电极电势上升

C. E_{H^+/H_2} 的值因 H^+ 浓度增大而上升

D. E_{H^+/H_2} 的值下降

90. 101.3 kPa 下,将氢气通入 1 mol/L 的 NaOH 溶液中,在 298 K 时电极的电极电势是( )V(已知：$E_{H_2O/H_2}^{\ominus} = -0.828 \text{ V}$)。

A. $+0.625$ 　　　　B. -0.625 　　　　C. $+0.828$ 　　　　D. -0.828

91. 对于银锌电池：$(-)Zn \mid Zn^{2+}(1 \text{ mol/L}) \parallel Ag^+(1 \text{ mol/L}) \mid Ag(+)$,已知 $E_{Zn^{2+}/Zn}^{\ominus} = -0.76 \text{ V}$, $E_{Ag^+/Ag}^{\ominus} = 0.799 \text{ V}$,该电池的标准电动势是( )V。

A. 1.180 　　　　B. 0.076 　　　　C. 0.038 　　　　D. 1.56

92. 原电池 $(-)Pt \mid Fe^{2+}(1 \text{ mol/L}), Fe^{3+}(0.0001 \text{ mol/L}) \parallel I^-(0.0001 \text{ mol/L}), I_2 \mid Pt(+)$ 电动势为( )V(已知：$E_{Fe^{3+}/Fe^{2+}}^{\ominus} = 0.77 \text{ V}$, $E_{I_2/I^-}^{\ominus} = 0.535 \text{ V}$)。

A. 0.358 　　　　B. 0.239 　　　　C. 0.532 　　　　D. 0.412

93. 在 Fe-Cu 原电池中,其正极反应式及负极反应式正确的为( )。

A. $(+) Fe^{2+} + 2e^- \rightleftharpoons Fe$ 　　　　$(-) Cu \rightleftharpoons Cu^{2+} + 2e^-$

B. $(+) Fe \rightleftharpoons Fe^{2+} + 2e^-$ 　　　　$(-) Cu^{2+} + 2e^- \rightleftharpoons Cu$

C. $(+) Cu^{2+} + 2e^- \rightleftharpoons Cu$ 　　　　$(-) Fe^{2+} + 2e^- \rightleftharpoons Fe$

D.　(+) $Cu^{2+} + 2e^- \rightleftharpoons Cu$　　　　　　(−) $Fe \rightleftharpoons Fe^{2+} + 2e^-$

94. 在 $KMnO_4 + H_2C_2O_4 + H_2SO_4 \longrightarrow K_2SO_4 + MnSO_4 + CO_2 + H_2O$ 的反应中,若消耗 $\frac{1}{5}$ mol $KMnO_4$,则应消耗 $H_2C_2O_4$ 为(　　)mol。

A. $\frac{1}{5}$　　　　　　B. $\frac{2}{5}$　　　　　　C. $\frac{1}{2}$　　　　　　D. 2

95. 利用标准电极电势表判断氧化还原反应进行的方向,下列说法正确的是(　　)。
   A. 氧化型物质与还原型物质起反应
   B. $E^{\ominus}$ 较大的电对的氧化型物质与 $E^{\ominus}$ 较小的电对的还原型物质起反应
   C. 氧化性强的物质与氧化性弱的物质起反应
   D. 还原性强的物质与还原性弱的物质起反应

96. 在 298 K 时,非金属 I_2 在 0.1 mol/L 的 KI 溶液中的电极电势是(　　)V(已知:$E^{\ominus}_{I_2/I^-}$ =0.535 V)。
   A. 0.365　　　　B. 0.594　　　　C. 0.236　　　　D. 0.432

97. 下列物质的水溶液呈碱性的是(　　)。
   A. 碳酸氢钠　　　B. 硫酸钠　　　　C. 甲醇　　　　D. 氯化钙

98. 判断下列反应中,Cl_2 是(　　)。

$$Cl_2 + Ca(OH)_2 \xrightarrow{\triangle} Ca(ClO_3)_2 + CaCl_2 + H_2O$$

   A. 还原剂　　　　B. 氧化剂　　　　C. 两者均否　　　D. 两者均是

99. 在一个氧化还原反应中,若两电对的电极电势值差很大,则可判断(　　)。
   A. 该反应是可逆反应　　　　　　　B. 该反应的反应速率很大
   C. 该反应能剧烈地进行　　　　　　D. 该反应的反应趋势很大

100. 当溶液中增加 H^+ 浓度时,氧化能力不增强的氧化剂是(　　)。
   A. NO_3^-　　　　B. $Cr_2O_7^{2-}$　　　　C. O_2　　　　D. AgCl

101. AgCl 在下列哪种溶液中(浓度均为 1 mol/L)溶解度最大(　　)。
   A. 氨水　　　　　B. $Na_2S_2O_3$　　　C. KI　　　　D. NaCN

102. $[Cr(Py)_2(H_2O)Cl_3]$ 中 Py 代表吡啶,这个化合物的名称是(　　)。
   A. 三氯化一水二吡啶合铬(Ⅲ)　　　B. 一水合三氯化二吡啶合铬(Ⅲ)
   C. 三氯一水二吡啶合铬(Ⅲ)　　　　D. 二吡啶一水三氯化铬(Ⅲ)

103. $[Cu(NH_3)_4]^{2+}$ 比 $[Cu(H_2O)_4]^{2+}$ 稳定,这意味着 $[Cu(NH_3)_4]^{2+}$ 的(　　)。
   A. 酸性较强　　　B. 配体场较强　　　C. 离解常数较小　　D. 三者都对

104. 加入以下(　　)试剂可使 AgBr 以配离子形式进入溶液中。
   A. HCl　　　　　B. $Na_2S_2O_3$　　　C. NaOH　　　D. $NH_3 \cdot H_2O$

105. 下列电对中,电极电势代数值最小的是(　　)。
   A. $E^{\ominus}_{Hg^{2+}/Hg}$　　B. $E^{\ominus}_{Hg(CN)_4^{2-}/Hg}$　　C. $E^{\ominus}_{Hg(Cl)_4^{2-}/Hg}$　　D. $E^{\ominus}_{HgI_4^{2-}/Hg}$

106. 决定卤素单质熔点高低的主要因素是(　　)。
   A. 卤素单质分子的极性大小　　　　B. 卤素单质的相对分子质量的大小
   C. 卤素单质的氧化性强弱　　　　　D. 卤素单质分子中的化学键的强弱

107. 在下列各种酸中氧化性最强的是(　　)。
   A. $HClO_3$　　　　B. HClO　　　　C. $HClO_4$　　　　D. HCl

108. 氯的含氧酸的酸性大小顺序是( )。

    A. $HClO>HClO_2>HClO_3>HClO_4$

    B. $HClO_3>HClO_4>HClO_2>HClO$

    C. $HClO>HClO_4>HClO_3>HClO_2$

    D. $HClO_4>HClO_3>HClO_2>HClO$

109. 实验室制备 Cl_2，需通过下列物质洗涤，正确的一组为( )。

    A. NaOH 溶液，浓 H_2SO_4 B. 浓 H_2SO_4，NaOH 溶液

    C. NaCl 饱和水溶液，浓 H_2SO_4 D. 浓 H_2SO_4，H_2O

110. 下列酸中能腐蚀玻璃的是( )。

    A. 盐酸   B. 硫酸   C. 硝酸   D. 氢氟酸

(二) 多项选择题

(共 90 题。每题至少有两个正确选项，将正确选项的字母填入题内的括号中，多选、漏选或错选均不得分，每题 1 分)

1. 在酸碱质子理论中，下列物质中可作为酸的物质是( )。

    A. NH_4^+ B. HCl   C. H_2SO_4 D. OH^-

2. 实验室中皮肤溅上浓碱时立即用大量水冲洗，然后用( )处理。

    A. 5‰硼酸溶液   B. 5‰小苏打溶液

    C. 2‰的乙酸溶液   D. 0.01‰高锰酸钾溶液

3. 影响气体溶解度的因素有溶质、溶剂的性质和( )。

    A. 温度   B. 压强   C. 体积   D. 质量

4. 下列( )条件发生变化后，可以引起化学平衡发生移动。

    A. 温度   B. 压力   C. 浓度   D. 催化剂

5. 对于任何一个可逆反应，下列说法正确的是( )。

    A. 达平衡时反应物和生成物的浓度不发生变化

    B. 达平衡时正反应速率等于逆反应速率

    C. 达平衡时反应物和生成物的分压相等

    D. 达平衡时反应自然停止

6. 温度高低影响反应的主要特征是( )。

    A. 反应速率   B. 反应组成   C. 反应效果   D. 能源消耗

7. 下列关于碱金属化学性质的叙述正确的是( )。

    A. 化学性质都很活泼

    B. 都是强还原剂

    C. 都能在氧气里燃烧生成 M_2O(M 为碱金属)

    D. 都能跟水反应产生氢气

8. 在下列化学方程式中，可用离子方程式 $Ba^{2+}+SO_4^{2-}=\!\!=\!\!=BaSO_4\downarrow$ 来表示的是( )。

    A. $Ba(NO_3)_2+H_2SO_4=\!\!=\!\!=BaSO_4\downarrow+2HNO_3$

    B. $BaCl_2+Na_2SO_4=\!\!=\!\!=BaSO_4\downarrow+2NaCl$

    C. $Ba(OH)_2+H_2SO_4=\!\!=\!\!=BaSO_4\downarrow+2H_2O$

    D. $BaCl_2 + H_2SO_4 = BaSO_4 \downarrow + 2HCl$

9. 在化学反应达到平衡时,下列选项不正确的是(   )。

    A. 反应速率始终在变化
    B. 正反应速率不再发生变化
    C. 反应不再进行
    D. 反应速率减小

10. 关于化学反应速率,下列说法正确的是(   )。

    A. 表示了反应进行的程度
    B. 其值等于正、逆反应方向推动力之比
    C. 表示了反应速度的快慢
    D. 常以某物质单位时间内浓度的变化来表示

11. 下列物质不需用棕色试剂瓶保存的是(   )。

    A. 浓 HNO_3
    B. $AgNO_3$
    C. 氯水
    D. 浓 H_2SO_4

12. 下列物质需用棕色试剂瓶保存的是(   )。

    A. 浓 HNO_3
    B. $AgNO_3$
    C. 氯水
    D. 浓 H_2SO_4

13. 关于热力学第一定律不正确的表述是(   )。

    A. 热力学第一定律就是能量守恒与转化的定律
    B. 第一类永动机是可以创造的
    C. 在隔离体系中,自发过程向着熵增大的方向进行
    D. 第二类永动机是可以创造的

14. 下列哪种方法看能制备氢气的是(   )。

    A. 电解食盐水溶液
    B. Zn 与稀硫酸
    C. Zn 与盐酸
    D. Zn 与稀硝酸

15. 关于 NH_3 分子描述不正确的是(   )。

    A. N 原子采取 sp^2 杂化,键角为 $107.3°$
    B. N 原子采取 sp^3 杂化,包含一条 σ 键三条 π 键,键角 $107.3°$
    C. N 原子采取 sp^3 杂化,包含一条 σ 键两条 π 键,键角 $109.5°$
    D. N 原子采取不等性 sp^3 杂化,分子构形为三角锥形,键角 $107.3°$

16. 下列各组液体混合物不能用分液漏斗分开的是(   )。

    A. 乙醇和水
    B. 乙醇和苯
    C. 四氯化碳和水
    D. 四氯化碳和苯

17. 下列化合物不能与 $FeCl_3$ 发生显色反应的是(   )。

    A. 对苯甲醛
    B. 对甲苯酚
    C. 对甲苯甲醇
    D. 对甲苯甲酸

18. 下列关于氯气的叙述不正确的是(   )。

    A. 在通常情况下,氯气比空气轻
    B. 氯气能与氢气化合生成氯化氢
    C. 红色铜丝在氯气中燃烧生成蓝色的 $CuCl_2$
    D. 液氯与氯水是同一种物质

19. 对于 H_2O_2 性质的描述不正确的是(   )。

    A. 只有强氧化性
    B. 既有氧化性,又有还原性
    C. 只有还原性
    D. 既没有氧化性,又没有还原性

20. 下列叙述正确的是(　　　)。

    A. 铝是一种亲氧元素,可用单质铝和一些金属氧化物高温反应得到对应金属

    B. 铝表面可被冷浓硝酸和浓硫酸钝化

    C. 铝是一种轻金属,易被氧化,使用时可尽可能少和空气接触

    D. 铝离子对人体有害最好不用明矾净水

21. 下列关于氨的性质的叙述中,正确的是(　　　)。

    A. 氨气可在空气中燃烧生成氮气和水

    B. 金属钠可取代干燥氨气中的氢原子,放出氢气

    C. 以 NH_2— 取代 $COCl_2$ 中的氯原子,生成 $CO(NH_2)_2$

    D. 氨气与氯化氢气体相遇,可生成白烟

22. 不能影响化学反应平衡常数数值的因素是(　　　)。

    A. 反应物浓度　　　　B. 温度　　　　　　C. 催化剂　　　　　D. 产物浓度

23. 下列电子运动状态描述错误的是(　　　)。

    A. $n=1, l=1, m=0$ B. $n=2, l=0, m=\pm1$

    C. $n=3, l=3, m=\pm1$ D. $n=4, l=3, m=\pm1$

24. 下列物质中,分子之间存在氢键的是(　　　)。

    A. CH_4 B. C_2H_5OH C. H_2O D. HF

25. 有关 Cl_2 的用途,叙述正确的是(　　　)。

    A. 用来制备 Br_2 B. 用来制杀虫剂

    C. 用在饮用水的消毒   D. 合成聚氯乙烯

26. 下列关于金属钠的叙述,正确的是(　　　)。

    A. 钠与水作用生成氢气,同时生成氢氧化钠

    B. 少量的钠通常贮存在煤油里

    C. 在自然界中,钠可以单质的形式存在

    D. 金属钠的熔点低、密度小、硬度小

27. 对化学反应平衡常数数值不产生影响的因素是(　　　)。

    A. 反应物浓度　　　B. 催化剂　　　　　C. 温度　　　　　　D. 产物浓度

28. 下列各组离子中,不能大量共存于同一溶液中的是(　　　)。

    A. CO_3^{2-}、H^+、Na^+、NO_3^- B. NO_3^-、SO_4^{2-}、K^+、Na^+

    C. H^+、Ag^+、SO_4^{2-}、Cl^- D. Na^+、NH_4^+、Cl^-、OH^-

29. 下列气体中能用浓 H_2SO_4 做干燥剂的是(　　　)。

    A. NH_3 B. Cl_2 C. SO_2 D. O_2

30. 下列物质中,可以由金属和 Cl_2 反应制得的是(　　　)。

    A. $MgCl_2$ B. $AlCl_3$ C. $CuCl_2$ D. $FeCl_2$

31. 有关滴定管的使用正确的是(　　　)。

    A. 要求较高时要进行体积校正

    B. 滴定前应保证尖嘴部分无气泡

    C. 使用前应洗净,并检漏

    D. 为了保证标准溶液浓度不变,使用前可加热烘干

32. 水和空气是宝贵的自然资源,与人类、动植物的生存发展密切相关。以下对水和空气

的认识,你认为不正确的是(　　)。

  A. 新鲜空气是纯净的化合物

  B. 饮用的纯净水不含任何化学物质

  C. 淡水资源有限和短缺

  D. 城市空气质量日报的监测项目中包括 CO_2 含量

33. 下列关于催化剂的叙述中,正确的是(　　)。

  A. 催化剂在化学反应里能改变其他物质的化学反应速度,而本身的质量和化学性质在反应前后都不改变

  B. 催化剂加快正反应的速度,降低逆反应的速度

  C. 催化剂对化学平衡的移动没有影响

  D. 某些杂质会降低或破坏催化剂的催化能力,引起催化剂中毒

34. 在一定条件下,使 $CO_2(g)$ 和 $H_2(g)$ 在一密闭容器中进行反应:

$$CO_2(g) + H_2(g) \rightleftharpoons CO(g) + H_2O(g)$$

下列说法中正确的是(　　)。

  A. 反应开始时,正反应速率最大,逆反应速率也最大

  B. 随着反应的进行,正反应速率逐渐减小,最后为零

  C. 随着反应的进行,逆反应速率逐渐增大,最后不变

  D. 随着反应的进行,正反应速率逐渐减小,最后不变

35. 有利于合成氨:

$$N_2 + 3H_2 \rightleftharpoons 2NH_3 + 92.4 \text{ kJ}$$

的条件是(　　)。

  A. 加正催化剂　　　　　　B. 升高温度

  C. 增大压强　　　　　　　D. 不断地让氨气分离出来,并及时补充氮气和氢气

36. 对于可逆反应:

$$2A(g) + B(g) \rightleftharpoons 2C(g) \qquad \Delta_r H_m^\ominus < 0$$

反应达到平时,正确的说法是(　　)。

  A. 增加 A 的浓度,平衡向右移动,K 值不变

  B. 增加压强,正反应速度增大,逆反应速度减小,平衡向右移动

  C. 使用正催化剂,化学平衡向右移动

  D. 降低温度,正逆反应速度都减慢,化学平衡向右移动

37. 对于反应

$$CO_2(g) + C(s) \rightleftharpoons 2CO(g) \qquad \Delta_r H_m^\ominus > 0$$

达到平衡时,则(　　)。

  A. 降低压力,$n(CO)$ 增大　　　　　B. 降低压力,$n(CO)$ 减小

  C. 升高温度,$n(CO_2)$ 增大　　　　　D. 升高温度,$n(CO_2)$ 减小

38. 下列措施可以使反应

$$C(s) + O_2(g) \rightleftharpoons CO_2(g)$$

的速率增加的是(　　)。

  A. 增加压力　　　　　　　　B. 增加固体碳的用量

  C. 将固体碳粉碎成细小的颗粒　　D. 升高温度

39. 根据吕·查得里原理,讨论下列反应:

$$2Cl_2(g) + 2H_2O(g) \rightleftharpoons 4HCl(g) + O_2(g) \qquad \Delta_r H_m^\ominus > 0$$

在一密闭容器中反应达到平衡后,下面讨论错误的是(　　　)。

    A. 增大容器体积,$n(H_2O, g)$增大

    B. 加入 O_2,$n(HCl)$减小

    C. 升高温度,$K^\ominus$减小

    D. 加入 N_2(总压不变),$n(HCl)$减小

40. 有基元反应 A + B══C,下列叙述不正确的是(　　　)。

    A. 此反应的速率与反应物浓度无关

    B. 两种反应物中,无论哪一种的浓度增加一倍,都将使反应速度增加一倍

    C. 两种反应物的浓度同时减半,则反应速度也将减半

    D. 两种反应物的浓度同时增大一倍,则反应速度增大两倍

41. 下列叙述中错误的是(　　　)。

    A. 原子半径从大到小是:Li>Na>K>Rb>Cs

    B. 同种碱金属元素的离子半径比原子半径小

    C. 碱金属离子的氧化性由强到弱是:Rb^+>K^+>Na^+>Li^+

    D. 碱金属单质的密度从大到小是:Rb>K>Na>Li

42. 下列离子方程式正确的是(　　　)。

    A. 稀硫酸滴在铜片上:$Cu + 2H^+$══$Cu^{2+} + H_2\uparrow$

    B. 碳酸氢钠溶液与盐酸混合:$HCO_3^- + H^+$══$CO_2\uparrow + H_2O$

    C. 盐酸滴在石灰石上:$CaCO_3 + 2H^+$══$Ca^{2+} + H_2CO_3$

    D. 硫酸铜溶液与硫化钾溶液混合:$CuSO_4 + S^{2-}$══$CuS\downarrow + SO_4^{2-}$

43. 碱金属元素随着核电荷数的增加(　　　)。

    A. 氧化性增强   B. 原子半径增大

    C. 失电子能力增大   D. 还原性增大

44. 关于 Na_2CO_3 的水解下列说法正确的是(　　　)。

    A. Na_2CO_3水解,溶液显碱性

    B. 加热溶液使 Na_2CO_3 水解度增大

    C. Na_2CO_3的一级水解比二级水解程度大

    D. Na_2CO_3水解溶液显碱性,是因为 NaOH 是强碱

45. 金属钠比金属钾(　　　)。

    A. 金属性弱   B. 还原性弱   C. 原子半径大   D. 熔点高

46. 下列各组物质混合后能生成 NaOH 的是(　　　)。

    A. Na 和 H_2O B. Na_2SO_4溶液和 $Mg(OH)_2$

    C. Na_2O 和 H_2O D. Na_2CO_3溶液和 $Mg(OH)_2$

47. 下列关于碱金属的叙述错误的是(　　　)。

    A. 都是银白色的轻金属

    B. 熔点都很低

    C. 都能在氧气里燃烧生成 M_2O(M 为碱金属)

    D. 其焰色反应都是黄色的

48. 决定多电子原子核外电子运动能量的主要因素是(　　)。
    A. 电子层
    B. 电子亚层
    C. 电子云的伸展方向
    D. 电子的自旋状态

49. 原子中电子的描述可能的量子数组合是(　　)。
    A. $2,1,0,+\dfrac{1}{2}$
    B. $3,0,0,-\dfrac{1}{2}$
    C. $2,3,0,-\dfrac{1}{2}$
    D. $4,4,-3,-\dfrac{1}{2}$

50. 下列说法不正确的是(　　)。
    A. 原子中运动电子的能量只取决于主量子数 n
    B. 多电子原子中运动电子的能量不仅与 n 有关,还与 l 有关
    C. 波函数由 4 个量子数确定
    D. 磁量子数 m 表示电子云的形状

51. 元素原子最外层上有一个 4s 电子的原子可能是(　　)。
    A. K
    B. Cr
    C. Cu
    D. Na

52. 下列说法正确的是(　　)。
    A. 原子轨道与波函数是同义词
    B. 主量子数、角量子数和磁量子数可决定一个特定原子轨道的大小、形状和伸展方向
    C. 核外电子的自旋状态只有两种
    D. 电子云是指电子在核外运动像云雾一样

53. 下列有关氧化值的叙述中,不正确的是(　　)。
    A. 主族元素的最高氧化值一般等于其所在的族数
    B. 副族元素的最高氧化值总等于其所在的族数
    C. 副族元素的最高氧化值一定不会超过其所在的族数
    D. 元素的最低氧化值一定是负数

54. 下列原子核外电子排布式,正确的是(　　)。
    A. $1s^2 2s^2 2p^3$
    B. $1s^2 2s^2 2p^6 2d^1$
    C. $1s^2 2s^2 2p^6 3s^1$
    D. $1s^2 2s^2 2p^6 3s^2 3p^6 3d^5 4s^1$

55. 钙在空气中燃烧的产物(　　)。
    A. CaO
    B. CaO_2
    C. Ca_2O_3
    D. Ca_3N_2

56. 实验室中熔化苛性钠,不可选用(　　)坩埚。
    A. 石英
    B. 瓷
    C. 玻璃
    D. 镍

57. 下列各酸中,(　　)属于一元酸。
    A. H_3PO_3
    B. H_3PO_2
    C. H_3PO_4
    D. H_3BO_3

58. 下列说法不正确的是(　　)。
    A. 二氧化硅溶于水显酸性
    B. 二氧化碳通入水玻璃可得原硅酸
    C. 因为高温时二氧化硅与碳酸钠反应放出二氧化碳,所以硅酸酸性比碳酸强
    D. 二氧化硅是酸性氧化物,不溶于任何酸

59. HgS 能溶于王水,是因为(　　)。

    A. 酸解　　　　　　B. 氧化还原　　　　C. 配合作用　　　　D. 上述原因都不对

60. 下列硫化物中,难溶于水的黑色沉淀有(　　)。

    A. PbS　　　　　　B. ZnS　　　　　　C. CuS　　　　　　D. K_2S

61. 下列方程式中有错误的是(　　)。

    A. $FeCl_2 + Na_2S \longrightarrow 2NaCl + FeS\downarrow$

    B. $Na_2SO_3 + S \xrightarrow{\triangle} Na_2S_2O_3$

    C. $2Fe + 3S \xrightarrow{\triangle} Fe_2S_3$

    D. $3S + 4HNO_3 + H_2O \xrightarrow{\triangle} 3H_2SO_3 + 4NO\uparrow$

62. 下列金属所制器皿中,能用于盛装浓硫酸的是(　　)。

    A. Al　　　　　　　B. Fe　　　　　　　C. Cr　　　　　　　D. Zn

63. 对于亚硝酸及其盐的性质,下列叙述错误的是(　　)。

    A. 亚硝酸盐都有毒　　　　　　　　　B. NO_2^- 既有还原性又有氧化性

    C. 亚硝酸及其盐都很不稳定　　　　　D. 亚硝酸是一元强酸

64. 对于合成氨反应,下列(　　)条件可提高转化率。

    A. 降低温度　　　　　　　　　　　　B. 增大压力

    C. 使用以铁为主的催化剂　　　　　　D. 降低压力

65. 下列物质中属于过氧化物的是(　　)。

    A. Na_2O_2　　　　　B. BaO_2　　　　　C. KO_2　　　　　D. RbO_2

66. 下列硫化物在水溶液中完全水解的是(　　)。

    A. Al_2S_3　　　　　B. Cr_2S_3　　　　　C. Na_2S　　　　　D. ZnS

67. 含有某阴离子的未知液初步试验结果如下:

    (1) 试液酸化,无气泡产生;

    (2) 中性溶液中加入 $BaCl_2$ 无沉淀;

    (3) 硝酸溶液中加入 $AgNO_3$ 有黄色沉淀;

    (4) 酸性溶液中加入 $KMnO_4$,$KMnO_4$ 紫色褪去,加淀粉溶液呈现蓝色;

    (5) 试液中加入 $Pb(Ac)_2$ 生成金黄色沉淀。

则未知液中不可能存在(　　)离子。

    A. Cl^-　　　　　　B. Br^-　　　　　　C. I^-　　　　　　D. NO_3^-

68. 在 $Cl_2(g) + H_2O(l) \rightleftharpoons HCl(l) + HClO(l)$ 的平衡体系中,使 HClO 浓度增大的方法是(　　)。

    A. 加压　　　　　　　　　　　　　　B. 增大氯水浓度

    C. 加水　　　　　　　　　　　　　　D. 加盐酸

69. 影响化学反应快慢的主要因素有(　　)。

    A. 反应温度　　　　　　　　　　　　B. 反应物浓度

    C. 催化剂　　　　　　　　　　　　　D. 反应物的性质

70. 能将 Pb^{2+} 与 Cu^{2+} 分离的试剂有(　　)。

    A. $NH_3 \cdot H_2O$　　　B. H_2SO_4　　　　C. $(NH_4)_2S$　　　D. $(NH_4)_2CO_3$

71. 下列关于实际气体与理想气体的说法正确的是(　　)。

    A. 实际气体分子有体积,理想气体分子没有体积

B. 实际气体分子间有作用力,理想气体分子间没有作用力

C. 实际气体与理想气体间无多大本质区别

D. 实际气体分子间有作用力,理想气体分子间也有作用力

72. 合成氨原料气中,H_2 和 N_2 比为 $3:1$(体积比),除这两种气体外,还含有杂质气体 4%,原料气总压为 $15\ 198.75\ kPa$,则 N_2、H_2 的分压力分别为(　　)kPa。

A. 4 217.0　　　　　B. 3 647.7　　　　　C. 10 943.1　　　　　D. 11 399.1

73. 下列反应不符合生成热的定义是(　　)。

A. $S(g) + O_2(g) \Longrightarrow SO_2(g)$　　　　　B. $S(s) + \frac{3}{2}O_2(g) \Longrightarrow SO_3(g)$

C. $S(g) + \frac{3}{2}O_2(g) \Longrightarrow SO_2(g)$　　　　　D. $S(s) + \frac{3}{2}O_2(g) \Longrightarrow SO_2(s)$

74. 下列反应中,反应的标准摩尔焓变与生成物的标准摩尔生成焓相同的是(　　)。

A. $CO_2(g) + CaO(s) \longrightarrow CaCO_3(s)$　　　　　B. $\frac{1}{2}H_2(g) + \frac{1}{2}I_2(s) \longrightarrow HI(g)$

C. $\frac{1}{2}H_2(g) + \frac{1}{2}I_2(g) \longrightarrow HI(g)$　　　　　D. $H_2(g) + \frac{1}{2}O_2(g) \longrightarrow H_2O(l)$

E. $2H_2(g) + O_2(g) \longrightarrow 2H_2O(g)$

75. 下列各半反应中,发生氧化过程的是(　　)。

A. $Fe \longrightarrow Fe^{2+}$　　　　　B. $Co^{3+} \longrightarrow Co^{2+}$

C. $NO \longrightarrow NO_3^-$　　　　　D. $H_2O_2 \longrightarrow O_2$

76. 利用电对的电极电位可以判断的是(　　)。

A. 氧化还原反应的完全程度　　　　　B. 氧化还原反应速率

C. 氧化还原反应的方向　　　　　D. 氧化还原能力的大小

77. 在实验室中 $MnO_2(s)$ 仅与浓 HCl 加热才能反应制取氯气,这是因为浓 HCl(　　)。

A. 使 $E_{MnO_2/Mn^{2+}}$ 增大　　　　　B. 使 E_{Cl_2/Cl^-} 增大

C. 使 $E_{MnO_2/Mn^{2+}}$ 减小　　　　　D. 使 E_{Cl_2/Cl^-} 减小

78. 下面是元素电势图 $E_{Br}^{\ominus}$

$$BrO_4^- \underset{\underline{\qquad 0.71 \qquad}}{\overset{0.93}{\rule{1.5cm}{0.4pt}}} BrO_3^- \overset{0.56}{\rule{1.5cm}{0.4pt}} BrO^- \overset{0.33}{\rule{1.5cm}{0.4pt}} Br_2 \overset{1.065}{\rule{1.5cm}{0.4pt}} Br^-$$

易发生歧化反应的物质是(　　)。

A. BrO_4^-　　　　　B. BrO_3^-　　　　　C. BrO^-　　　　　D. Br_2　　　　　E. Br^-

79. 利于合成氨

$$N_2 + 3H_2 \Longrightarrow 2NH_3 + 92.4\ kJ$$

的条件是(　　)。

A. 加正催化剂

B. 升高温度

C. 增大压强

D. 不断地让氨气分离出来,并及时补充氮气和氢气

80. 氟表现出最强的非金属性,具有很大的化学反应活性,是由于(　　)。

A. 氟元素电负性最大,原子半径小

B. 单质熔、沸点高

C. 氟分子中 F—F 键解离能高

D. 分子间的作用力小

E. 单质氟的氧化性强

81. 下列各物质分别盛装在洗气瓶中,若实验室制备的 Cl_2 洗气的方式按书写顺序通过,正确的选项是(　　)。

　　A. NaOH　　　　　　　B. 浓 H_2SO_4　　　　　　C. $CaCl_2$

　　D. P_2O_5　　　　　　　E. 饱和 NaCl 溶液

82. 下列关于 HX 性质的叙述正确的是(　　)。

　　A. HX 极易液化,液态 HX 不导电

　　B. HX 都是极性分子,按 $HF \longrightarrow HI$ 分子极性递增

　　C. HX 都具有强烈刺激性气味的有色气体

　　D. HX 水溶液的酸性:HI>HCl

　　E. HX 还原性:HF→HI 依次减弱

83. 对于碘化氢,下列说法中正确的是(　　)。

　　A. 碘化氢的有机溶液是一种良好导体

　　B. 在水溶液中,碘化氢是一种强酸

　　C. 碘化氢在水溶液中具有强氧化性

　　D. 碘化氢分子间只有取向力

　　E. 在加热时,碘化氢气体迅速分解

84. 下列关于氢卤酸性质的描述正确的是(　　)。

　　A. H-F 的极性最大　　　　　　B. HF 的酸性最强

　　C. HI 的还原性最强　　　　　　D. HI 的酸性最强

85. 对于 NaClO 下列说法正确的是(　　)。

　　A. 在碱液中不分解　　　　　　B. 在稀溶液中不能氧化非金属单质

　　C. 可作为配合剂　　　　　　　D. 能使淀粉-KI 溶液变蓝

　　E. 加热易歧化

86. 对于 $HClO_4$,下列说法正确的是(　　)。

　　A. 在水中部分电离　　　　　　B. 与活泼金属反应都可得到 Cl_2

　　C. 能氧化一些非金属单质　　　D. 反应后都可被还原为 Cl^-

　　E. 是无机酸中最强酸

87. 区别 HCl(g) 和 Cl_2(g) 的方法应选用(　　)。

　　A. $AgNO_3$ 溶液　　　B. 观察颜色　　　　　C. NaOH 溶液

　　D. 湿淀粉 KI 试纸　　E. 干的有色布条

88. 下列说法中,性质变化规律正确的是(　　)。

　　A. 酸性:HI>HBr>HCl>HF　　　B. 还原性:HF>HCl>HBr>HI

　　C. 沸点:HI>HBr>HCl>HF　　　D. 熔点:HF>HCl>HBr>HI

　　E. 还原性:HF<HCl<HBr<HI

89. 下列关于氟和氯性质的说法正确的是(　　)。

　　A. 氟的电子亲和能(绝对值)比氯小　　B. 氟的离解能比氯高

　　C. 氟的电负性比氯大　　　　　　　　D. F^-的水合能(绝对值)比Cl^-小

　　E. 氟的电子亲和能(绝对值)比氯大

90. 下列关于卤素的描述正确的是(　　　)。

　　A. 氟的电负性最大　　　　　　　　　B. 碘的变形性比氯大

　　C. 氢卤酸都是强酸　　　　　　　　　D. 碘分子间只存在色散力

(三) 判断题

(共 100 小题。将判断结果填入括号中,正确的填"√",错误的填"×",每题 1 分)

1. 某离子被沉淀完全是指在该溶液中其浓度为 0。　　　　　　　　　　(　　)

2. 如果盐酸的浓度为醋酸的二倍,则前者的 H^+ 浓度也是后者的两倍。　　(　　)

3. 氢键即可在同种分子或不同分子之间形成,又可在分子内形成。　　　(　　)

4. 有极性共价键组成的分子一定是极性分子。　　　　　　　　　　　　(　　)

5. 催化剂只能使平衡较快达到,而不能使平衡发生移动。　　　　　　　(　　)

6. 由于 $KMnO_4$ 具有很强的氧化性,所以 $KMnO_4$ 法只能用于测定还原性物质。(　　)

7. 常温下能用铝制容器盛浓硝酸是因为常温下,浓硝酸根本不与铝反应。(　　)

8. 理想气体状态方程式适用的条件是理想气体和高温低压下的真实气体。(　　)

9. Zn 与浓硫酸反应的主要产物是 $ZnSO_4$ 和 NO。　　　　　　　　　(　　)

10. 通常情况下 NH_3、H_2、N_2 能共存,并且既能用浓 H_2SO_4 也能用碱石灰干燥。(　　)

11. 工业中用水吸收二氧化氮可制得浓硝酸并放出氧气。　　　　　　　(　　)

12. 工业上主要用电解食盐水溶液来制备烧碱。　　　　　　　　　　　(　　)

13. 不可能把热从低温物体传到高温物体而不引起其他变化。　　　　　(　　)

14. 当一放热的可逆反应达到平衡时,温度升高 10 ℃,则平衡常数会降低一半。(　　)

15. 因为催化剂能改变正逆反应速度,所以它能使化学平衡移动。　　　(　　)

16. 凡是中心原子采用 sp^3 杂化轨道成键的分子,其空间构型必是正四面体。(　　)

17. 放热反应是自发的。　　　　　　　　　　　　　　　　　　　　　(　　)

18. 加入催化剂可以缩短达到平衡的时间。　　　　　　　　　　　　　(　　)

19. 当溶液中酸度增大时,$KMnO_4$ 的氧化能力也会增大。　　　　　　　(　　)

20. 根据酸碱质子理论酸愈强其共轭键愈弱。　　　　　　　　　　　　(　　)

21. 反应级数与反应分子数总是一致的。　　　　　　　　　　　　　　(　　)

22. $0.1\,mol/L\ HNO_3$ 溶液和 $0.1\,mol/L\ HAc$ 溶液 pH 相等。　　　　(　　)

23. 用 $KMnO_4$ 法测定 MnO_2 的含量时,采用的滴定方式是返滴定。　　(　　)

24. 金粉和银粉混合后加热,使之熔融然后冷却,得到的固体是两相。　　(　　)

25. 平衡常数值改变了,平衡一定会移动。反之,平衡移动了,平衡常数值也一定改变。

　　　　　　　　　　　　　　　　　　　　　　　　　　　　　　　　(　　)

26. 氯气常用于自来水消毒是因为次氯酸是强氧化剂,可以杀菌。　　　(　　)

27. 酸碱的强弱是由离解常数的大小决定的。　　　　　　　　　　　　(　　)

28. 液体的饱和蒸气压与温度无关。　　　　　　　　　　　　　　　　(　　)

29. 绝热过程都是等熵过程。　　　　　　　　　　　　　　　　　　　(　　)

30. 电子层结构相同的离子,核电荷数越小,离子半径就越大。　　　　　(　　)

31. 一个反应的活化能越高,反应速度越快。　　　　　　　　　　　　　　　　（　　）

32. 在封闭体系中加入惰性气体,平衡向气体分子数减小的方向移动。　　　　（　　）

33. 根据反应式 $2P + 5Cl_2 \rightleftharpoons 2PCl_5$ 可知,如果 2 mol P 和 5 mol Cl_2 结合,必然生成 2 mol 的 PCl_5。　　　　　　　　　　　　　　　　　　　　　　　　　　　　　　（　　）

34. 增加温度,使吸热反应速度提高,放热反应的反应速度降低,所以增加温度使平衡向吸热方面移动。　　　　　　　　　　　　　　　　　　　　　　　　　　　　　　　　（　　）

35. 当反应 $C(s) + H_2O \rightleftharpoons CO(g) + H_2(g)$ 达到平衡时,由于反应前后分子数相等,所以增加压力对平衡没有影响。　　　　　　　　　　　　　　　　　　　　　　　　（　　）

36. 在 $2SO_2 + O_2 \rightleftharpoons 2SO_3$ 的反应中,在一定温度和浓度和条件下无论使用催化剂或不使用催化剂,只要反应达到平衡时,产物的浓度总是相等的。　　　　　　　　　（　　）

37. 浓度对转化率无影响。　　　　　　　　　　　　　　　　　　　　　　　　（　　）

38. 电子云是描述核外某空间电子出现的几率密度的概念。　　　　　　　　　（　　）

39. 角量子数 l 的可能取值是从 0 到 n 的正整数。　　　　　　　　　　　　　（　　）

40. 描述核外电子空间运动状态的量子数组合是 n,l,m,m_s。　　　　　　　　（　　）

41. 氢原子中,电子的能量只取决于主量子数 n。　　　　　　　　　　　　　　（　　）

42. p 轨道电子云形状是球形对称。　　　　　　　　　　　　　　　　　　　　（　　）

43. 首次将量子化概念应用到原子结构,并解释了原子稳定性的科学家是玻尔。（　　）

44. 主量子数为 2 时,有 4 个轨道即 2s,2p,2d,2f。　　　　　　　　　　　　（　　）

45. 主族元素的最高氧化值一般等于其所在的族序数。　　　　　　　　　　　（　　）

46. 在主量子数为 4 的电子层中,原子轨道数是 32。　　　　　　　　　　　　（　　）

47. $MgCl_2$ 加热熔化时需要打开共价键。　　　　　　　　　　　　　　　　　（　　）

48. ⅠA,ⅡA 族元素的原子外电子结构分别为 ns^1,ns^2,所以ⅠA 族元素只有＋Ⅰ氧化态,ⅡA 族元素只有＋Ⅱ氧化态。　　　　　　　　　　　　　　　　　　　　　　　　（　　）

49. Na_2CO_3 溶液同 $CuSO_4$ 溶液反应,主要产物是 Na_2SO_4 和 $CuCO_3$。　　（　　）

50. 由于 $Ca(OH)_2$ 是强碱,所以石灰水呈强碱性。　　　　　　　　　　　　（　　）

51. 盛 NaOH 溶液的玻璃瓶不能用玻璃塞。　　　　　　　　　　　　　　　　（　　）

52. 金属钾不宜用电解氯化钾的方法制备。　　　　　　　　　　　　　　　　（　　）

53. 碱金属元素的化合物多为共价型。　　　　　　　　　　　　　　　　　　（　　）

54. 浓硝酸的氧化性比稀硝酸的强。　　　　　　　　　　　　　　　　　　　（　　）

55. 碳酸盐的热稳定性强弱的顺序是:铵盐＞过渡金属盐＞碱土金属盐＞碱金属盐。　　　　　　　　　　　　　　　　　　　　　　　　　　　　　　　　　　　　（　　）

56. 硼砂在高温熔融状态能溶解能与一些作用金属氧化物并显示出不同的颜色,分析化学上利用这一性质初步检验某些金属离子,这叫做硼砂珠试验。　　　　　　　　（　　）

57. H_3PO_4 可作为还原剂使用。　　　　　　　　　　　　　　　　　　　　（　　）

58. 氨气与氯化氢气相遇,可生成白烟。　　　　　　　　　　　　　　　　　（　　）

59. 浓硫酸具有强的氧化性,不能用来干燥 SO_2 气体。　　　　　　　　　　（　　）

60. 既与酸又与碱作用或既不与酸又不与碱作用的氧化物可视为中性氧化物。（　　）

61. 在温度为 273.15 K 和压力为 100 kPa 时,2 mol 任何气体的体积约为 44.8 L。（　　）

62. 理想气体状态方程式适用的条件是理想气体和高温低压下的真实气体。　（　　）

63. 液体的饱和蒸气压与温度无关。　　　　　　　　　　　　　　　　　　　（　　）

64. 当外界压力增大时,液体的沸点会降低。　　　　　　　　　　　　　　　　　　　　(　　)

65. 298 K 时,石墨的标准摩尔生成焓 $\Delta_f H_m^{\ominus}$ 等于零。　　　　　　　　　　　　　(　　)

66. 单质的标准生成焓都为零。　　　　　　　　　　　　　　　　　　　　　　　　　(　　)

67. 混合气体的压力分数等于其摩尔分数。　　　　　　　　　　　　　　　　　　　(　　)

68. 混合气体的总压等于各组分气体的分压之和。　　　　　　　　　　　　　　　　(　　)

69. 混合气体的总体积等于各组分气体的分体积之和。　　　　　　　　　　　　　　(　　)

70. 化学反应的热效应等于生成物生成热的总和减去反应物生成热的总和。　　　　(　　)

71. 反应的热效应就是反应的焓变。　　　　　　　　　　　　　　　　　　　　　　(　　)

72. 根据 $Cu^{2+}\xrightarrow{0.159\ V}Cu^{+}\xrightarrow{0.520\ V}Cu$ 可知,Cu^{+} 很难在溶液中稳定存在。　(　　)

73. 根据 $Fe^{3+}\xrightarrow{0.771\ V}Fe^{2+}\xrightarrow{-0.44\ V}Fe$ 可知,Fe^{2+} 在溶液中能够稳定存在。　(　　)

74. 在氧化还原反应中,如果两个电对的电极电势相差越大,反应就进行得越快。　(　　)

75. 任何一个电极的电势绝对值都无法测得,电极电势是指定标准氢电极的电势为 0 而测出的相对电势。　　　　　　　　　　　　　　　　　　　　　　　　　　　　　(　　)

76. 由于生成难溶盐,Ag(Ⅰ)的氧化性减弱。　　　　　　　　　　　　　　　　　(　　)

77. 标准氢电极是指将吸附纯氢气(1.01×10^{5} Pa)达饱和的镀铂黑的铂片浸在 H^{+} 浓度为 1 mol/L 的酸性溶液中组成的电极。　　　　　　　　　　　　　　　　　　　(　　)

78. 电池反应为:$2Fe^{2+}(1\ mol/L)+I_{2}\Longleftrightarrow 2Fe^{3+}(0.0001\ mol/L)+2I^{-}(0.0001\ mol/L)$ 原电池符号是:$(-)Fe|Fe^{2+}(1\ mol/L),Fe^{3+}(0.0001\ mol/L)\parallel I^{-}(0.0001\ mol/L),I_{2}|Pt(+)$。

(　　)

79. 在所有配合物中,配位体的总数就是中心离子的配位数。　　　　　　　　　　(　　)

80. 配合物$[CrCl_{2}(H_{2}O)_{4}]Cl$ 应命名为一氯化四水·二氯合铬(Ⅲ)。　　　　(　　)

81. 配合物中配体的数目称为配位数。　　　　　　　　　　　　　　　　　　　　(　　)

82. 螯合物的配位体是多齿配位体,与中心离子形成环状结构,故螯合物稳定性大。

(　　)

83. 配合物 $Na_{3}[Ag(S_{2}O_{3})_{2}]$ 应命名为二硫代硫酸根合银(Ⅰ)酸钠。　　　(　　)

84. 螯合剂中配位原子相隔越远形成的环越大,螯合物稳定性越大。　　　　　　(　　)

85. 配合物(离子)的 K 稳越大,则稳定性越高。　　　　　　　　　　　　　　(　　)

86. 由元素电势图 $E_{A}^{\ominus}$ $Cu^{2+}+Cl\xrightarrow{0.538\ V}CuCl\xrightarrow{0.137\ V}Cu+Cl^{-}$ 知 CuCl 在酸性溶液中可发生歧化反应。　　　　　　　　　　　　　　　　　　　　　　　　　　　　　(　　)

87. 卤素含氧酸的氧化值越高,该含氧酸的酸性越强。　　　　　　　　　　　　(　　)

88. 从氢氟酸到氢碘酸,氢卤酸酸性逐渐减弱。　　　　　　　　　　　　　　　(　　)

89. ClO^{-}、ClO_{2}^{-}、ClO_{3}^{-}、ClO_{4}^{-} 的氧化性依次增强。　　　　　　　(　　)

90. 卤素含氧酸的氧化值越高,该含氧酸的氧化性越强。　　　　　　　　　　　(　　)

91. HF、HCl、HBr、HI 熔沸点依次升高。　　　　　　　　　　　　　　　　　(　　)

92. HX 还原性:HF→HI 依次减弱。　　　　　　　　　　　　　　　　　　　　(　　)

93. 用湿润的淀粉碘化钾试纸就可以区分 Cl_{2} 和 HCl 气体。　　　　　　　　　(　　)

94. 因为氯气具有漂白作用,所以干燥的氯水也具有漂白作用。　　　　　　　　(　　)

95. 当溶液中酸度增大时,$KMnO_{4}$ 的氧化能力也会增大。　　　　　　　　　　(　　)

96. 氯气常用于自来水消毒是因为次氯酸是强氧化剂,可以杀菌。　　　　　　　(　　)

97. 工业上广泛采用赤热的炭与水蒸气反应、天然气和石油加工工业中的甲烷与水蒸气反应、电解水或食盐水等方法生产氢气。　　　　　　　　　　　　　　　　　　　　（　　）

98. 欲除去 Cl_2 中少量 HCl 气体，可将此混合气体通过饱和食盐水的洗气瓶。　　（　　）

99. 次氯酸是强氧化剂，是一种弱酸。　　　　　　　　　　　　　　　　　　　（　　）

100. 在反应过程中产生的尾气中含有的 Cl_2 应该用水吸收。　　　　　　　　　（　　）

二、有机化学

（一）单项选择题

（共 110 题。选择一个正确的答案，将相应的字母填入题内的括号中，每题 1 分）

1. 下列化合物中碳原子杂化轨道为 sp^2 的有（　　）。
   A. CH_3CH_3　　　　B. $CH_2{=}CH_2$　　　　C. C_2H_5OH　　　　D. $CH{\equiv}CH$

2. 下列反应属于亲电取代反应的是（　　）。
   A. 醇与 HX 作用　　　　　　　　　B. 烯烃与 HX 作用
   C. 烷烃与卤素反应　　　　　　　　D. 苯的硝化反应

3. 下列化合物碱性最强的是（　　）。
   A. 苯胺　　　　　　B. 苄胺　　　　　　C. 吡咯　　　　　　D. 吡啶

4. 下列醛或酮进行剂亲核加成反应时，活性最大的是（　　）。
   A. 甲醛　　　　　　B. 苯甲醛　　　　　C. 丙酮　　　　　　D. 苯乙酮

5. 下列化合物沸点最低的是（　　）。
   A. CH_3CH_2Cl　　　　　　　　　B. $CH_3CH_2CH_2OH$
   C. CH_3CH_2CHO　　　　　　　　D. CH_3COOH

6. 下列化合物进行 SN1 反应时反应速率最大的是（　　）。
   A. ⬡—CH_2CH_2Br　　　　　　　B. ⬡—$\underset{\underset{Br}{|}}{C}H_2CH_2Br$

   C. ⬡—$\underset{\underset{Br}{|}}{C}HCH_3$　　　　　　　　D. ⬡—CH_3Br

7. 某化合物（$C_4H_8O_2$）IR 谱图中，1740 cm^{-1} 处有一强吸收峰；NMR 谱图中出现三组峰，$\delta=3.6$（四重峰，2H），$\delta=1.2$（三重峰，3H），$\delta=2.1$（单峰，3H）。则该化合物的构造式为（　　）。
   A. $CH_3COOCH_2CH_3$　　　　　　B. $HCOOCH_2CH_2CH_3$
   C. $CH_3CH_2COOCH_3$　　　　　　D. $CH_3CH_2CH_2COOOH$

8. 丙烯与卤素在高于 300 ℃时发生的反应属于什么反应（　　）。
   A. 亲电取代反应　　　　　　　　　B. 亲核取代反应
   C. 自由基取代反应　　　　　　　　D. 亲电加成反应

9. 在水溶液中，下列化合物碱性最强的是（　　）。
   A. 三甲胺　　　　　B. 二甲胺　　　　　C. 甲胺　　　　　　D. 苯胺

10. 下列化合物沸点最高的是（　　）。

　　A. CH_3CONH_2　　　　　　　　　　B. $CH_3CH_2CH_2OH$

　　C. CH_3CH_2CHO　　　　　　　　　　D. CH_3COOH

11. 在水溶液中,下列化合物碱性最强的是(　　)。

　　A. 乙酰胺　　　　　B. 甲胺　　　　　C. 氨　　　　　D. 苯胺

12. 下列醛或酮进行剂亲核加成反应时,活性最小的是(　　)。

　　A. 甲醛　　　　　B. 乙醛　　　　　C. 丙酮　　　　　D. 苯乙酮

13. 下列化合物酸性最强的是(　　)。

　　A. 丙二酸　　　　　B. 醋酸　　　　　C. 草酸　　　　　D. 苯酚

14. 用乙醇生产乙烯利用的化学反应是(　　)。

　　A. 氧化反应　　　　　B. 水和反应　　　　　C. 脱水反应　　　　　D. 水解反应

15. 使 $AgNO_3$ 的醇溶液立即出现沉淀的化合物是(　　)。

　　A. $CH_3CH_2CH_2Cl$　　　　　　　　　B. $CH_2{=}CHCl$

　　C. $CH_2{=}CHCH_2Cl$　　　　　　　　D. $CH_2{=}CHCH_2CH_2Cl$

16. 下列化合物不能发生傅列德尔-克拉夫茨酰基化反应的有(　　)。

　　A. 甲苯　　　　　B. 异丙苯　　　　　C. 呋喃　　　　　D. 吡啶

17. 乙醇的质子核磁共振谱中有几组峰? 它们的面积比为多少?(　　)。

　　A. 2组,1∶2　　　　　　　　　　B. 2组,5∶1

　　C. 3组,1∶2∶3　　　　　　　　　D. 3组,1∶2∶2

18. 格氏试剂是由有机(　　)化合物。

　　A. 镁　　　　　B. 铁　　　　　C. 铜　　　　　D. 硅

19. 下列化合物发生硝化时,反应速度最快的是(　　)。

　　A.　　　　　　B.　　　　　　C.　　　　　　D.

20. 下列基团中,能使苯环活化程度最大的是(　　)。

　　A. —OH　　　　　B. —Cl　　　　　C. —CH_3　　　　　D. —CN

21. 由苯合成 的最佳合成路线是(　　)。

　　A. 苯→烷基化→磺化→氯代→水解　　B. 苯→烷基化→氯代

　　C. 苯→氯代→烷基化　　　　　　　　D. 苯→磺化→氯代→烷基化→水解

22. 用于制备解热镇痛药"阿司匹林"的主要原料是(　　)。

　　A. 碳酸　　　　　B. 苦味酸　　　　　C. 苯甲酸　　　　　D. 水杨酸

23. 醇分子内脱水属于(　　)历程。

　　A. 亲电取代　　　　　B. 亲核取代　　　　　C. 自由基取代　　　　　D. β-消除

24. 下列化合物的相对酸性由强到弱的是(　　)。

(1) 苯酚　　(2) 苯甲酸　　　(3) 苄醇　　(4) 苯磺酸

　　A. (4)(2)(1)(3)　　　　　　　　B. (3)(4)(1)(2)

　　C. (1)(2)(3)(4)　　　　　　　　D. (2)(1)(3)(4)

25. 异丙苯过氧化氢在酸性水溶液中水解生成苯酚和丙酮,理论上每得到1吨的苯酚可联产丙酮约(　　)吨。

　　A. 0.6　　　　　　B. 0.8　　　　　　C. 1.1　　　　　　D. 1.2

26. 采用化学还原剂对重氮盐进行还原,得到的产物是(　　)。

　　A. 羟胺　　　　　B. 偶氮化合物　　　C. 芳胺　　　　　　D. 芳肼

27. 下列酰化剂在进行酰化反应时,活性最强的是(　　)。

　　A. 羧酸　　　　　B. 酰氯　　　　　　C. 酸酐　　　　　　D. 酯

28. 下列芳香族卤化合物在碱性条件下最易水解生成酚类的是(　　)。

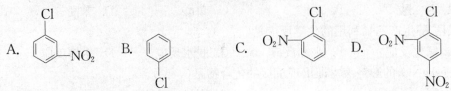

29. 用于制备酚醛塑料又称电木的原料是(　　)。

　　A. 苯甲醛　　　　B. 苯酚　　　　　　C. 苯甲酸　　　　　D. 苯甲醇

30. 下列按环上硝化反应的活性顺序排列正确的是(　　)。

　　A. 对二甲苯>间二甲苯>甲苯>苯　　　B. 间二甲苯>对二甲苯>甲苯>苯
　　C. 甲苯>苯>对二甲苯>间二甲苯　　　D. 苯>甲苯>间二甲苯>对二甲苯

31. 比较下列物质的反应活性(　　)。

　　A. 酰氯>酸酐>羧酸　　　　　　　　　B. 羧酸>酰氯>酸酐
　　C. 酸酐>酰氯>羧酸　　　　　　　　　D. 酰氯>羧酸>酸酐

32. 下列各组化合物中沸点最高的是(　　)。

　　A. 乙醚　　　　　B. 溴乙烷　　　　　C. 乙醇　　　　　　D. 丙烷

33. 下列化合物中,酸性最强的是(　　)。

　　A. ⬡—CHO　　　　　　　　　B. ⬡—CH₂OH

　　C. ⬡—COOH　　　　　　　　D. CHO—⬡—CH₃

34. 下列物质中既能被氧化,又能被还原,还能发生缩聚反应的是(　　)。

　　A. 甲醇　　　　　B. 甲醛　　　　　　C. 甲酸　　　　　　D. 苯酚

35. 由单体合成为相对分子质量较高的化合物的反应是(　　)。

　　A. 加成反应　　　B. 聚合反应　　　　C. 氧化反应　　　　D. 卤化反应

36. 某烷烃的分子式为 C_5H_{12},只有两种二氯衍生物,那么它是(　　)。

　　A. 正戊烷　　　　B. 异戊烷　　　　　C. 新戊烷　　　　　D. 不存在这种物质

37. 具有对映异构现象的烷烃的最少碳原子是(　　)。

　　A. 6　　　　　　B. 7　　　　　　　C. 8　　　　　　　D. 9

38. 下列烷烃中含有叔碳原子的是(　　)。

　　A. 正戊烷　　　　B. 异戊烷　　　　　C. 新戊烷　　　　　D. 丙烷

39. 组成为 C_6H_{14} 含有一个季碳原子的烃是(　　)。

A. 2,3-二甲基丁烷　　　　　　　　B. 2,2-二甲基丁烷

C. 2,3-二甲基戊烯　　　　　　　　D. 2-甲基戊烷

40. 1-甲基-4-叔丁基环己烷最稳定的构象为(　　　)。

A. (H₃C)₃C〜CH₃　　　　　　　B. (H₃C)₃C〜CH₃

C. (H₃C)₃C〜CH₃　　　　　　　D. 〜CH₃ C(CH₃)₃

41. 鉴别丙烯和环丙烷可用的试剂是(　　　)。

A. 溴水　　　　　　　　　　　　　B. Br_2/CCl_4

C. $AgNO_3$的氨溶液　　　　　　　D. $KMnO_4$溶液

42. 下列各构象最稳定的是(　　　)。

A.　　　　　B.　　　　　C.　　　　　D.

43. 在光照条件下,氯气与甲烷发生的反应是(　　　)。

A. 自由基取代反应　　　　　　　　B. 亲核取代反应

C. 自由基加成反应　　　　　　　　D. 亲核加成反应

44. 萘最容易溶于(　　　)溶剂。

A. 水　　　　　B. 乙醇　　　　　C. 苯　　　　　D. 乙酸

45. 下列化合物不具有芳香性的有(　　　)。

A. 环辛四烯　　　B. 呋喃　　　C. [18]轮烯　　　D. 萘

46. 下列化合物(　　　)在酸性 $KMnO_4$作用下不能被氧化成苯甲酸。

A. 甲苯　　　　B. 乙苯　　　　C. 叔丁苯　　　D. 环己基苯

47. 下列化合物不能发生博列德尔-克拉夫茨酰基化反应的有(　　　)。

A. 甲苯　　　　B. 二甲苯　　　C. 异丙苯　　　D. 硝基苯

48. 下列化合物发生亲电取代时,箭头所示的取代基进入位置正确的是(　　　)。

A.　　　　　B.　　　　　C.　　　　　D.

49. 鉴别环己烷和苯可用(　　　)。

A. 浓硫酸　　　B. Br_2/CCl_4　　　C. $FeCl_3$　　　D. $KMnO_4$溶液

50. 下列物质中芳香性最强的是(　　　)。

A. 苯　　　　B. 萘　　　　C. 蒽　　　　D. 菲

51. 下列反应正确的是(　　　)。

A.

B. $\underset{\text{hv}}{\overset{Cl_3}{\longrightarrow}}$

C. $\underset{\text{hv}}{\overset{Cl_3}{\longrightarrow}}$

D. $\underset{\text{hv}}{\overset{Cl_3}{\longrightarrow}}$

52. 二氯丙烷可能的异构体数目是(　　　)。
　　A. 2　　　　　　　　B. 4　　　　　　　　C. 6　　　　　　　　D. 5

53. 禁止用工业酒精配制饮料酒,是因为工业酒精中含有下列物质中的(　　　)。
　　A. 甲醇　　　　　　B. 乙二醇　　　　　　C. 甘油　　　　　　D. 异戊醇

54. 使 $AgNO_3$ 的醇溶液立即出现沉淀的化合物是(　　　)。
　　A. $CH_3CH_2CH_2Cl$　　　　　　　　B. $CH_2{=}CHCl$
　　C. $CH_2{=}CHCH_2Cl$　　　　　　　　D. $CH_2{=}CHCH_2CH_2Cl$

55. 下列化合物沸点最低的是(　　　)。
　　A. CH_3CH_2Cl　　　　　　　　B. $CH_3CH_2CH_2OH$
　　C. CH_3CH_2CHO　　　　　　　　D. CH_3COOH

56. 卤代烷发生消去反应是遵循(　　　)。
　　A. 马尔科夫尼科夫规则　　　　　　B. 札依采夫规则
　　C. 霍夫曼规则　　　　　　　　　　D. 以上规则都不遵循

57. 列化合物在 $NaOH\text{-}H_2O$ 中,按 SN2 机理,反应活性最大的是(　　　)。
　　A. $(CH_3)_2CHCl$　　　　　　　　B. $CH_2{=}CHCH_2Cl$
　　C. $CH_3CH_2CH_2Cl$　　　　　　　　D. $CH_2{=}CHClCH_3$

58. 卤代烷与 NaOH 在水与乙醇混合物中进行反应,下列现象中属于 SN2 历程的是(　　　)。
　　A. 产物的构型完全转化　　　　　　B. 碱浓度增加反应速度加快
　　C. 有重排产物　　　　　　　　　　D. 仲卤烷速度大于叔卤烷

59. 通常制备格利雅试剂须在下列哪种溶剂中进行(　　　)。
　　A. 乙醇　　　　　　B. 丙酮　　　　　　C. 无水乙醚　　　　D. 水

60. 下列化合物酸性最弱的是(　　　)。
　　A. Cl_3CCOOH　　B. $CHCl_2COOH$　　C. $CH_2ClCOOH$　　D. CH_3COOH

61. 下列化合物沸点最高的是(　　　)。
　　A. 甲酸　　　　　　B. 乙醇　　　　　　C. 乙醛　　　　　　D. 甲醚

62. 甲酸不具有的性质是(　　　)。
　　A. 发生银镜反应　　B. 酸性　　　　　　C. 不易分解　　　　D. 能溶于水

63. 下列化合物最易水解的是(　　　)。
　　A. 乙酰胺　　　　　B. 乙酸乙酯　　　　C. 乙酸酐　　　　　D. 乙酰氯

64. 合成乙酸乙酯时,为了提高收率,最好采取(　　　)的方法。
　　A. 在反应过程中不断蒸出水　　　　B. 增加催化剂用量
　　C. 使乙醇过量　　　　　　　　　　D. A 和 C 并用

65. 下列化合物酸性最强的是( )。
    A. 对甲基苯甲酸　　　　　　　　　　B. 对硝基苯甲酸
    C. 间硝基苯甲酸　　　　　　　　　　D. 苯甲酸

66. 下列酰胺能发生霍夫曼降解反应的是( )。
    A. 丙酰胺　　　　　　　　　　　　　B. N-甲基丙酰胺
    C. N,N-二甲基丙酰胺　　　　　　　D. 前三种物质都不可以

67. 下列化合物酸性最弱的是( )。
    A. 氟乙酸　　　　B. 氯乙酸　　　　C. 溴乙酸　　　　D. 碘乙酸

68. 在水溶液中,下列化合物碱性最弱的是( )。
    A. 乙酰胺　　　　B. 丁二酰亚胺　　C. 二甲胺　　　　D. 苯胺

69. 下列羧酸与甲醇酯化反应的活性最大的是( )。
    A. $(CH_3)_2CH—COOH$　　　　　　B. $(CH_3)_3C—COOH$
    C. $CH_3CH_2—COOH$　　　　　　　D. $H—COOH$

70. 化合物 $CH_3COOCH_2CH_3$ 的质子核磁共振谱中有几组峰,面积比是多少？( )
    A. 2组,3:3　　　　　　　　　　　　B. 3组,3:2:3
    C. 4组,2:2:2:2　　　　　　　　　D. 5组,1:2:2:3:1

71. 根据当代的观点,有机物应该是( )。
    A. 来自动植物的化合物　　　　　　B. 来自于自然界的化合物
    C. 人工合成的化合物　　　　　　　D. 含碳的化合物

72. 有机物的结构特点之一就是多数有机物都以( )结合。
    A. 配价键　　　　B. 共价键　　　　C. 离子键　　　　D. 氢键

73. 下列共价键中极性最强的是( )。
    A. H—C　　　　B. C—O　　　　C. H—O　　　　D. C—N

74. 在自由基反应中化学键发生( )。
    A. 异裂　　　　　　　　　　　　　　B. 均裂
    C. 不断裂　　　　　　　　　　　　　D. 既不是异裂也不是均裂

75. 工业上生产乙炔常采用( )。
    A. 乙醛脱水法　　B. 电石法　　　　C. 煤气化法　　　D. 煤液化

76. 成熟的水果在运输途中容易因挤压颠簸而腐烂,为防止损失常将未成熟的果实放在密闭的箱子里使水果自身产生的( )聚集起来,达到催熟目的。
    A. 乙炔　　　　　B. 甲烷　　　　　C. 乙烯　　　　　D. 丙烯

77. 下列物质,哪种不能由乙烯直接合成( )。
    A. 乙酸　　　　　B. 乙醇　　　　　C. 乙醛　　　　　D. 合成塑料

78. 下列物质不能与溴水发生反应的是( )。
    A. 苯酚溶液　　　B. 苯乙烯　　　　C. 碘化钾溶液　　D. 甲苯

79. 有机化合物分子中由于碳原子之间的连接方式不同而产生的异构称为( )。
    A. 构造异构　　　B. 构象异构　　　C. 顺反异构　　　D. 对映异构

80. 从地下开采出未经炼制的石油叫原油,原油中( )含量一般较少,它主要是在二次加工过程中产生的。
    A. 烷烃　　　　　B. 环烷烃　　　　C. 芳香烃　　　　D. 不饱和烃

81. 国际上常用( )的产量来衡量一个国家的石油化学工业水平。
    　　A. 乙烯　　　　　　B. 甲烷　　　　　　C. 乙炔　　　　　　D. 苯

82. 化合物的旋光方向与其构型的关系,下列( )情况是正确的。
    　　A. 无直接对映关系　　　　　　　　B. R 构型为右旋
    　　C. S 构型为左旋　　　　　　　　　D. R 构型为左旋,S 构型为右旋

83. 下列物质中,在空气中能稳定存在的是( )。
    　　A. 苯胺　　　　　　B. 苯酚　　　　　　C. 乙醛　　　　　　D. 乙酸

84. 福尔马林液的有效成分是( )。
    　　A. 苯酚　　　　　　B. 甲醛　　　　　　C. 谷氨酸钠　　　　D. 对甲基苯酚

85. 下列各组化合物中,只用溴水可鉴别的是( )。
    　　A. 丙烯、丙烷、环丙烷　　　　　　B. 苯胺、苯、苯酚
    　　C. 乙烷、乙烯、乙炔　　　　　　　D. 乙烯、苯、苯酚

86. 下列关于构型为 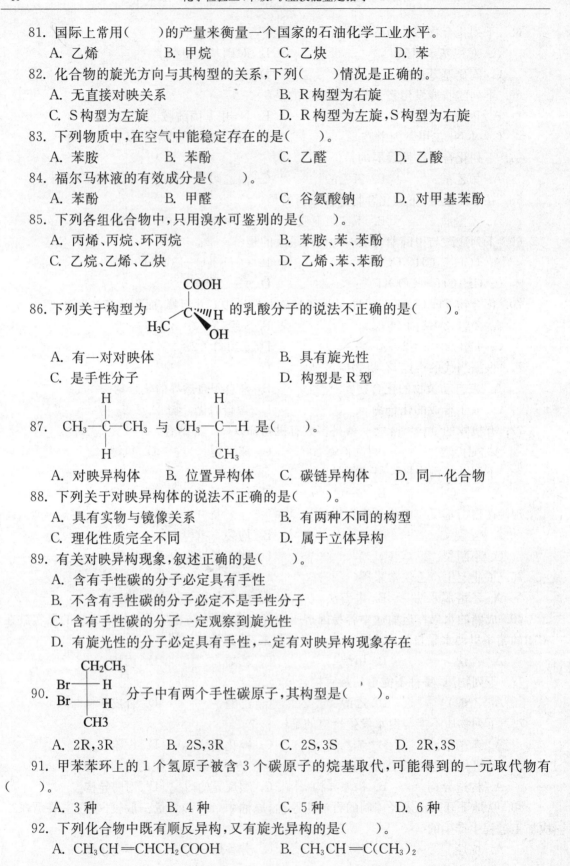 的乳酸分子的说法不正确的是( )。
    　　A. 有一对对映体　　　　　　　　　B. 具有旋光性
    　　C. 是手性分子　　　　　　　　　　D. 构型是 R 型

87. $CH_3-\overset{\overset{H}{|}}{\underset{\underset{H}{|}}{C}}-CH_3$ 与 $CH_3-\overset{\overset{H}{|}}{\underset{\underset{CH_3}{|}}{C}}-H$ 是( )。
    　　A. 对映异构体　　B. 位置异构体　　C. 碳链异构体　　D. 同一化合物

88. 下列关于对映异构体的说法不正确的是( )。
    　　A. 具有实物与镜像关系　　　　　　B. 有两种不同的构型
    　　C. 理化性质完全不同　　　　　　　D. 属于立体异构

89. 有关对映异构现象,叙述正确的是( )。
    　　A. 含有手性碳的分子必定具有手性
    　　B. 不含有手性碳的分子必定不是手性分子
    　　C. 含有手性碳的分子一定观察到旋光性
    　　D. 有旋光性的分子必定具有手性,一定有对映异构现象存在

90. $\overset{CH_2CH_3}{\underset{CH3}{\overset{Br\!-\!\!-\!\!-\!H}{Br\!-\!\!-\!\!-\!H}}}$ 分子中有两个手性碳原子,其构型是( )。
    　　A. 2R,3R　　　　B. 2S,3R　　　　C. 2S,3S　　　　D. 2R,3S

91. 甲苯苯环上的 1 个氢原子被含 3 个碳原子的烷基取代,可能得到的一元取代物有( )。
    　　A. 3 种　　　　　　B. 4 种　　　　　　C. 5 种　　　　　　D. 6 种

92. 下列化合物中既有顺反异构,又有旋光异构的是( )。
    　　A. $CH_3CH=CHCH_2COOH$　　　　　B. $CH_3CH=C(CH_3)_2$

C. $CH_3CHCH{=}CHBr$
　　　|
　　　Cl

D. CH_3CHCH_2COOH
　　　　　|
　　　　　OH

93. 下列有机物质中,须保存于棕色试剂瓶中的是(　　　)。

A. 丙酮　　　　　B. 氯仿　　　　　C. 四氯化碳　　　　D. 二硫化碳

94. 在醛和酮类化合物中所含的官能团是(　　　)。

A. 羰基　　　　　B. 羧基　　　　　C. 羟基　　　　　D. 氨基

95. 下列化合物能发生羟醛缩合反应的是(　　　)。

A. 叔戊醛　　　　B. 甲醛　　　　　C. 苯甲醛　　　　D. 1-丙醛

96. 下列物质中,由于发生化学反应而使酸性高锰酸钾褪色,又能使溴水因发生反应而褪色的是(　　　)。

A. 苯　　　　　　B. 甲苯　　　　　C. 乙烯　　　　　D. 乙烷

97. 下列物质中,能发生碘仿反应的是(　　　)。

A. 苯甲醇　　　　B. 异丙醇　　　　C. 甲醛　　　　　D. 3-戊酮

98. 能与斐林试剂反应的是(　　　)。

A. 丙酮　　　　　B. 苯甲醇　　　　C. 苯甲醛　　　　D. 2-甲基丙醛

99. 下列反应属于脱水反应的是(　　　)。

A. 乙烯与水反应　　　　　　　　　B. 乙烯与溴水反应

C. 乙醇与浓硫酸共热 170 ℃反应　　D. 乙烯与氯化氢在一定条件下反应

100. 下列化合物能和饱和 $NaHSO_3$ 水溶液加成的是(　　　)。

A. 异丙醇　　　　B. 苯乙酮　　　　C. 乙醛　　　　　D. 乙酸

101. 下列醛、酮与 HCN 发生亲核取代反应活性最小的是(　　　)。

A. $ClCH_2CHO$

B. CH_3CHO

C. ⬡—$COCH_3$

D. ⬡—CO—⬡

102. 能发生碘仿反应的化合物是(　　　)。

A. 甲醛　　　　　B. 苯甲醛　　　　C. 正丁醛　　　　D. 丙酮

103. 在有机合成反应中,用于保护醛基的反应是(　　　)。

A. 羟醛缩合反应　　　　　　　　　B. 缩醛(酮)的生成反应

C. 羰基试剂与醛酮的缩合反应　　　D. 氧化还原反应

104. 下列化合物不能与饱和的 $NaHSO_3$ 生成白色沉淀的(　　　)。

A. $CH_3CH_2COCH_2CH_3$　　　　　B. $CH_3COCH_2CH_3$

C. C_6H_5CHO　　　　　　　　　D. $CH_3CH_2CH_2CH_2CHO$

105. 下列化合物,既能发生碘仿反应,又能与 $NaHSO_3$ 加成的是(　　　)。

A. $C_6H_5COCH_3$　　　　　　　　B. $CH_3CH_2COCH_3$

C. $CH_3CH(OH)CH_2CH_3$　　　　　D. $CH_3CH_2CH_2CHO$

106. 乙醛与过量甲醛在 NaOH 作用下主要生成(　　　)。

A. 季戊四醇　　　B. 季戊四醛　　　C. 2-丁烯醛　　　D. 3-羟基丁醛

107. 将 $CH_3CH{=}CHCHO$ 氧化成 $CH_3CH{=}CHCOOH$ 选择下列(　　　)试剂较好。

A. 酸性 $KMnO_4$　　　　　　　　　B. $K_2Cr_2O_7 + H_2SO_4$

C. 托伦试剂　　　　　　　　　　　D. HNO_3

108. 下列化合物中只发生碘仿反应而不与 $NaHSO_3$ 反应的是（　　）。

A. $CH_3\overset{O}{\overset{\|}{C}}CH_3$

B.

C. CH_3CHCH_3

D.

109. 下列物质中，在不同条件下能分别发生氧化、消去、酯化反应的是（　　）。

A. 乙醇　　　　B. 乙醛　　　　C. 乙酸　　　　D. 苯甲酸

110. 吡啶与溴进行溴代反应生成的主要产物是（　　）。

A. 2-溴吡啶　　　B. 3-溴吡啶　　　C. 4-溴吡啶　　　D. 前述答案都不对

（二）多项选择题

（共 85 题。每题至少有两个正确选项，将正确选项的字母填入题内的括号中，多选、漏选或错选均不得分，每题 1 分）

1. 下列烯烃中（　　）是最基本的有机合成原料中的"三烯"。

A. 乙烯　　　　B. 丁烯　　　　C. 丙烯　　　　D. 1,3-丁二烯

2. 能发生羟醛缩合反应的是（　　）。

A. 甲醛与乙醛　　B. 乙醛和丙酮　　C. 甲醛和苯甲醛　　D. 乙醛和丙醛

3. 在常温下，（　　）能与浓硫酸反应。

A. 烷烃　　　　B. 烯烃　　　　C. 二烯烃　　　　D. 芳烃

4. 下列化合物与苯发生烷基化反应时，不会产生异构现象的是（　　）。

A. 1-溴丙烷　　B. 2-溴丙烷　　C. 溴丙烷　　D. 2-甲基-2-溴丙烷

5. 下列化合物中，苯环上两个基团的定位效应一致的是（　　）。

A. 　　B. 　　C. 　　D.

6. 下列化合物中，苯环上两个基团属于不同类定位基的是（　　）。

A. 　　B. 　　C. 　　D.

7. 下列哪些是重氮化的影响因素（　　）。

A. 无机酸的用量　　B. pH　　C. 温度　　D. 压力

8. 下列物质中能够发生双烯合成的是（　　）。

A. 　　B. 　　C. 　　D.

9. 芳香烃可以发生（　　）。

A. 取代反应　　B. 加成反应　　C. 氧化反应　　D. 硝化反应

10. 下列烷基苯中,不宜由苯通过烷基化反应直接制取的是(　　)。
    A. 丙苯　　　　　B. 异丙苯　　　　C. 叔丁苯　　　　D. 正丁苯

11. 下列能用作烷基化试剂的是(　　)。
    A. 氯乙烷　　　　B. 溴甲烷　　　　C. 氯苯　　　　　D. 乙醇

12. 下列能发生烷基化反应的物质有(　　)。
    A. 苯　　　　　　B. 甲苯　　　　　C. 硝基苯　　　　D. 苯胺

13. 能与环氧乙烷反应的物质是(　　)。
    A. 水　　　　　　B. 酚　　　　　　C. 胺　　　　　　D. 羧酸

14. 甲苯在硫酸的存在下,和硝酸作用,主要生成(　　)。
    A. 间氨基甲苯　　B. 对氨基甲苯　　C. 邻硝基甲苯　　D. 对硝基甲苯

15. 以下化合物酸性比苯酚大的是(　　)。
    A. 乙酸　　　　　B. 乙醚　　　　　C. 硫酸　　　　　D. 碳酸

16. 在适当条件下,不能与苯发生取代反应的是(　　)。
    A. 氢气　　　　　B. 氯气　　　　　C. 水　　　　　　D. 浓硝酸

17. 下列属于邻对位定位基的是(　　)。
    A. —X　　　　　 B. —OH　　　　　C. —NO$_2$　　　　D. —COOH

18. "三苯"指的是(　　)。
    A. 甲苯　　　　　B. 苯　　　　　　C. 二甲苯　　　　D. 乙苯

19. 下列化合物中能发生碘仿反应的有(　　)。
    A. 丙酮　　　　　B. 甲醇　　　　　C. 正丙醇　　　　D. 乙醇

20. 下列可与烯烃发生加成反应的物质有(　　)。
    A. 氢气　　　　　B. 卤素　　　　　C. 卤化氢　　　　D. 水

21. 如果苯环上连有(　　)等强吸电子基,则不能完成烷基化反应。
    A. 甲基　　　　　B. 乙基　　　　　C. 硝基　　　　　D. 酰基

22. 丁二烯既能进行1,2加成,也能进行1,4加成,至于哪一种反应占优势,则取决于
(　　)。
    A. 试剂的性质　　B. 溶剂的性质　　C. 反应条件　　　D. 无法确定

23. 可利用(　　)组成的卢卡斯试剂来区别伯醇、仲醇和叔醇。
    A. 浓盐酸　　　　B. 浓硫酸　　　　C. 无水氯化锌　　D. 无水氯化镁

24. 关于取代反应的概念,下列说法不正确的是(　　)。
    A. 有机物分子中的氢原子被氯原子所取代
    B. 有机物分子中的氢原子被其他原子或原子团所取代
    C. 有机物分子中的某些原子或原子团被其他原子所取代
    D. 有机物分子中某些原子或原子团被其他原子或原子团所取代

25. 甲烷在漫射光照射下和氯气反应,生成的产物是(　　)。
    A. 一氯甲烷　　　B. 二氯甲烷　　　C. 三氯甲烷　　　D. 四氯化碳

26. 不属于硝基还原的方法是(　　)。
    A. 铁屑还原　　　B. 硫化氢还原　　C. 高压加氢还原　D. 强碱性介质中还原

27. 下列化合物中能发生碘仿反应的有(　　)。
    A. 丙酮　　　　　D. 乙醇　　　　　C. 正丙醇　　　　D. 异丙醇

28. 下列醛酮类化合物中 α-C 上含 α-H 的是( )。

　　A. 苯甲醛　　　　　B. 乙醛　　　　　　C. 苯乙酮　　　　　D. 丙酮

29. 下列物质能发生康尼查罗反应的是( )。

　　A. 甲醛　　　　　　B. 苯甲醛　　　　　C. 苯乙酮　　　　　D. 丙酮

30. 下列物质属于脂肪醚的是( )。

　　A. 甲乙醚　　　　　B. 苯甲醚　　　　　C. 甲乙烯醚　　　　D. 二苯醚

31. 下列物质既是饱和一元醇,又属脂肪醇的是( )。

　　A. $CH_2=CH-OH$ 　　　　　　　　B. C_3H_7OH

　　C. $HO-CH_2-CH_2-OH$ 　　　　　D. C_4H_9OH

32. 下列物质能发生银镜反应的是( )。

　　A. 甲酸　　　　　　B. 乙酸　　　　　　C. 丙酮　　　　　　D. 乙醛

33. 缩合反应会形成下列键中的( )。

　　A. 碳—碳键　　　　B. 碳—杂键　　　　C. 碳—氧键　　　　D. 碳—氢键

34. 是有机化合物特性的为( )。

　　A. 易燃　　　　　　B. 易熔　　　　　　C. 易溶于水　　　　D. 结构复杂

35. 甲醛具有的性质是( )。

　　A. 易溶于乙醚中　　　　　　　　　　B. 可与水混溶

　　C. 比甲醇的沸点高　　　　　　　　　D. 具有杀菌防腐能力

36. 下列化合物中碳原子杂化轨道为 sp^3 的有( )。

　　A. CH_3CH_3 　　　B. $CH_2=CH_2$ 　　C. C_6H_6 　　　　D. 环丙烷

37. 烷烃 　$CH_3-\overset{\overset{CH_3}{|}}{\underset{\underset{CH_3}{|}}{C}}-CH_2-CH_3$ 　的命名正确的是( )。

　　A. 新己烷　　　　　　　　　　　　　B. 新戊烷

　　C. 2,2-二甲基丁烷　　　　　　　　　D. 三甲基乙基甲烷

38. 下列化合物中能使溴水褪色的有( )。

　　A. CH_3CH_3 　　　B. $CH_2=CH_2$ 　　C. $CH\equiv CH$ 　　D. 环丙烷

39. 下列化合物分子中含有叔碳原子的有( )。

　　A. 异丁烷　　　　　　　　　　　　　B. 异戊烷

　　C. 2,3-二甲基戊烷　　　　　　　　　D. 二甲基乙基异丙基甲烷

40. 烷烃高温裂解的主要产物有( )。

　　A. 乙烯　　　　　　B. 丙烯　　　　　　C. 丁烯　　　　　　D. 苯

41. 下列物质和氯气在光照条件下能发生取代反应的有( )。

　　A. 丙烷　　　　　　B. 己烷　　　　　　C. 环丙烷　　　　　D. 环己烷

42. 下列式子表示同一物质的是( )。

　　A. $CH_3-\underset{\underset{CH_3}{|}}{CH}-CH_2$ 　　　　　B. $CH_3-CH_2-\underset{\underset{CH_2-CH_3}{|}}{CH}-CH_3$

　　C. $CH_2-CH_2-\underset{\underset{CH_2-CH_3}{|}}{CH}-CH_3$ 　　　　　D. $CH_2-CH_2-\underset{\underset{CH_3}{|}}{CH}-CH_3$

43. 能够鉴别乙烷和乙烯的试剂有( )。

    A. Br_2/CCl_4 B. $KMnO_4/H^+$ C. 浓硫酸   D. H_2O

44. 下列基团属于芳基的有( )。

    A.   B. CH_3CH_2—   C.   D. $CH_3-\overset{O}{\underset{}{C}}-$

45. 下列化合物进行硝化反应时比苯最容易的是( )。

    A. 苯酚   B. 硝基苯   C. 甲苯   D. 氯苯

46. 化合物 $CH_3-\overset{CH_3}{\underset{}{}}-CH_3$ 的命名正确的有( )。

    A. 偏三甲苯   B. 1,2,4-三甲苯

    C. 1,3,4-三甲苯   D. 1,4,5-三甲苯

47. 下列化合物不能进行酰基化反应的是( )。

    A. 苯   B. 硝基苯   C. 甲苯   D. 吡啶

48. 下列化合物具有芳香性的有( )。

    A. 足球烯   B. 噻吩   C. [18]轮烯   D. 蒽

49. 下列哪种化合物在酸性 $KMnO_4$ 作用下能被氧化成苯甲酸的有( )。

    A. 异丙苯   B. 苯乙烯   C. 叔丁苯   D. 环己基苯

50. 下列化合物的亲电取代活性比苯弱的是( )。

    A. 苯胺   B. 氯苯   C. 硝基苯   D. 吡啶

51. 芳烃的来源有( )。

    A. 从石油裂解的副产物中提取芳烃

    B. 石油芳构化

    C. 从煤焦油中提取芳烃

    D. 从天然气中获取

52. 下列反应属于自由基取代的是( )。

    A. + Cl_2 $\xrightarrow[\text{或}\triangle]{hv}$

    B. $CH_3CH_2CH_3 + Cl_2 \xrightarrow[\text{或}\triangle]{hv} CH_3CH_2CH_2Cl + CH_3\underset{Cl}{\overset{}{C}HCH_3}$

    C. $CH_3-CH=CH_2 + Cl_2 \xrightarrow{500\ ℃} ClCH_2-CH=CH_2$

    D. + $3H_2$ $\xrightarrow[180\sim250\ ℃]{Ni,P}$

53. 下列化合物不能与水混溶的是( )。

    A. CH_3CH_2Cl B. CH_3COOH C. CH_3CH_3 D. C_6H_6

54. 下列化合物中碳原子杂化轨道为 sp^2 的有( )。

    A. CH_3CH_3 B. $CH_2=CH_2$ C. C_6H_6 D. $HCOOH$

55. 卤代烷与 NaOH 在水与乙醇混合物中进行反应,下列现象中属于 SN1 历程的是 (　　)。

    A. 产物的构型外消旋化　　　　　　B. 碱浓度增加反应速度加快

    C. 有重排产物　　　　　　　　　　D. 仲卤烷速度大于叔卤烷

56. 下列反应属于亲核取代反应的是(　　)。

    A. 醇与 HX 作用　　　　　　　　　B. 伯卤代烷与 NaCN 作用

    C. 烷烃与卤素反应　　　　　　　　D. 苯的硝化反应

57. 下列卤代烃属于氟利昂的是(　　)。

    A. CCl_3F　　　　　　　　　　　B. $CH_2{=}CHCl$

    C. $CCl_2F\,CClF_2$　　　　　　　　D. CCl_2F_2

58. 下列反应式正确的有(　　)。

59. 对于一个给定的卤代烷,对比消除与取代,下列那些因素更有利于消除(　　)。

    A. 进攻试剂的碱性强　　　　　　　B. 溶剂的极性小

    C. 反应的温度高　　　　　　　　　D. 进攻试剂的浓度小

60. 在酸性高锰酸钾条件下非氧化的产物的是(　　)。

61. 下列化合物为 β-二羰基化合物的是(　　)。

    A. 乙酰乙酸乙酯　　　　　　　　　B. 丙二酸二乙酯

    C. 2,4-戊二酮　　　　　　　　　　D. 邻苯二甲酸酐

62. 下列化合物中那些为常用的酰基化试剂(　　)。

    A. 乙酰氯　　　　B. 乙酸酐　　　　C. 乙醇　　　　D. 乙醛

63. 下列化合物的俗称正确的是(　　)。

    A. 乙酸——醋酸　　　　　　　　　B. 甲酸——蚁酸

    C. 乙二酸——草酸　　　　　　　　D. 丁二酸——琥珀酸

64. 下列物质的酸性比乙酸的强的是(　　)。

    A. 甲酸　　　　　　B. 氯乙酸　　　　　　C. 丙酸　　　　　　D. 苯甲酸

65. 常温下能使 $AgNO_3$-醇溶液出现沉淀的化合物是(　　)。

    A. $CH_3CH_2CH_2Cl$　　　　　　　　B. $CH_2\!=\!CHCl$

    C. $CH_2\!=\!CHCH_2Cl$　　　　　　　D. $CH(CH_3)_2Cl$

66. 下列途径可以制得羧酸的是(　　)。

    A. 格氏试剂与二氧化碳反应　　　　　B. 腈的水解

    C. 伯醇的氧化　　　　　　　　　　　D. 仲醇的氧化

67. 格利雅试剂与下列哪些物质相遇会发生分解生成烷烃(　　)。

    A. 水　　　　　　　B. 乙醇　　　　　　C. 乙醚　　　　　　D. 乙酸

68. 下列物质中,其沸点比乙酸低的有(　　)。

    A. 氯乙烷　　　　　B. 乙酰胺　　　　　C. 丙醛　　　　　　D. 丙醇

69. 下列反应式错误的有(　　)。

A.

$$CH_3\!-\!\overset{\displaystyle CH_3}{\underset{\displaystyle CH_3}{\overset{|}{\underset{|}{C}}}}\!-\!\langle\!\!\rangle\!-\!CH_2CH_3 \xrightarrow{KMnO_4/H^+} HOOC\!-\!\langle\!\!\rangle\!-\!COOH$$

B. $\langle\!\!\rangle\!-\!Cl + NaOH \xrightarrow{H_2O} \langle\!\!\rangle\!-\!OH$

C. $CH_3COOH \xrightarrow{Cl_2} \underset{\displaystyle Cl}{\overset{\displaystyle |}{CH_2COOH}}$

D. $CH_3COCH_2COOH \xrightarrow{\triangle} CH_3COCH_3 + CO_2$

70. 下列羧酸中加热即可脱水生成酸酐的是(　　)。

    A. 乙酸　　　　　　B. 丙酸　　　　　　C. 丁二酸　　　　　D. 邻苯二甲酸

71. 下列化合物中,(　　)是异戊二烯的同分异构体。

    A. $CH_3CH_2CH_2CH\!=\!CH_2$　　　　　B. $CH_3CH\!=\!CHCH\!=\!CH_2$

    C. $CH_3CH_2CH_2C\!\equiv\!CH$　　　　　D. $\langle\text{⬠}\rangle$

72. 可以鉴别 $CH_3CH_2CH\!\equiv\!CH$ 与 $CH_3\!=\!CH\!-\!CH\!=\!CH_2$ 的试剂是(　　)。

    A. 酸性 $KMnO_4$　　　　　　　　　　B. $Ag(NH_3)_2NO_3$

    C. $Cu(NH_3)_2Cl$　　　　　　　　　　D. 顺丁烯二酸酐

73. 只含有两个相同手性碳原子的化合物,其说法正确的是(　　)。

    A. 有一对对映体　　　　　　　　　　B. 有两对对映体

    C. 有一个内消旋体　　　　　　　　　D. 有 3 个立体异构体

74. 下列有机物属于羰基化合物的是(　　)。

    A. $\overset{\displaystyle O}{\langle\!\!\rangle}$　　　　B. $\langle\!\!\rangle\!-\!COOH$　　　　C. $\langle\!\!\rangle\!-\!NHCOCH$　　　　D. $\langle\!\!\rangle\!-\!CHO$

75. 下列物质中,能发生碘仿反应的是(　　)。

　　A. 丙酮　　　　　　B. 异丙醇　　　　　C. 甲醛　　　　　D. 丙醛

76. 下列试剂可以与 〈〉—CHCH$_2$CH$_3$ 反应的是(　　)。

　　A. NaHSO$_3$饱和水溶液　　　　　　　　B. NH$_2$OH

　　C. LiAlH$_4$　　　　　　　　　　　　　　D. RMgX

77. 下列高聚物加工制成的塑料杯中,对身体有害的是(　　)。

　　A. 聚苯乙烯　　　B. 聚氯乙烯　　　C. 聚丙烯　　　D. 聚四氟乙烯

78. 下列化合物中能和饱和 NaHSO$_3$ 水溶液的是(　　)。

　　A. 异丙醇　　　　B. 苯乙酮　　　　C. 乙醛　　　　D. 环己酮

79. 下列化合物与 FeCl$_3$ 溶液发生显色反应的是(　　)。

　　A. 对甲基苯酚　　B. 苄醇　　　C. 2,4-戊二酮　　D. 丙酮

80. 可以用来鉴别醛与酮的试剂是(　　)。

　　A. 托伦试剂　　　B. 菲林试剂　　　C. 羰基试剂　　　D. 石蕊试剂

81. 能发生德尔-克拉夫茨酰基化反应的有(　　)。

　　A. 噻吩　　　　B. 9,10-蒽醌　　　C. 硝基苯　　　D. 吡啶

82. 下列化合物能发生坎尼扎罗反应的有(　　)。

　　A. 糠醛　　　　B. 甲醛　　　　C. 乙醛　　　　D. 苯甲醛

83. 2,4-戊二酮具有下列性质(　　)。

　　A. 与 FeCl$_3$ 作用显色　　　　　　　B. 与羰基试剂作用

　　C. 能与 Br$_2$水反应　　　　　　　　D. 能与 I$_2$/NaOH 作用

84. 下面是高聚物聚合方法的有(　　)。

　　A. 本体聚合　　B. 溶液聚合　　C. 链引发　　D. 乳液聚合

85. 吡咯和吡啶比较,下列叙述不正确的是(　　)。

　　A. 吡啶的碱性比吡咯强

　　B. 吡啶环比吡咯环稳定

　　C. 吡啶亲电取代反应活性比吡咯强

　　D. 吡啶分子和吡咯分子中氮都是 sp^2 杂化

(三) 判断题

(共 100 题。将判断结果填入括号中,正确的填"√",错误的填"×",每题 1 分)

1. 单环芳烃类有机化合物一般情况下与很多试剂易发生加成反应,不易进行取代反应。
(　　)

2. 甲基属于供电子基团。(　　)

3. 普通的衣物防皱整理剂含有甲醛,新买服装先用水清洗以除掉残留的甲醛。(　　)

4. 有机官能团之间的转化反应速度一般较快,反应是不可逆的。(　　)

5. 烃类物质在空气中的催化氧化在反应机理上是属于亲电加成反应。(　　)

6. 重氮化是芳香族伯胺与亚硝酸作用生成重氮化合物的化学过程。(　　)

7. 苯和氯气在三氯化铁做催化剂的条件下发生的反应属于自由基取代。(　　)

8. 不含活泼 α 氢的醛,不能发生同分子醛的自身缩合反应。(　　)

9. 卤化反应时自由基取代引发常用紫外光。　　　　　　　　　　　　　（　　　）

10. LiAlH$_4$只能还原羰基。　　　　　　　　　　　　　　　　　　（　　　）

11. 有机化合物是含碳元素的化合物,所以凡是含碳的化合物都是有机物。（　　　）

12. 醇与氢卤酸反应生成的卤代烃的活性由强到弱次序为:伯醇、仲醇、叔醇。（　　　）

13. 醇与 HX 酸作用,羟基被卤原子取代,制取卤代烷。　　　　　　　　（　　　）

14. 苯中毒可使人昏迷、晕倒、呼吸困难,甚至死亡。　　　　　　　　　（　　　）

15. 由于 sp 杂化轨道对称轴夹角是 180°,所以乙炔分子结构呈直线形。　（　　　）

16. 伯醇氧化可以得到醛。　　　　　　　　　　　　　　　　　　　　（　　　）

17. 羟基是邻对位定位基,它能使苯环活化,故苯酚的取代反应比苯容易进行。（　　　）

18. 甲醛和乙醛与品红试剂作用,都能使溶液变成紫红色,再加浓硫酸,甲醛与品红试剂所显示的颜色消失。　　　　　　　　　　　　　　　　　　　　　　　（　　　）

19. 甲醛与格氏试剂加层产物水解后得到伯醇,其他的醛和酮与格氏试剂加成产物水解后得到的都是仲醇。　　　　　　　　　　　　　　　　　　　　　　　　（　　　）

20. 乙酸乙酯、甲酸丙酯、丁酸互为同分异构体。　　　　　　　　　　（　　　）

21. 乙醇只能进行分子内脱氢生成乙烯,而不能进行分子间脱水生成乙醚。（　　　）

22. 乙炔水合反应是通过 Hg^{2+} 与乙炔生成络合物而起催化作用。　　（　　　）

23. 苯与乙烯在催化剂的作用下生成乙苯的反应属于烷基化反应。　　　（　　　）

24. 和烯烃相比,炔烃与卤素的加成是较容易的。　　　　　　　　　　（　　　）

25. 酮和酯发生酯酮缩合反应时,由于酮的活性较大,得到的缩合产物是 β-二酮。（　　　）

26. 乙酰、乙酸、乙酯是酮酸的酯,具有酮和酯的基本性质,也具有烯酮的性质。（　　　）

27. 苯酚跟甲醛发生缩聚反应时,如果苯酚苯环上的邻位和对位上都能跟甲醛起反应,则得到体型的酚醛树脂。　　　　　　　　　　　　　　　　　　　　　　（　　　）

28. 炔烃与共轭二烯烃的鉴别试剂是顺丁烯二酸酐。　　　　　　　　　（　　　）

29. 在一定条件下,烯烃能以双键加成的方式互相结合,生成相对分子质量较高的化合物,这种反应称为烯烃的聚合反应。　　　　　　　　　　　　　　　　　　（　　　）

30. 由于苯环比较稳定,所以苯及其烷基衍生物易发生苯环上的加成反应。（　　　）

31. 戊烷的同分异构体数目有 5 个。　　　　　　　　　　　　　　　　（　　　）

32. 环丙烷可以使溴的四氯化碳溶液退色,也可以使高锰酸钾溶液退色。（　　　）

33. 环己烷的优势构象是船式构象。　　　　　　　　　　　　　　　　（　　　）

34. 构象和构型是同义词。　　　　　　　　　　　　　　　　　　　　（　　　）

35. 同系物具有相似的化学性质和物理性质。　　　　　　　　　　　　（　　　）

36. (CH$_3$)$_4$C 的习惯命名法为新戊烷。　　　　　　　　　　　　　（　　　）

37. 烷烃中仅含有 C—C 键和 C—H 键,无极性或极性很弱,化学性质不活泼。（　　　）

38. 在工业上,裂化温度较裂解温度高,主要生产汽油、柴油等油品。　（　　　）

39. 烷烃、环烷烃的主要来源是天然气和石油。　　　　　　　　　　　（　　　）

40. 苯分子中所有碳碳键完全相同。　　　　　　　　　　　　　　　　（　　　）

41. 萘的亲电取代反应较易发生在 β 位。　　　　　　　　　　　　　　（　　　）

42. 甲苯硝化的主要产物是间硝基甲苯。　　　　　　　　　　　　　　（　　　）

43. 烷基苯都可被酸性 KMnO$_4$氧化生成苯甲酸。　　　　　　　　　　（　　　）

44. 苯环具有特殊的稳定性,易于取代、难以加成和氧化是芳香族化合物特有的性质,叫做

芳香性。　　　　　　　　　　　　　　　　　　　　　　　　　　　　　　　　　（　　）

45．芳烃的磺化反应是可逆的。　　　　　　　　　　　　　　　　　　（　　）

46．苯与正丙基氯在三氯化铝的催化下反应主要生成正丙苯。　　　　　（　　）

47．芳烃酰基化所需催化剂的量比烷基化多得多。　　　　　　　　　　（　　）

48．足球烯具有芳香性。　　　　　　　　　　　　　　　　　　　　　　（　　）

49．卤代烷在氢氧化钠的水溶液中主要发生取代反应,在氢氧化钠的醇溶液中主要发生消除反应。　　　　　　　　　　　　　　　　　　　　　　　　　　　　　　（　　）

50．由于卤素原子是邻对位定位基,所以能使苯环更容易发生亲电取代反应。（　　）

51．叔卤代烃与 $NaCN$ 的醇溶液反应,其主要产物不是腈而是烯烃。　　（　　）

52．羧酸官能团中含有羰基,属于羰基化合物。　　　　　　　　　　　（　　）

53．α-碳上连有强拉电子基的羧酸加热时不易发生脱羧反应。　　　　（　　）

54．ε-己内酰胺是合成锦纶的单体。　　　　　　　　　　　　　　　　（　　）

55．只要根据红外光谱图可以确定某物质分子中是否含有 C—X(卤原子)键。
　　　　　　　　　　　　　　　　　　　　　　　　　　　　　　　　　　　　（　　）

56．"特氟隆"是不粘锅表面涂层的主要成分,其化学成分为聚四氟乙烯。（　　）

57．草酸具有还原性,能被高锰酸钾溶液氧化。　　　　　　　　　　　（　　）

58．乙酰乙酸乙酯为 β-二羰基化合物,它遇 $FeCl_3$ 溶液显蓝紫色。　　（　　）

59．蜡和石蜡相同,其主要成分是含有偶数碳原子的高级脂肪酸和高级一元醇所形成的酯的混合物。　　　　　　　　　　　　　　　　　　　　　　　　　　　　　　（　　）

60．酰胺既具有强的碱性,又具有强的酸性。　　　　　　　　　　　　（　　）

61．碳的化合物就是有机物。　　　　　　　　　　　　　　　　　　　（　　）

62．CCl_4 是有机物。　　　　　　　　　　　　　　　　　　　　　　　（　　）

63．有机化合物反应速率慢且副反应多。　　　　　　　　　　　　　　（　　）

64．有机化合物和无机化合物一样,只要分子式相同,就是同一种物质。（　　）

65．有机化合物易燃,其原因是有机化合物中含有 C 元素,绝大多数还含有 H 元素,而 C、H 两种元素易被氧化。　　　　　　　　　　　　　　　　　　　　　　　　　（　　）

66．分子构造相同的化合物就是同一物质。　　　　　　　　　　　　　（　　）

67．炔烃和二烯烃是同分异构体。　　　　　　　　　　　　　　　　　（　　）

68．CH_2＝CH—CH＝CH_2 与卤素可以发生 1,2 加成,也可以发生 1,4 加成。（　　）

69．乙醇中少量的水分可通过加入无水氯化钙或无水硫酸铜而除去。　（　　）

70．互为同系物的物质,它们的分子式一定不同;互为同分异构体的物质,它们的分子式一定相同。　　　　　　　　　　　　　　　　　　　　　　　　　　　　　　（　　）

71．共轭效应存在于所有不饱和化合物中。　　　　　　　　　　　　　（　　）

72．共轭效应存在于所有饱和化合物中。　　　　　　　　　　　　　　（　　）

73．测定糖溶液的旋光度即可确定其浓度。　　　　　　　　　　　　　（　　）

74．含手性碳原子的化合物都具有旋光性。　　　　　　　　　　　　　（　　）

75．顺反异构和对映异构都是立体异构。　　　　　　　　　　　　　　（　　）

76．凡空间构型不同的异构体均称为构型异构。　　　　　　　　　　　（　　）

77．由等量的对映体组成的混合物是内消旋体。　　　　　　　　　　　（　　）

78．乙烯和聚氯乙烯是同系物。　　　　　　　　　　　　　　　　　　（　　）

79. 苯酚含有羟基,可与醋酸发生酯化反应生成乙酸苯酯。 （   ）

80. 含有手性碳的分子必定具有手性。 （   ）

81. 有旋光性的分子必定具有手性,一定有对映异构现象存在。 （   ）

82. 化合物分子中如含有任何对称因素,此化合物就不具有旋光性。 （   ）

83. 由等量的对映体组成的物质无旋光性。 （   ）

84. 格氏试剂很活泼,能与水、醇、氨、酸等含活泼氢的化合物反应分解为烃,但其对空气稳定。 （   ）

85. 单环芳烃类有机化合物一般情况下与很多试剂易发生加成反应,不易进行取代反应。 （   ）

86. 乙炔在氧气中的燃烧温度很高,故可用氧炔焰切割金属。 （   ）

87. 凡是能发生银镜反应的物质都是醛。 （   ）

88. 羰基的加成反应是由亲电试剂进攻而引发的反应。 （   ）

89. 用托伦试剂可以鉴别丙醛与丙酮。 （   ）

90. 用托伦试剂可以鉴别甲醛与甲酸。 （   ）

91. 用碘仿反应可以鉴别丙醛与丙酮。 （   ）

92. 用菲林试剂可以鉴别丙醛与苯甲醛。 （   ）

93. 甲烷、乙烯、苯、乙炔中化学性质最稳定的是苯。 （   ）

94. 羟胺与醛酮发生亲核加成的产物是腙。 （   ）

95. 羟胺与醛酮发生亲核加成的产物是肟。 （   ）

96. 乙醛与过量甲醛在 NaOH 作用下主要生成季戊四醇。 （   ）

97. 羰基化合物与羟基化合物可以用羟胺、苯肼来鉴别和分离。 （   ）

98. 有机合成中常用醛与醇生成缩醛的反应来保护醛基。 （   ）

99. 吡咯和呋喃都具有芳香性,都容易发生亲电取代反应。 （   ）

100. 吡啶和吡咯结构中都有一个氮原子,因此在水溶液中都显示碱性。 （   ）

三、化学实验技能训练

(一) 单项选择题

(共 50 题。选择一个正确的答案,将相应的字母填入题内的括号中,每题 1 分)

1. 含无机酸的废液可采用(   )处理。
   A. 沉淀法　　　　B. 萃取法　　　　C. 中和法　　　　D. 氧化还原法

2. 冷却浴或加热浴用的试剂可选用(   )。
   A. 优级纯　　　　B. 分析纯　　　　C. 化学纯　　　　D. 工业品

3. 使用浓盐酸、浓硝酸,必须在(   )中进行。
   A. 大容器　　　　B. 玻璃器皿　　　　C. 耐腐蚀容器　　　　D. 通风橱

4. 因吸入少量氯气、溴蒸气而中毒者,可用(   )溶液漱口。
   A. 碳酸氢钠　　　　B. 碳酸钠　　　　C. 硫酸铜　　　　D. 醋酸

5. 应该放在远离有机物及还原物质的地方,使用时不能戴橡皮手套的是(   )。

　　　A. 浓硫酸　　　　　B. 浓盐酸　　　　C. 浓硝酸　　　　D. 浓高氯酸

6. 铬酸洗液呈(　　)时表明已氧化能力降低至不能使用。

　　　A. 黄绿色　　　　　B. 暗红色　　　　C. 无色　　　　　D. 蓝色

7. 国际纯粹化学和应用化学联合会将作为标准物质的化学试剂按纯度分为(　　)。

　　　A. 6 级　　　　　　B. 5 级　　　　　C. 4 级　　　　　D. 3 级

8. 金光红色标签的试剂适用范围为(　　)。

　　　A. 精密分析实验　　　　　　　　B. 一般分析实验

　　　C. 一般分析工作　　　　　　　　D. 生化及医用化学实验

9. 一般试剂分为(　　)级。

　　　A. 3　　　　　　　　B. 4　　　　　　C. 5　　　　　　D. 6

10. 优级纯、分析纯、化学纯试剂的代号依次为(　　)。

　　　A. GR、AR、CP　　　　　　　　B. AR、GR、CP

　　　C. CP、GR、AR　　　　　　　　D. GR、CP、AR

11. 电气设备火灾宜用(　　)灭火。

　　　A. 水　　　　　　　B. 泡沫灭火器　　C. 干粉灭火器　　D. 湿抹布

12. 检查可燃气体管道或装置气路是否漏气,禁止使用(　　)。

　　　A. 火焰　　　　　　　　　　　　B. 肥皂水

　　　C. 十二烷基硫酸钠水溶液　　　　D. 部分管道浸入水中的方法

13. 能用水扑灭的火灾种类是(　　)。

　　　A. 可燃性液体,如石油、食油　　　B. 可燃性金属,如钾、钠、钙、镁等

　　　C. 可燃性气体,如煤气、石油液化气　D. 木材、纸张、棉花燃烧

14. 贮存易燃、易爆、强氧化性物质时,最高温度不能高于(　　)℃。

　　　A. 20　　　　　　　B. 10　　　　　　C. 30　　　　　　D. 0

15. 化学烧伤中,酸的蚀伤应用大量的水冲洗,然后用(　　)冲洗,再用水冲洗。

　　　A. 0.3 mol/L HAc 溶液　　　　　B. 2% $NaHCO_3$ 溶液

　　　C. 0.3 mol/L HCl 溶液　　　　　D. 2% NaOH 溶液

16. 急性呼吸系统中毒后的急救方法正确的是(　　)。

　　　A. 要反复进行多次洗胃

　　　B. 立即用大量自来水冲洗

　　　C. 用3%～5%碳酸氢钠溶液或用(1∶5000)高锰酸钾溶液洗胃

　　　D. 应使中毒者迅速离开现场,移到通风良好的地方,呼吸新鲜空气

17. 下列试剂中不属于易制毒化学品的是(　　)。

　　　A. 浓硫酸　　　　　B. 无水乙醇　　　C. 浓盐酸　　　　D. 高锰酸钾

18. 下列有关贮藏危险品方法不正确的是(　　)。

　　　A. 危险品贮藏室应干燥、朝北、通风良好

　　　B. 门窗应坚固,门应朝外开

　　　C. 门窗应坚固,门应朝内开

　　　D. 贮藏室应设在四周不靠建筑物的地方

19. 以下物质是致癌物的为(　　)。

　　　A. 苯胺　　　　　　B. 氮　　　　　　C. 甲烷　　　　　D. 乙醇

20. 实验室三级水不能用以下办法来进行制备( )。
    A. 蒸馏　　　　　B. 电渗析　　　　　C. 过滤　　　　　D. 离子交换
21. 分析用水的电导率应小于( )μS/cm。
    A. 1.0　　　　　B. 0.1　　　　　C. 5.0　　　　　D. 0.5
22. 实验室三级水用于一般化学分析试验,可以用于储存三级水的容器有( )。
    A. 带盖子的塑料水桶　　　　　B. 密闭的瓷容器中
    C. 有机玻璃水箱　　　　　　　D. 密闭的专用聚乙烯容器
23. 高效液相色谱用水必须使用( )。
    A. 一级水　　　　B. 二级水　　　　C. 三级水　　　　D. 天然水
24. 可以在烘箱中进行烘干的玻璃仪器是( )。
    A. 滴定管　　　　B. 移液管　　　　C. 称量瓶　　　　D. 容量瓶
25. 使用碱式滴定管进行滴定的正确操作是( )。
    A. 用右手捏稍低于玻璃珠的近旁　　B. 用右手捏稍高于玻璃珠的近旁
    C. 用左手捏稍低于玻璃珠的近旁　　D. 用左手捏稍高于玻璃珠的近旁
26. 下列微孔玻璃坩埚的使用方法中,不正确的是( )。
    A. 常压过滤　　　　　　　　　B. 减压过滤
    C. 不能过滤强碱　　　　　　　D. 不能骤冷骤热
27. 有关滴定管的使用错误的是( )。
    A. 使用前应洗净,并检漏
    B. 为保证标准溶液浓度不变,使用前可加热烘干
    C. 要求较高时,要进行体积校正
    D. 滴定前应保证尖嘴部分无气泡
28. 进行中和滴定时,事先不应该用所盛溶液润洗的仪器是( )。
    A. 酸式滴定管　　B. 碱式滴定管　　C. 锥形瓶　　　　D. 移液管
29. 判断玻璃仪器是否洗净的标准,是观察器壁上( )。
    A. 附着的水是否聚成水滴　　　B. 附着的水是否形成均匀的水膜
    C. 附着的水是否成股地流下　　D. 是否附有可溶于水的脏物
30. 强碱性洗液不应在玻璃器皿中停留超过( )分钟,以免腐蚀玻璃。
    A. 20　　　　　B. 30　　　　　C. 15　　　　　D. 25
31. 能准确移取不同量的液体的玻璃仪器是( )。
    A. 移液管　　　　B. 量杯　　　　C. 量筒　　　　D. 直管吸量管
32. 氢气通常灌装在( )的钢瓶中。
    A. 白色　　　　　B. 黑色　　　　　C. 深绿色　　　　D. 天蓝色
33. 在15℃时,以黄铜砝码称量某容量瓶所容纳水的质量为249.52 g,已知15℃时水的密度为0.99793 g/mL,则20℃时其实际容积为( )mL。
    A. 249.06　　　B. 250.04　　　C. 250　　　　D. 250.10
34. 装在高压气瓶的出口,用来将高压气体调节到较小压力的是( )。
    A. 减压阀　　　　B. 稳压阀　　　　C. 针形阀　　　　D. 稳流阀
35. 严禁将( )与氧气瓶同车运送。
    A. 氮气瓶、氢气瓶　　　　　　B. 二氧化碳、乙炔瓶

  C. 氩气瓶、乙炔瓶   D. 氢气瓶、乙炔瓶

36. 酒精灯的（　　）火焰温度最高。

  A. 内层   B. 外层   C. 中部   D. 介于中层和外层之间

37. （　　）是量入式玻璃仪器。

  A. 容量瓶   B. 滴定管   C. 烧杯   D. 移液管

38. 例行洗涤法中，应按（　　）的原则用水冲洗。

  A. 三次   B. 五次   C. 多量少次   D. 少量多次

39. 用 25 mL 的移液管移出的溶液体积应记为（　　）mL。

  A. 25   B. 25.0   C. 25.00   D. 25.000

40. 属于常用的灭火方法是（　　）。

  A. 隔离法   B. 冷却法   C. 窒息法   D. 以上都是

41. 实验室中干燥剂二氯化钴变色硅胶失效后，呈现（　　）。

  A. 红色   B. 蓝色   C. 黄色   D. 黑色

42. 配制好的 HCl 需贮存于（　　）中。

  A. 棕色橡皮塞试剂瓶   B. 塑料瓶

  C. 白色磨口塞试剂瓶   D. 白色橡皮塞试剂瓶

43. 当滴定管有油污时可用（　　）洗涤后，依次用自来水冲洗、蒸馏水洗涤三遍备用。

  A. 去污粉   B. 铬酸洗液   C. 强碱溶液   D. 强酸溶液

44. 为防止静电对仪器及人体本身造成伤害，在易燃易爆场所，应穿（　　）。

  A. 用导电纤维材料制成的衣服   B. 用化纤类织物制成的衣服

  C. 绝缘底的鞋   D. 胶鞋

45. 水的纯化技术中，（　　）技术主要是去除水中有机物。

  A. 紫外线杀菌   B. 活性炭吸附

  C. 超滤和微孔过滤   D. 离子交换

46. 在制备硫代硫酸钠溶液时，常用的方法是加少量（　　）。

  A. 氯化钠   B. 碳酸钠   C. 硝酸钠   D. 硝酸银

47. 分析实验室用二级水的制备方法是（　　）。

  A. 一级水经微孔滤膜过滤

  B. 自来水通过电渗析器

  C. 自来水通过电渗析器，再经过离子交换

  D. 自来水用一次蒸馏法

48. 量取 30 mL 浓硫酸，缓缓注入 1000 mL 蒸馏水中，冷却，摇匀，则此硫酸溶液的浓度大约是（　　）mol/L。

  A. $C_{\frac{1}{2}H_2SO_4}=0.5$ B. $C_{\frac{1}{2}H_2SO_4}=1$

  C. $C_{H_2SO_4}=1$ D. $C_{H_2SO_4}=0.1$

49. pH 计的校正方法是将电极插入一标准缓冲溶液中，调好温度值。将（　　）调到最大，调节（　　）至仪器显示 pH 与标准缓冲溶液相同。取出冲洗电极后，再插入另一标准缓冲溶液中，定位旋钮不动，调节斜率旋钮至仪器显示 pH 与标准缓冲溶液相同。此时，仪器校正完成，可以测量。但测量时，定位旋钮和斜率旋钮不能再动。

  A. 定位旋钮、斜率旋钮   B. 斜率旋钮、斜率旋钮

C. 定位旋钮、定位旋钮　　　　　　D. 斜率旋钮、定位旋钮

50. 分析实验室用水的阳离子检验方法为:取水样 10 mL 于试管中,加入 2~3 滴氨缓冲溶液,2~3 滴铬黑 T 指示剂,如果水呈现紫红色,则表明(　　　)。

A. 有金属离子　　　B. 有氯离子　　　C. 有阴离子　　　D. 无金属离子

(二) 多项选择题

(共 50 题。每题至少有两个正确选项,将正确选项的字母填入题内的括号中,多选、漏选或错选均不得分,每题 1 分)

1. 下列有关实验室安全知识说法正确的有(　　　)。

A. 稀释硫酸必须在烧杯等耐热容器中进行,且只能将水在不断搅拌下缓缓注入硫酸

B. 有毒、有腐蚀性液体操作必须在通风橱内进行

C. 氰化物、砷化物的废液应小心倒入废液缸,均匀倒入水槽中,以免腐蚀下水道

D. 易燃溶剂加热应采用水浴加热或沙浴,并避免明火

2. 在实验中,遇到事故采取正确的措施是(　　　)。

A. 不小心把药品溅到皮肤或眼内,应立即用大量清水冲洗

B. 若不慎吸入溴氯等有毒气体或刺激的气体,可吸入少量的酒精和乙醚的混合蒸气来解毒

C. 割伤应立即用清水冲洗

D. 在实验中,衣服着火时,应就地躺下、奔跑或用湿衣服在身上抽打灭火

3. 在维护和保养仪器设备时,应坚持"三防四定"的原则,即要做到(　　　)。

A. 定人保管　　　B. 定点存放　　　C. 定人使用　　　D. 定期检修

4. 电器设备着火,先切断电源,再用下列合适的(　　　)灭火器灭火。

A. 四氯化碳　　　B. 干粉　　　C. 二氧化碳　　　D. 泡沫

5. 实验室防火防爆的实质是避免三要素,即(　　　)的同时存在。

A. 可燃物　　　B. 火源　　　C. 着火温度　　　D. 助燃物

6. 下列物质着火,不宜采用泡沫灭火器灭火的是(　　　)。

A. 可燃性金属着火　　　　　　　B. 可燃性化学试剂着火

C. 木材着火　　　　　　　　　　D. 带电设备着火

7. 易燃烧液体加热时必须在(　　　)中进行。

A. 水浴　　　B. 砂浴　　　C. 煤气灯　　　D. 电炉

8. CO 中毒救护正确的是(　　　)。

A. 立即将中毒者转移到空气新鲜的地方,注意保暖

B. 对呼吸衰弱者立即进行人工呼吸或输氧

C. 发生循环衰竭者可注射强心剂

D. 立即给中毒者洗胃

9. 浓硝酸、浓硫酸、浓盐酸等溅到皮肤上,做法正确的是(　　　)。

A. 用大量水冲洗　　　　　　　　B. 用稀苏打水冲洗

C. 起水泡处可涂红汞或红药水　　D. 损伤面可涂氧化锌软膏

10. 下列物质有剧毒的是(　　　)。

　　A. Al₂O₃　　　　　　B. AS₂O₃　　　　　C. SiO₂　　　　　　D. 硫酸二甲酯

11. 下列有关毒物特性的描述正确的是（　　）。

　　A. 越易溶于水的毒物其危害性也就越大

　　B. 毒物颗粒越小，危害性越大

　　C. 挥发性越小，危害性越大

　　D. 沸点越低，危害性越大

12. 在实验室中，皮肤溅上浓碱液时，在用大量水冲洗后继而应（　　）处理。

　　A. 用5%硼酸　　　　　　　　　　　B. 用5%小苏打溶液

　　C. 用2%醋酸　　　　　　　　　　　D. 用1∶5 000 KMnO₄溶液

13. 下列陈述正确的是（　　）。

　　A. 国家规定的实验室用水分为三级

　　B. 各级分析用水均应使用密闭的专用聚乙烯容器

　　C. 三级水可使用密闭的专用玻璃容器

　　D. 一级水不可贮存，要在使用前制

14. 下列各种装置中，能用于制备实验室用水的是（　　）。

　　A. 回馏装置　　　　B. 蒸馏装置　　　　C. 离子交换装置　　D. 电渗析装置

15. 实验室三级水须检验的项目为（　　）。

　　A. pH范围　　　　　B. 电导率　　　　　C. 吸光度　　　　　D. 可氧化物质

16. 实验室三级水可贮存于（　　）中。

　　A. 密闭的专用聚乙烯容器　　　　　　B. 密闭的专用玻璃容器

　　C. 密闭的金属容器　　　　　　　　　D. 密闭的瓷容器

17. 下列酸中能用玻璃器皿盛放的是（　　）。

　　A. 盐酸　　　　　　B. 氢氟酸　　　　　C. 磷酸　　　　　　D. 硫酸

18. 洗涤下列仪器时，不能使用去污粉洗刷的是（　　）。

　　A. 移液管　　　　　B. 锥形瓶　　　　　C. 容量瓶　　　　　D. 滴定管

19. 下列仪器洗涤时不能用去污粉洗刷的是（　　）。

　　A. 烧杯　　　　　　B. 滴定管　　　　　C. 比色皿　　　　　D. 漏斗

20. 下列（　　）组容器可以直接加热。

　　A. 容量瓶、量筒、三角瓶　　　　　　B. 烧杯、硬质锥形瓶、试管

　　C. 蒸馏瓶、烧杯、平底烧瓶　　　　　D. 量筒、广口瓶、比色管

21. 下列关于瓷器皿的说法中，正确的是（　　）。

　　A. 瓷器皿可用作称量分析中的称量器皿

　　B. 可以用氢氟酸在瓷皿中分解处理样品

　　C. 瓷器皿不适合熔融分解碱金属的碳酸盐

　　D. 瓷器皿耐高温

22. 需贮于棕色具磨口塞试剂瓶中的标准溶液为（　　）。

　　A. I₂　　　　　　　B. Na₂S₂O₃　　　　C. KMnO₄　　　　　D. AgNO₃

23. 有关铂皿使用操作正确的是（　　）。

　　A. 铂皿必须保持清洁光亮，以免有害物质继续与铂作用

　　B. 灼烧时，铂皿不能与其他金属接触

C. 铂皿可以直接放置于马弗炉中灼烧

D. 灼热的铂皿不能用不锈钢坩埚钳夹取

24. 有关称量瓶的使用正确的是(　　　)。

A. 不可作反应器　　　　　　　　B. 不用时要盖紧盖子

C. 盖子要配套使用　　　　　　　D. 用后要洗净

25. 读取滴定管读数时,下列操作中正确的是(　　　)。

A. 读数前要检查滴定管内壁是否挂水珠,管尖是否有气泡

B. 读数时,应使滴定管保持垂直

C. 读取弯月面下缘最低点,并使视线与该点在一个水平面上

D. 有色溶液与无色溶液的读数方法相同

26. 下列仪器中,有"0"刻度线的是(　　　)。

A. 量筒　　　　　B. 温度计　　　　　C. 酸式滴定管　　　D. 托盘天平游码刻度尺

27. 下面关于移液管的使用错误的是(　　　)。

A. 一般不必吹出残留液

B. 用蒸馏水淋洗后即可移液

C. 用后洗净,加热烘干后即可再用

D. 移液管只能粗略地量取一定量液体体积

28. 有关容量瓶的使用错误的是(　　　)。

A. 通常可以用容量瓶代替试剂瓶使用

B. 先将固体药品转入容量瓶后加水溶解配制标准溶液

C. 用后洗净用烘箱烘干

D. 定容时,无色溶液弯月面下缘和标线相切即可

29. 酸碱滴定时需要润洗的仪器有(　　　)。

A. 滴定管　　　　B. 锥形瓶　　　　　C. 烧杯　　　　　　D. 移液管

30. 下列玻璃仪器中,可以用洗涤剂直接刷洗的是(　　　)。

A. 容量瓶　　　　B. 烧杯　　　　　　C. 锥形瓶　　　　　D. 酸式滴定管

31. 下列天平不能较快显示重量数字的是(　　　)。

A. 全自动机械加码电光天平　　　B. 半自动电光天平

C. 阻尼天平　　　　　　　　　　D. 电子天平

32. 高压气瓶内装气体按物理性质分为(　　　)。

A. 压缩气体　　　B. 液体气体　　　　C. 溶解气体　　　　D. 惰性气体

33. 可选用氧气减压阀的气体钢瓶有(　　　)钢瓶。

A. 氢气　　　　　B. 氮气　　　　　　C. 空气　　　　　　D. 乙炔

34. 乙炔气瓶要用专门的乙炔减压阀,使用时要注意(　　　)。

A. 检漏

B. 二次表的压力控制在 0.5 MPa 左右

C. 停止用气时先松开二次表的开关旋钮,后关气瓶总开关

D. 先关乙炔气瓶的开关,再松开二次表的开关旋钮

35. 下列关于气体钢瓶的使用正确的是(　　　)。

A. 使用钢瓶中气体时,必须使用减压器

  B. 减压器可以混用

  C. 开启时只要不对准自己即可

  D. 钢瓶应放在阴凉、通风的地方

36. 称量瓶可以用作(　　)。

  A. 水分测定　　　　B. 灰分测定　　　　C. 烘干基准物　　　　D. 挥发份测定

37. (　　)标准溶液能用碱式滴定管盛装。

  A. NaOH　　　　　B. $KMnO_4$　　　　C. $AgNO_3$　　　　D. $NaHCO_3$

38. 用 HF 处理试样时,不能使用的器皿是(　　)。

  A. 玻璃　　　　　　B. 玛瑙　　　　　C. 铂金　　　　　　D. 陶器

39. 下列需要校准的玻璃仪器有(　　)。

  A. 烧杯　　　　　　B. 容量瓶　　　　C. 吸量管　　　　　D. 滴定管

40. 将称量瓶置于烘箱中干燥时,不应将瓶塞(　　)。

  A. 取出放在烘箱外　　　　　　　　B. 紧盖在瓶口上

  C. 放在烘箱的隔板上　　　　　　　D. 错开放在瓶口上

41. 指出下列滴定分析操作中,不规范操作的是(　　)。

  A. 滴定之前,用待装标准溶液润洗滴定管三次或以上

  B. 滴定时摇动锥形瓶有少量溶液溅出

  C. 在滴定前,锥形瓶应用待测液淋洗三次

  D. 滴定管加溶液不到零刻度 1 cm 时,用滴管加溶液到溶液弯月面最下端与"0"刻度相切

42. 有磨口部件的玻璃仪器是(　　)。

  A. 碘瓶　　　　　B. 碱式滴定管　　　C. 酸式滴定管　　　D. 称量瓶

43. 下列说法正确的是(　　)。

  A. 无机酸、碱类废液应先中和后,再进行排放

  B. 铬酸废洗液先用废铁屑还原,再用废碱或石灰中合成低毒的 $Cr(OH)_3$ 沉淀

  C. 实验中产生的少量有毒气体,可以通过排风设备排出室外,用空气稀释

  D. 含酚、砷或汞的废液应先进行稀释再排放

44. 在称量极易吸收空气中 CO_2 的固体试样时,采用的称量方法不正确的是(　　)。

  A. 具塞锥形瓶进行直接称量　　　　B. 小烧杯进行直接称量

  C. 表面皿进行直接称量　　　　　　D. 称量瓶进行减量法称量

45. 关于原始记录,下列说法正确的是(　　)。

  A. 数据应按测量仪器的有效读数位记录

  B. 原始记录必须用圆珠笔或钢笔誊抄清晰

  C. 原始记录改错应在有错的数据或记录上画一横线,在旁边写上正确的数据,并盖章(或签名)

  D. 原始记录应有一定的格式,内容齐全

46. 工业硫酸含量测定过程中,用减量法称取试样时,下列操作正确的是(　　)。

  A. 将滴瓶外壁擦干净后,先称量滴瓶与试样的总质量

  B. 滴管从滴瓶拿出前应先在滴瓶口处轻靠两下,避免转移至锥形瓶途中滴落损失

  C. 取一干净锥形瓶,将硫酸试样沿锥形瓶内壁滴加,防止溶液溅出损失

D. 将滴瓶放回天平称量,两次质量之差即为硫酸试样质量

47. 不可用作标定硝酸银标准溶液的基准物是(   )。

    A. 重铬酸钾   B. 氯化钠   C. 草酸钠   D. 硼砂

48. 对于容量瓶使用的叙述中,正确的是(   )。

    A. 容量瓶一般不用刷子刷洗,特别是经过校正后的容量瓶,是绝对不许用刷子刷洗

    B. 容量瓶的校正一般是两年校正一次

    C. 由于浓硫酸在稀释过程中会放热,因此不能用带校正值的容量瓶稀释浓硫酸

    D. 校正后的容量瓶一般不能加热,但在 25 ℃恒温水浴中使用是特例

49. 在实验室中引起火灾的通常原因包括(   )。

    A. 明火   B. 仪器设备在不使用时未关闭电源

    C. 使用易燃物品时粗心大意   D. 长时间用电导致仪器发热

50. 玻璃器皿的洗涤可根据污染物的性质分别选用不同的洗涤剂,如被有机物沾污的器皿可用(   )。

    A. 去污粉   B. KOH-乙醇溶液

    C. 铬酸洗液   D. 水

(三) 判断题

(共 30 题。将判断结果填入括号中,正确地填"√",错误地填"×",每题 1 分)

1. 凡遇有人触电,必须用最快的方法使触电者脱离电源。   (   )

2. 实验室中油类物质引发的火灾可用二氧化碳灭火器进行灭火。   (   )

3. 在实验室里,倾注和使用易燃、易爆物时,附近不得有明火。   (   )

4. 使用灭火器扑救火灾时要对准火焰上部进行喷射。   (   )

5. 钡盐接触人的伤口也会使人中毒。   (   )

6. 当不慎吸入 H_2S 而感到不适时,应立即到室外呼吸新鲜空气。   (   )

7. 腐蚀性中毒是通过皮肤进入皮下组织,不一定立即引起表面的灼伤。   (   )

8. 用过的铬酸洗液应倒入废液缸,不能再次使用。   (   )

9. 在使用氢氟酸时,为预防烧伤可套上纱布手套或线手套。   (   )

10. 二次蒸馏水是指将蒸馏水重新蒸馏后得到的水。   (   )

11. 分析用水的质量要求中,不用进行检验的指标是密度。   (   )

12. 实验室三级水 pH 的测定应在 5.0~7.5 之间,可用精密 pH 试纸或酸碱指示剂检验。   (   )

13. 实验用的纯水其纯度可通过测定水的电导率大小来判断,电导率越低,说明水的纯度越高。   (   )

14. 三级水可贮存在经处理并用同级水洗涤过的密闭聚乙烯容器中。   (   )

15. 各级用水在贮存期间,其沾污的主要来源是容器可溶成分的溶解、空气中的二氧化碳和其他杂质。   (   )

16. 锥形瓶可以用去污粉直接刷洗。   (   )

17. 进行滴定操作前,要将滴定管尖处的液滴靠进锥形瓶中。   (   )

18. 容量瓶可以长期存放溶液。   (   )

19. 酸式滴定管可以用洗涤剂直接刷洗。　　　　　　　　　　　　　　　（　　）
20. 硝酸银标准溶液应装在棕色碱式滴定管中进行滴定。　　　　　　　　（　　）
21. 若想使容量瓶干燥，可在烘箱中烘烤。　　　　　　　　　　　　　　（　　）
22. 天平使用过程中要避免震动、潮湿、阳光直射及腐蚀性气体。　　　　　（　　）
23. 高压气瓶外壳不同颜色代表灌装不同气体，氧气钢瓶的颜色为深绿色，氢气钢瓶的颜色为天蓝色，乙炔气的钢瓶颜色为白色，氮气钢瓶颜色为黑色。　　　　　　（　　）
24. 为防止发生意外，气体钢瓶重新充气前，瓶内残余气体应尽可能用尽。　（　　）
25. 化学试剂 AR 是分析纯，为二级品，其试剂瓶标签为红色。　　　　　（　　）
26. 化学试剂中二级品试剂常用于微量分析、标准溶液的配制、精密分析工作。（　　）
27. 低沸点的有机标准物质，为防止其挥发，应保存在一般冰箱内。　　　　（　　）
28. 化学纯试剂品质低于实验试剂。　　　　　　　　　　　　　　　　　（　　）
29. 化学试剂选用的原则是在满足实验要求的前提下，选择试剂的级别应就低而不就高。即不越级造成浪费，也不能随意降低试剂级别而影响分析结果。　　　　　　（　　）
30. 实验中皮肤溅上浓碱时，在用大量水冲洗后用 5% 小苏打溶液处理。　（　　）

四、分析化学

（一）单项选择题

（共 170 题。选择一个正确的答案，将相应的字母填入题内的括号中，每题 1 分）

1. 检验方法是否可靠的办法是（　　）。
   A. 校正仪器　　　　　　　　　　　B. 加标回收率
   C. 增加测定的次数　　　　　　　　D. 空白试验
2. 使用分析天平用差减法进行称量时，为使称量的相对误差在 0.1% 以内，试样质量应在（　　）。
   A. 0.2 g 以上　　　　　　　　　　B. 0.2 g 以下
   C. 0.1 g 以上　　　　　　　　　　D. 0.4 g 以上
3. 对同一盐酸溶液进行标定，甲的相对平均偏差为 0.1%、乙为 0.4%、丙为 0.8%，对其实验结果的评论错误的是（　　）。
   A. 甲的精密度最高　　　　　　　　B. 甲的准确度最高
   C. 丙的精密度最低　　　　　　　　D. 丙的准确度最低
4. 一个样品分析结果的准确度不好，但精密度好，可能存在（　　）。
   A. 操作失误　　　B. 记录有差错　　　C. 使用试剂不纯　　D. 随机误差大
5. 提高分析结果的准确度，必须（　　）。
   A. 消除系统误差　　　　　　　　　B. 多人重复操作
   C. 增加样品量　　　　　　　　　　D. 增加平行测定次数
6. 算式（30.582-7.44）+（1.6-0.5263）中，绝对误差最大的数据是（　　）。
   A. 30.582　　　B. 7.44　　　C. 1.6　　　D. 0.5263
7. 终点误差的产生是由于（　　）。

A. 滴定终点与化学计量点不符　　　　B. 滴定反应不完全

C. 试样不够纯净　　　　　　　　　　D. 滴定管读数不准确

8. 用邻苯二甲酸氢钾($KHC_8H_4O_4$)标定 0.1 mol/L NaOH 溶液,若使测量滴定体积的相对误差小于 0.1%,最少应称取基准物(　　)g(已知:$M_{KHC_8H_4O_4}=204.2$ g/mol)。

A. 0.41　　　　B. 0.62　　　　C. 0.82　　　　D. 0.21

9. 当置信度为 95% 时,测得 Al_2O_3 的 μ 置信区间为(35.21±0.10)%,其意义是(　　)。

A. 在所测定的数据中有 95% 在此区间内

B. 若再进行测定,将有 95% 的数据落入此区间内

C. 总体平均值 μ 落入此区间的概率为 0.95

D. 在此区间内包含 μ 值的概率为 0.95

10. 重量法测定硅酸盐中 SiO_2 的含量,结果分别为:37.40%、37.20%、37.32%、37.52%、37.34%,平均偏差和相对平均偏差分别是(　　)。

A. 0.04%,0.58%　　　　　　　　B. 0.08%,0.21%

C. 0.06%,0.48%　　　　　　　　D. 0.12%,0.32%

11. 0.0234×4.303×71.07÷127.5 的计算结果是(　　)。

A. 0.0561259　　B. 0.056　　C. 0.05613　　D. 0.0561

12. 测定煤中含硫量时,规定称样量为 3 g(精确至 0.1 g),则下列数据表示结果更合理的是(　　)。

A. 0.042%　　　B. 0.0420%　　C. 0.04198%　　D. 0.04%

13. 分析工作中实际能够测量到的数字称为(　　)。

A. 精密数字　　B. 准确数字　　C. 可靠数字　　D. 有效数字

14. 质量分数大于 10% 的分析结果,一般要求有(　　)位有效数字。

A. 一　　　　　B. 二　　　　　C. 三　　　　　D. 四

15. 按 Q 检验法(当 $n=4$ 时,$Q_{0.90}=0.76$)删除逸出值,下列数据中有逸出值,应予以删除的是(　　)。

A. 3.03,3.04,3.05,3.13

B. 97.50,98.50,99.00,99.50

C. 0.1042,0.1044,0.1045,0.1047

D. 0.2122,0.2126,0.2130,0.2134

16. 某煤中水分含量在 5% 至 10% 之间时,规定平行测定结果的允许绝对偏差不大于 0.3%,对某一煤实验进行 3 次平行测定,其结果分别为 7.17%、7.31% 及 7.72%,应弃去的是(　　)。

A. 7.72%　　　　　　　　　　　B. 7.17%

C. 7.72%和 7.31%　　　　　　　D. 7.31%

17. 两位分析人员对同一样品进行分析,得到两组数据,要判断两组分析的精密度有无显著性差异,应该用(　　)。

A. Q 检验法　　B. F 检验法　　C. 格布鲁斯法　　D. t 检验法

18. 测定 SO_2 的质量分数,得到数据 28.62%、28.59%、28.51%、28.52%、28.61%,则置信度为 95% 时平均值的置信区间为(　　)(已知:置信度为 95%,$n=5$,$t=2.776$)。

A. (28.57±0.12)%　　　　　　　B. (28.57±0.13)%

C. $(28.56\pm0.13)\%$ D. $(28.57\pm0.06)\%$

19. 下列有关置信区间的定义中,正确的是( )。

 A. 以真值为中心的某一区间包括测定结果的平均值的几率

 B. 在一定置信度时,以测量值的平均值为中心的包括真值在内的可靠范围

 C. 总体平均值与测定结果的平均值相等的几率

 D. 在一定置信度时,以真值为中心的可靠范围

20. 置信区间的大小受( )的影响。

 A. 总体平均值   B. 平均值   C. 置信度   D. 真值

21. 为了检验分析人员之间是否存在系统误差,常用以下( )方法进行校正。

 A. 空白实验   B. 校准仪器   C. 对照实验   D. 增加平行测定次数

22. 在同样的条件下,用标样代替试样进行的平行测定叫做( )。

 A. 空白实验   B. 对照实验   C. 回收实验   D. 校正实验

23. 0.04 mol/L H_2CO_3 溶液的 pH 为( )(已知:H_2CO_3 的二级电离常数为 $K_{a_1}=4.3\times10^{-7}$, $K_{a_2}=5.6\times10^{-11}$)。

 A. 4.73   B. 5.61   C. 3.89   D. 7.00

24. NaOH 滴定 H_3PO_4 以酚酞为指示剂,终点时生成( )(已知:H_3PO_4 的各级离解常数为 $K_{a_1}=6.9\times10^{-3}$, $K_{a_2}=6.2\times10^{-8}$, $K_{a_3}=4.8\times10^{-13}$)。

 A. NaH_2PO_4 B. Na_2HPO_4

 C. Na_3PO_4 D. $NaH_2PO_4+Na_2HPO_4$

25. pH$=5$ 和 pH$=3$ 的两种盐酸以 $1:2$ 体积比混合,混合溶液的 pH 是( )。

 A. 3.17   B. 10.1   C. 5.3   D. 8.2

26. 标定 NaOH 溶液常用的基准物是( )。

 A. 无水碳酸钠   B. 邻苯二甲酸氢钾

 C. 碳酸钙   D. 硼砂

27. 某碱样溶液以酚酞为指示剂,用标准 HCl 溶液滴定至终点时,消耗 HCl 标液体积为 V_1,继续以甲基橙为指示剂滴定至终点,又消耗 HCl 标液体积为 V_2,若 $V_2<V_1$,则此碱样溶液是( )。

 A. Na_2CO_3 B. $Na_2CO_3+NaHCO_3$

 C. $NaHCO_3$ D. $NaOH+Na_2CO_3$

28. 以浓度为 0.1000 mol/L 的 NaOH 溶液滴定 20 mL 浓度为 0.1000 mol/L 的 HCl,理论终点后,NaOH 过量 0.02 mL,此时溶液的 pH 为( )。

 A. 1.0   B. 3.3   C. 8.0   D. 9.7

29. 用 0.1 mol/L NaOH 滴定 0.1 mol/L 的甲酸($pK_a=3.74$),适合的指示剂为( )。

 A. 甲基橙(3.46)   B. 百里酚兰(1.65)

 C. 甲基红(5.00)   D. 酚酞(9.1)

30. 按酸碱质子理论,Na_2HPO_4 是( )。

 A. 中性物质   B. 酸性物质   C. 碱性物质   D. 两性物质

31. 分别用浓度 C_{NaOH} 为 0.10 mol/L 和浓度 $C_{\frac{1}{5}KMnO_4}$ 为 0.10 mol/L 的两种溶液滴定相同质量的 $KHC_2O_4\cdot H_2C_2O_4\cdot 2H_2O$,则滴定消耗的两种溶液的体积($V$)关系是( )。

 A. $V_{NaOH}=V_{KMnO_4}$ B. $5V_{NaOH}=V_{KMnO_4}$

C. $3V_{NaOH}=4V_{KMnO_4}$　　　　　　　　　D. $4V_{NaOH}=3V_{KMnO_4}$

32. 讨论酸碱滴定曲线的最终目的是(　　　)。

    A. 了解滴定过程　　　　　　　　　B. 找出溶液 pH 变化规律

    C. 找出 pH 突越范围　　　　　　　D. 选择合适的指示剂

33. 已知 0.10 mol/L 一元弱酸 HB 溶液的 pH＝3.0,则 0.10 mol/L 共轭碱 NaB 溶液的 pH 是(　　　)。

    A. 11　　　　　　B. 9　　　　　　C. 8.5　　　　　　D. 9.5

34. 以甲基橙为指示剂标定含有 Na_2CO_3 的 NaOH 标准溶液,用该标准溶液滴定某酸以酚酞为指示剂,则测定结果(　　　)。

    A. 偏高　　　　　　B. 偏低　　　　　　C. 不变　　　　　　D. 无法确定

35. 用 0.1000 mol/L HCl 滴定 0.1000 mol/L NaOH 时的 pH 突跃范围是 9.7～4.3,用 0.01 mol/L HCl 滴定 0.01 mol/L NaOH 的突跃范围是(　　　)。

    A. 9.7～4.3　　　B. 8.7～4.3　　　C. 8.7～5.3　　　　D. 10.7～3.3

36. 用基准无水碳酸钠标定 0.1 mol/L 盐酸,宜选用(　　　)作指示剂。

    A. 溴甲酚绿-甲基红　　　　　　　B. 酚酞

    C. 百里酚蓝　　　　　　　　　　　D. 二甲酚橙

37. 用盐酸溶液滴定 Na_2CO_3 溶液的第一、二个化学计量点可分别用(　　　)为指示剂。

    A. 甲基红和甲基橙　　　　　　　　B. 酚酞和甲基橙

    C. 甲基橙和酚酞　　　　　　　　　D. 酚酞和甲基红

38. 在 HCl 滴定 NaOH 时,一般选择甲基橙而不是酚酞作指示剂,主要是由于(　　　)。

    A. 甲基橙水溶液好　　　　　　　　B. 甲基橙终点 CO_2 影响小

    C. 甲基橙变色范围较狭窄　　　　　D. 甲基橙是双色指示剂

39. 在酸碱滴定中,选择强酸强碱作为滴定剂的理由是(　　　)。

    A. 强酸强碱可以直接配制标准溶液　　B. 使滴定突跃尽量大

    C. 加快滴定反应速率　　　　　　　　D. 使滴定曲线较完美

40. 多元酸能分步滴定的条件是(　　　)。

    A. $K_{a_1}/K_{a_2}\geqslant10^6$　　　　　　　　B. $K_{a_1}/K_{a_2}\geqslant10^5$

    C. $K_{a_1}/K_{a_2}\leqslant10^6$　　　　　　　　D. $K_{a_1}/K_{a_2}\leqslant10^5$

41. 既可用来标定 NaOH 溶液,也可用作标定 $KMnO_4$ 的物质为(　　　)。

    A. $H_2C_2O_4 \cdot 2H_2O$　　B. $Na_2C_2O_4$　　　C. HCl　　　　　　D. H_2SO_4

42. 某酸碱指示剂的 $K_{HIn}=1.0\times10^{-5}$,则从理论上推算其变色范围是(　　　)。

    A. 4～5　　　　　　B. 4～6　　　　　　C. 5～6　　　　　　D. 5～7

43. 酸碱滴定法选择指示剂时可以不考虑的因素(　　　)。

    A. 滴定突跃的范围　　　　　　　　B. 指示剂的变色范围

    C. 指示剂的颜色变化　　　　　　　D. 指示剂相对分子质量的大小

44. 下列物质中,能用氢氧化钠标准溶液直接滴定的是(　　　)。

    A. 苯酚　　　　　B. 氯化铵　　　　　C. 醋酸钠　　　　　D. 草酸

45. 用 0.1000 mol/L NaOH 标液滴定同浓度的 $H_2C_2O_4$($K_{a_1}=5.9\times10^{-2}$,$K_{a_2}=6.4\times10^{-5}$)时,有几个滴定突跃,应选用何种指示剂(　　　)。

    A. 两个突跃,甲基橙($pK_{HIn}=3.40$)

B. 两个突跃,甲基红($pK_{HIn}=5.00$)

C. 一个突跃,溴百里酚蓝($pK_{HIn}=7.30$)

D. 一个突跃,酚酞($pK_{HIn}=9.10$)

46. 用 $H_2C_2O_4 \cdot 2H_2O$ 标定 $KMnO_4$ 溶液时,溶液的温度一般不超过(　　)℃,这是防止 $H_2C_2O_4 \cdot 2H_2O$ 的分解。

A. 60　　　　　B. 75　　　　　C. 40　　　　　D. 85

47. 用同一 $NaOH$ 溶液,分别滴定体积相同的 H_2SO_4 和 HAc 溶液,消耗的体积相等,这说明 H_2SO_4 和 HAc 两溶液中的(　　)。

A. 氢离子浓度相等　　　　　B. H_2SO_4 和 HAc 的浓度相等

C. H_2SO_4 的浓度为 HAc 浓度的 1/2　　D. H_2SO_4 和 HAc 的电离度相等

48. 与缓冲溶液的缓冲容量大小有关的因素是(　　)。

A. 缓冲溶液的 pH　　　　　B. 缓冲溶液的总浓度

C. 外加的酸度　　　　　D. 外加的碱度

49. 中性溶液严格地讲是指(　　)的溶液。

A. pH=7.0　　　　　B. $[H^+]=[OH^-]$

C. pOH=7.0　　　　　D. pH+pOH=14.0

50. 计算二元弱酸的 pH 时,若 $K_{a_1} \gg K_{a_2}$,经常(　　)。

A. 只计算第一级离解　　　　　B. 一、二级离解必须同时考虑

C. 只计算第二级离解　　　　　D. 忽略第一级离解,只计算第二级离解

51. 用甲醛法测定氯化铵盐中氮含量时,一般选用(　　)作指示剂。

A. 甲基红　　　B. 中性红　　　C. 酚酞　　　D. 甲基橙

52. 用 HCl 滴定 $NaOH$ 和 Na_2CO_3 混合碱到达第一化学计量点时溶液 pH(　　)。

A. >7.0　　　B. <7.0　　　C. =7.0　　　D. <5.0

53. 共轭酸碱对中,K_a 和 K_b 的关系是(　　)。

A. $K_a/K_b=1$　　B. $K_a/K_b=K_w$　　C. $K_a/K_b=1$　　D. $K_a \cdot K_b=K_w$

54. 下列对碱具有拉平效应的溶剂为(　　)。

A. HAc　　　B. $NH_3 \cdot H_2O$　　　C. 吡啶　　　D. Na_2CO_3

55. HCl、$HClO_4$、H_2SO_4 和 HNO_3 的拉平溶剂是(　　)。

A. 冰醋酸　　　B. 水　　　C. 甲酸　　　D. 苯

56. 若以冰醋酸作溶剂,四种酸:(1) $HClO_4$;(2) HNO_3;(3) HCl;(4) H_2SO_4,的强度顺序应为(　　)。

A. (2)>(4)>(1)>(3)　　　　　B. (1)>(4)>(3)>(2)

C. (4)>(2)>(3)>(1)　　　　　D. (3)>(2)>(4)>(1)

57. 物质的量浓度相同的下列物质的水溶液,其 pH 最高的是(　　)。

A. $NaAc$　　　B. NH_4Cl　　　C. Na_2SO_4　　　D. NH_4Ac

58. 0.5 mol/L HAc 溶液与 0.1 mol/L $NaOH$ 溶液等体积混合,混合溶液的 pH 为(　　)(已知 HAc 的 $K_a=1.8 \times 10^{-5}$)。

A. 2.5　　　B. 13　　　C. 7.8　　　D. 4.1

59. $H_2PO_4^-$ 的共轭碱是(　　)。

A. HPO_4^{2-}　　　B. PO_4^{3-}　　　C. H_3PO_4　　　D. OH^-

60. pH＝9 的 NH_3-NH_4Cl 缓冲溶液配制正确的是（　　　）（已知 NH_4^+ 的 K_a＝5.6×10^{-10}）。

    A. 将 35 g NH_4Cl 溶于适量水中，加 15 mol/L $NH_3 \cdot H_2O$ 24 mL 用水稀释至 500 mL

    B. 将 3 g NH_4Cl 溶于适量水中，加 15 mol/L $NH_3 \cdot H_2O$ 207 mL 用水稀释至 500 mL

    C. 将 60 g NH_4Cl 溶于适量水中，加 15 mol/L $NH_3 \cdot H_2O$ 1.4 mL 用水稀释至 500 mL

    D. 将 27 g NH_4Cl 溶于适量水中，加 15 mol/L $NH_3 \cdot H_2O$ 197 mL 用水稀释至 500 mL

61. 测得某种新合成的有机酸的 pK_a 值为 12.35，其 K_a 值应表示为（　　　）。

    A. 4.467×10^{-13} B. 4.5×10^{-13} C. 4.46×10^{-13} D. 4.4666×10^{-13}

62. 酸碱滴定中选择指示剂的原则是（　　　）。

    A. 指示剂应在 pH＝7.0 时变色

    B. 指示剂的变色点与化学计量点完全符合

    C. 指示剂的变色范围全部或部分落入滴定的 pH 突跃范围之内

    D. 指示剂的变色范围应全部落在滴定的 pH 突跃范围之内

63. 称取 3.1015 g 基准邻苯二甲酸氢钾（$M_{KHC_8C_4O_4}$＝204.2 g/mol），以酚酞为指示剂，以 NaOH 为标准溶液滴定至终点，消耗 NaOH 标液 30.40 mL，同时空白试验消耗 NaOH 标液 0.01 mL，则 NaOH 标液的物质的量浓度为（　　　）mol/L。

    A. 0.2689   B. 0.9210   C. 0.4998   D. 0.6107

64. 用酸碱滴定法测定工业醋酸中的乙酸含量，应选择的指示剂是（　　　）。

    A. 酚酞   B. 甲基橙   C. 甲基红   D. 甲基红-次甲基蓝

65. 已知邻苯二甲酸氢钾（用 KHP 表示）的摩尔质量为 204.2 g/mol，用它来标定 0.1 mol/L 的 NaOH 溶液，宜称取 KHP 质量为（　　　）左右。

    A. 0.25 g   B. 0.9 g   C. 0.3 g   D. 0.6 g

66. 下列各组物质按等物质的量混合配成溶液后，其中不是缓冲溶液的是（　　　）。

    A. $NaHCO_3$ 和 Na_2CO_3 B. NaCl 和 NaOH

    C. NH_3 和 NH_4Cl D. HAc 和 NaAc

67. NaOH 溶液标签浓度为 0.3000 mol/L，该溶液从空气中吸收了少量的 CO_2，现以酚酞为指示剂，用标准 HCl 溶液标定，标定结果比标签浓度（　　　）。

    A. 高   B. 低   C. 不变   D. 无法确定

68. 在配位滴定中，金属离子与 EDTA 形成配合物越稳定，滴定时允许的 pH（　　　）。

    A. 越高   B. 越低   C. 中性   D. 不要求

69. 直接与金属离子配位的 EDTA 的型体为（　　　）。

    A. H_6Y^{2+} B. H_4Y C. H_2Y^{2-} D. Y^{4-}

70. 配位滴定分析中测定单一金属离子 M 的条件是（　　　）。

    A. $\lg(C_M \cdot K'_{MY}) \geqslant 8$ B. $C_M \cdot K'_{MY} \geqslant 10^{-8}$

    C. $\lg(C_M \cdot K'_{MY}) \geqslant 6$ D. $C_M \cdot K'_{MY} \geqslant 10^{-6}$

71. EDTA 酸效应曲线不能回答的问题是（　　　）。

    A. 进行各金属离子滴定时的最低 pH

    B. 在一定 pH 范围内滴定某种金属离子时，哪些离子可能有干扰

    C. 控制溶液的酸度，有可能在同一溶液中连续测定几种离子

    D. 准确测定各离子时溶液的最低酸度

72. EDTA 滴定金属离子 M，MY 的绝对稳定常数为 K_{MY}，当金属离子 M 的浓度为 0.01 mol/L 时，下列 $\lg\alpha_{Y(H)}$ 对应的 pH 是滴定金属离子 M 的最高允许酸度的是（   ）。

    A. $\lg\alpha_{Y(H)} \geqslant \lg K_{MY} - 8$ B. $\lg\alpha_{Y(H)} = \lg K_{MY} - 8$

    C. $\lg\alpha_{Y(H)} \geqslant \lg K_{MY} - 6$ D. $\lg\alpha_{Y(H)} \leqslant \lg K_{MY} - 3$

73. 采用返滴定法测定 Al^{3+} 的含量时，欲在 pH＝5.5 的条件下以某一金属离子的标准溶液返滴定过量的 EDTA，此金属离子标准溶液最好选用（   ）。

    A. Ca^{2+} B. Pb^{2+} C. Fe^{3+} D. Mg^{2+}

74. 配位滴定法测定 Fe^{3+} 离子，常用的指示剂是（   ）。

    A. PAN   B. 二甲酚橙   C. 钙指示剂   D. 磺基水杨酸钠

75. 配位滴定终点呈现的是（   ）的颜色。

    A. 金属-指示剂配合物   B. 配位剂-指示剂混合物

    C. 游离金属指示剂   D. 配位剂-金属配合物

76. Al^{3+} 能使铬黑 T 指示剂封闭，加入（   ）可解除。

    A. 三乙醇胺   B. KCN   C. NH_4F D. NH_4SCN

77. 某溶液中主要含有 Fe^{3+}、Al^{3+}、Pb^{2+}、Mg^{2+}，以乙酰丙酮为掩蔽剂，六亚甲基四胺为缓冲溶液，在 pH＝5～6 时，以二甲酚橙为指示剂，用 EDTA 标准溶液滴定，所测得的是（   ）的含量。

    A. Fe^{3+} B. Al^{3+} C. Pb^{2+} D. Mg^{2+}

78. 某溶液主要含有 Ca^{2+}、Mg^{2+} 及少量 Al^{3+}、Fe^{3+}，今在 pH＝10 时加入三乙醇胺后，用 EDTA 滴定，用铬黑 T 为指示剂，则测出的是（   ）的含量。

    A. Mg^{2+} B. Ca^{2+}、Mg^{2+}

    C. Al^{3+}、Fe^{3+} D. Ca^{2+}、Mg^{2+}、Al^{3+}、Fe^{3+}

79. 以配位滴定法测定 Pb^{2+} 时，消除 Ca^{2+}、Mg^{2+} 干扰最简便的方法是（   ）。

    A. 配位掩蔽法   B. 控制酸度法   C. 沉淀分离法   D. 解蔽法

80. 在 EDTA 配位滴定中，下列有关掩蔽剂的叙述哪个是错误的（   ）。

    A. 配位掩蔽剂必须可溶且无色

    B. 氧化还原掩蔽剂必须改变干扰离子的价态

    C. 掩蔽剂的用量越多越好

    D. 掩蔽剂最好是无毒的

81. 配位滴定中加入缓冲溶液的原因是（   ）。

    A. EDTA 配位能力与酸度有关

    B. 金属指示剂有其使用的酸度范围

    C. EDTA 与金属离子反应过程中会释放出 H^+

    D. K'_{MY} 会随酸度改变而改变

82. 用 EDTA 测定 Ag^+ 时，由于 Ag^+ 与 EDTA 配合不稳定，一般加入 $Ni(CN)_4{}^{2-}$，这种方法属于（   ）。

    A. 直接滴定法   B. 返滴定法   C. 置换滴定法   D. 间接滴定法

83. 与配位滴定所需控制的酸度无关的因素为（   ）。

    A. 金属离子颜色   B. 酸效应   C. 羟基化效应   D. 指示剂的变色

84. 将 0.56 g 含钙试样溶解成 250 mL 试液，用 0.02 mol/L 的 EDTA 溶液滴定，消耗

30.00 mL,则试样中 CaO 的含量为( )(已知:$M_{CaO}=56$ g/mol)。

  A. 3%   B. 6%   C. 12%   D. 30%

85. 配位滴定时,金属离子 M 和 N 的浓度相近,通过控制溶液酸度实现连续测定 M 和 N 的条件是( )。

  A. $\lg K_{NY}-\lg K_{MY}\geqslant 2$,$\lg C_M\cdot K'_{MY}$ 和 $\lg C_N\cdot K'_{NY}\geqslant 6$

  B. $\lg K_{NY}-\lg K_{MY}\geqslant 5$,$\lg C_M\cdot K'_{MY}$ 和 $\lg C_N\cdot K'_{NY}\geqslant 3$

  C. $\lg K_{NY}-\lg K_{MY}\geqslant 5$,$\lg C_M\cdot K'_{MY}$ 和 $\lg C_N\cdot K'_{NY}\geqslant 6$

  D. $\lg K_{NY}-\lg K_{MY}\geqslant 8$,$\lg C_M\cdot K'_{MY}$ 和 $\lg C_N\cdot K'_{NY}\geqslant 4$

86. 用 EDTA 连续滴定 Fe^{3+} 和 Al^{3+} 时,可以在下述( )条件下进行。

  A. pH=2 滴定 Al^{3+},pH=4 滴定 Fe^{3+}

  B. pH=1 滴定 Fe^{3+},pH=4 滴定 Al^{3+}

  C. pH=2 滴定 Fe^{3+},pH=4 返滴定 Al^{3+}

  D. pH=2 滴定 Fe^{3+},pH=4 间接法测 Al^{3+}

87. 已知 25 ℃,$E^{\ominus}_{Ag^+/Ag}=0.799$ V,$K_{sp(AgCl)}=1.8\times 10^{-10}$,当$[Cl^-]=1.0$ mol/L,该电极电位值为( )V。

  A. 0.799   B. 0.858   C. 0.675   D. 0.224

88. 当增加反应酸度时,氧化剂的电极电位会增大的是( )。

  A. Fe^{3+} B. I_2 C. $K_2Cr_2O_7$ D. Cu^{2+}

89. 下列说法正确的是( )。

  A. 电对的电位越低,其氧化形的氧化能力越强

  B. 电对的电位越高,其氧化形的氧化能力越强

  C. 电对的电位越高,其还原形的还原能力越强

  D. 氧化剂可以氧化电位比它高的还原剂

90. MnO_4^- 与 Fe^{2+} 反应的平衡常数 K 为( )(已知:$E^{\ominus}_{MnO_4^-/Mn^{2+}}=1.5$ V,$E^{\ominus}_{Fe^{3+}/Fe^{2+}}=0.771$ V)。

  A. 3.4×10^{12} B. 320   C. 3.0×10^{62} D. 4.2×10^{53}

91. 利用电极电位可判断氧化还原反应的性质,但它不能判别( )。

  A. 氧化还原反应速度   B. 氧化还原反应方向

  C. 氧化还原反应能力大小   D. 氧化还原反应的完全程度

92. 标定 I_2 标准溶液的基准物是( )。

  A. As_2O_3 B. $K_2Cr_2O_7$ C. Na_2CO_3 D. $H_2C_2O_4$

93. 标定 $KMnO_4$ 时,第 1 滴加入没有褪色以前,不能加入第 2 滴,加入几滴后,方可加快滴定速度原因是( )。

  A. $KMnO_4$ 自身是指示剂,待有足够 $KMnO_4$ 时才能加快滴定速度

  B. O_2 为该反应催化剂,待有足够 O_2 时才能加快滴定速度

  C. Mn^{2+} 为该反应催化剂,待有足够 Mn^{2+} 才能加快滴定速度

  D. MnO_2 为该反应催化剂,待有足够 MnO_2 才能加快滴定速度

94. 若某溶液中有 Fe^{2+}、Cl^- 和 I^- 共存,要氧化除去 I^- 而不影响 Fe^{2+} 和 Cl^-,可加入的试剂是( )。

  A. Cl_2 B. $KMnO_4$ C. $FeCl_3$ D. HCl

95. 氧化还原滴定中化学计量点的位置（　　　）。

　　A. 恰好处于滴定突跃的中间　　　　　B. 偏向于电子得失较多的一方

　　C. 偏向于电子得失较少的一方　　　　D. 无法确定

96. 下列测定中，需要加热的有（　　　）。

　　A. $KMnO_4$ 溶液滴定 H_2O_2　　　　　B. 碘量法测定 $CuSO_4$ 中 Cu^{2+}

　　C. 银量法测定水中氯　　　　　　　　D. $KMnO_4$ 溶液滴定 $H_2C_2O_4$

97. 在用 $KMnO_4$ 法测定 H_2O_2 含量时，为加快反应可加入（　　　）。

　　A. H_2SO_4　　　　　B. $MnSO_4$　　　　　C. $KMnO_4$　　　　　D. NaOH

98. 用 $KMnO_4$ 标准溶液测定 H_2O_2 时，滴定至粉红色为终点。滴定完成后 5 分钟发现溶液粉红色消失，其原因是（　　　）。

　　A. H_2O_2 未反应完全　　　　　　　　B. 实验室还原性气氛使之褪色

　　C. $KMnO_4$ 部分生成了 MnO_2　　　　D. $KMnO_4$ 标准溶液浓度太稀

99. 在高锰酸钾法测铁中，一般使用硫酸而不用盐酸来调节酸度，其主要原因是（　　　）。

　　A. 盐酸强度不足　　　　　　　　　　B. 硫酸可起催化作用

　　C. Cl^- 可能与 $KMnO_4$ 作用　　　　D. 以上均不对

100. 重铬酸钾滴定法测铁，现已采用 $SnCl_2$-$TiCl_3$ 还原 Fe^{3+} 为 Fe^{2+}，稍过量的 $TiCl_3$ 用下列方法指示（　　　）。

　　A. Ti^{3+} 的紫色　　B. Fe^{3+} 的黄色　　C. Ti^{4+} 的沉淀　　D. Na_2WO_4 还原为钨蓝

101. 重铬酸钾滴定法测铁，加入 H_3PO_4，其主要作用是（　　　）。

　　A. 防止沉淀

　　B. 提高酸度

　　C. 降低 Fe^{3+}/Fe^{2+} 电对的电极电位，使突跃范围增大

　　D. 防止 Fe^{2+} 氧化

102. 碘量法测定黄铜中的铜含量，为除去 Fe^{3+} 干扰，可加入（　　　）。

　　A. KI　　　　　　　B. NH_4F　　　　　　C. HNO_3　　　　　　D. H_2O_2

103. 在间接碘量法中，滴定终点的颜色变化是（　　　）。

　　A. 蓝色恰好消失　　B. 出现蓝色　　　　C. 出现浅黄色　　　D. 黄色恰好消失

104. 碘量法测定铜盐中铜含量时，试样溶液中加入过量的 KI，下列叙述其作用错误的是（　　　）。

　　A. 还原 Cu^{2+} 为 Cu^+　　　　　　　B. 防止 I_2 挥发

　　C. 与 Cu^+ 形成 CuI 沉淀　　　　　　D. 还原 Cu^{2+} 成单质 Cu

105. 间接碘量法要求在中性或弱酸性介质中进行测定，若酸度太高，将会（　　　）。

　　A. 反应不定量　　　　　　　　　　　B. I_2 易挥发

　　C. 终点不明显　　　　　　　　　　　D. I^- 被氧化，$Na_2S_2O_3$ 被分解

106. 间接碘量法若在碱性介质下进行，由于（　　　）歧化反应，将影响测定结果。

　　A. $S_2O_3^{2-}$　　　　　B. I^-　　　　　C. I_2　　　　　　　D. $S_4O_6^{2-}$

107. 用高锰酸钾滴定无色或浅色的还原剂溶液时，所用的指示剂为（　　　）。

　　A. 自身指示剂　　B. 酸碱指示剂　　　C. 金属指示剂　　　D. 专属指示剂

108. 已知 25 ℃度时 $Ksp_{BaSO_4}=1.8\times10^{-10}$，计算在 400 mL 的该溶液中由于沉淀的溶解而造成的损失为（　　　）g。

　　A. 6.5×10^{-4}　　　　B. 1.2×10^{-3}　　　　C. 3.2×10^{-4}　　　　D. 1.8×10^{-7}

109. 向 AgCl 的饱和溶液中加入浓氨水,沉淀的溶解度将(　　)。

　　A. 不变　　　　　　B. 增大　　　　　　C. 减小　　　　　　D. 无影响

110. 已知 $Sr_3(PO_4)_2$ 的溶解度为 1.0×10^{-6} mol/L,则 $K_{sp\,Sr_3(PO_4)_2}$ 为(　　)。

　　A. 1.0×10^{-30}　　B. 1.0×10^{-12}　　C. 5.0×10^{-30}　　D. 1.1×10^{-28}

111. 在含有 $PbCl_2$ 白色沉淀的饱和溶液中加入 KI 溶液,则最后溶液中存在的是(　　)(已知:$K_{sp\,PbCl_2}>K_{sp\,PbI_2}$)。

　　A. $PbCl_2$ 沉淀　　　　　　　　B. $PbCl_2$ 和 PbI_2 沉淀

　　C. PbI_2 沉淀　　　　　　　　D. 无沉淀

112. 已知 $K_{sp\,AgCl}=1.8\times10^{-10}$,$K_{sp\,Ag_2CrO_4}=2.0\times10^{-12}$,在 Cl^- 和 CrO_4^{2-} 浓度皆为 0.10 mol/L 的溶液中,逐滴加入 $AgNO_3$ 溶液,情况为(　　)。

　　A. Ag_2CrO_4 先沉淀　　　　　　B. 只有 Ag_2CrO_4 沉淀

　　C. AgCl 先沉淀　　　　　　　　D. 同时沉淀

113. 根据有效数字运算规则,下列各式的计算结果为 4 位有效数字的是(　　)。

　　A. $0.97852-(0.1121\times0.29)$　　　　B. $2.130+0.03247-0.0012$

　　C. $\dfrac{2.55\times4.20+12.58}{7.10\times10^2}$　　　　D. $\dfrac{3.10\times21.15\times5.10}{0.001120}$

114. 测定结果的精密度好,但准确度不好的原因是(　　)。

　　A. 两者都很大　　　　　　　　B. 两者都很小

　　C. 随机误差大,系统误差小　　　D. 随机误差小,系统误差大

115. 有一天平称量的绝对误差为 ±0.1 mg,如称取样品 0.05 g,则相对误差为(　　)。

　　A. $\pm0.005\%$　　B. $\pm0.025\%$　　C. $\pm0.2\%$　　　D. $\pm0.02\%$

116. 在分析测定中做空白实验的目的是(　　)。

　　A. 提高精密度　　B. 提高准确度　　C. 消除过失误差　　D. 消除随机误差

117. (　　)可以减小随机误差。

　　A. 空白试验　　　　　　　　　B. 校准仪器

　　C. 增加平行测定次数　　　　　　D. 对照试验

118. 下列论述中错误的是(　　)。

　　A. 方法误差属于系统误差　　　　B. 系统误差包括操作误差

　　C. 系统误差呈现正态分布　　　　D. 系统误差具有单向性

119. 定量分析工作要求测定结果的误差(　　)。

　　A. 越小越好　　　B. 等于零　　　C. 没有要求　　　D. 在允许误差范围之内

120. pH$=1.00$ 的 HCl 溶液和 pH$=2.00$ 的 HCl 溶液等体积混合后,溶液的 pH 为(　　)。

　　A. 1.26　　　　　B. 3.00　　　　　C. 1.50　　　　　D. 1.35

121. 一般分析实验和科学研究中适用(　　)试剂。

　　A. 优级纯　　　　B. 分析纯　　　　C. 化学纯　　　　D. 实验试剂

122. 缓冲溶液的缓冲容量的大小与组分比有关,总浓度一定时,缓冲组分的浓度比接近(　　)时,缓冲容量最大。

　　A. $4:1$　　　　　B. $3:1$　　　　　C. $2:1$　　　　　D. $1:1$

123. 双指示剂法测 NaOH 和 Na_2CO_3 含量时,第一理论终点的 pH 应为(　　)。

　　A. 7.0　　　　　　　B. 8.3　　　　　　　C. 3.9　　　　　　　D. 4.4

124. 常温下把 HAc 滴入 NaOH 溶液中,当溶液的 pH=7.0 时,溶液中(　　)。

　　A. NaOH 过量　　　　　　　　　　B. HAc 和 NaOH 等物质量相混合

　　C. $[H^+]=[OH^-]$　　　　　　　　D. 滴定到了终点

125. 用基准无水 Na_2CO_3 标定 HCl 标准滴定溶液时,未将基准无水 Na_2CO_3 干燥至质量恒定,标定出的 HCl 溶液浓度将(　　)。

　　A. 偏高　　　　　　B. 偏低　　　　　　C. 无影响　　　　　　D. 无法确定

126. 终点误差的产生是由于(　　)。

　　A. 滴定终点与化学计量点不符　　　　B. 滴定反应不完全

　　C. 试样不够纯净　　　　　　　　　　D. 滴定管读数不准确

127. 称取混合碱(NaOH 和 Na_2CO_3)试样 1.179 g,溶解后用酚酞作指示剂,滴加 0.3000 mol/L 的 HCl 溶液至 45.16 mL,溶液变为无色,再加甲基橙作指示剂,继续用该酸滴定,又消耗 HCl 溶液 22.56 mL,则试样中 NaOH 的含量为(　　)(已知:$M_{NaOH}=40.00$ g/mol,$M_{Na_2CO_3}=105.99$ g/mol)。

　　A. 60.85%　　　　　B. 39.15%　　　　　C. 77.00%　　　　　D. 23.00%

128. 将下列数值修约成 3 位有效数字,其中(　　)是错误的。

　　A. 6.545→6.55　　B. 6.5342→6.53　　C. 6.5350→6.54　　D. 6.5252→6.53

129. EDTA 滴定 Zn^{2+} 时,加入 NH_3-NH_4Cl 可以(　　)。

　　A. 防止干扰　　　　　　　　　　　　B. 加大反应速度

　　C. 使金属离子指示剂变色更敏锐　　　D. 控制溶液的 pH

130. 下列说法中正确的是(　　)。

　　A. $NaHCO_3$ 中含有氢,故其溶液呈酸性

　　B. H_2SO_4 是二元酸,因此用 NaOH 标准溶液滴定有两个突跃

　　C. 浓度(单位:mol/L)相等的一元酸和一元碱反应后,其溶液呈中性

　　D. 当 $[H^+]$ 大于 $[OH^-]$ 时,溶液呈酸性

131. 用盐酸滴定氢氧化钠溶液时,下列操作不影响测定结果的是(　　)。

　　A. 酸式滴定管洗净后直接注入盐酸　　B. 锥形瓶洗净后再用碱液润洗

　　C. 锥形瓶用蒸馏水洗净后未经干燥　　D. 滴定至终点时,滴定管尖嘴部位有气泡

132. 影响弱酸盐沉淀溶解度的主要因素是(　　)。

　　A. 水解效应　　　　B. 酸效应　　　　C. 同离子效应　　　D. 盐效应

133. 已知 $C_{K_2Cr_2O_7}=0.1200$ mol/L,那么 $C_{\frac{1}{6}K_2Cr_2O_7}=(　　)$mol/L。

　　A. 0.02000　　　　B. 0.1200　　　　C. 0.7200　　　　D. 0.3600

134. 在分光光度法中,为了把吸光度读数控制在适当的范围,下列方法中不可取的是(　　)。

　　A. 控制试样的称取量　　　　　　　　B. 改变入射光的波长

　　C. 改变比色皿的厚度　　　　　　　　D. 选择适当的参比溶液

135. 佛尔哈德法测定 I^- 含量时,下面步骤错误的是(　　)。

　　A. 在 HNO_3 介质中进行,酸度控制在 0.2~0.5 mol/L

　　B. 加入铁铵矾指示剂后,加入一定量过量的 $AgNO_3$ 标准溶液

　　C. 用 NH_4SCN 标准滴定溶液滴定过量的 Ag^+

　　D. 至溶液成红色时,停止滴定,根据消耗标准溶液的体积进行计算

136. 某化验员对工业硫酸样品进行测定,三次测定值分别为:98.01%、98.04%、98.09%,则测量平均偏差为(   )。

    A. 0.08%   B. 0.05%   C. 0.04%   D. 0.03%

137. 下列说法正确的是(   )。

    A. 莫尔法能测定 Cl^-、Br^-、I^-、Ag^+

    B. 佛尔哈德法能测定的离子有 Cl^-、Br^-、I^-、SCN^-、Ag^+

    C. 佛尔哈德法只能测定的离子有 Cl^-、Br^-、I^-、SCN^-

    D. 沉淀滴定中吸附指示剂的选择,要求沉淀胶体微粒对指示剂的吸附能力应略大于对待测离子的吸附能力

138. 关于莫尔法的条件选择,下列说法不正确的是(   )。

    A. 溶液 pH 控制在 6.5~10.5

    B. 指示剂 K_2CrO_4 的用量应大于 0.01 mol/L,避免终点拖后

    C. 近终点时应剧烈摇动,减少 AgCl 沉淀对 Cl^- 吸附

    D. 含铵盐的溶液 pH 控制在 6.5~7.2

139. 配制酚酞指示剂选用的溶剂是(   )。

    A. 水-甲醇   B. 水-乙醇   C. 水   D. 水—丙酮

140. 有一组平行测定所得的数据,要判断其中是否有可疑值,应采用(   )。

    A. t 检验   B. F 检验   C. Q 检验   D. u 检验

141. 碘量法误差的主要来源是(   )。

    A. 碘的溶解性差   B. 碘的较弱氧化性

    C. 碘易发生歧化反应   D. 碘的易挥发性和 I^- 的易氧化性

142. 在滴定碘法中,加入 KI 的量要(   )。

    A. 过量   B. 少量   C. 不定量   D. 正好等物质的量

143. 盛 $KMnO_4$ 溶液的锥形瓶中产生的棕色污垢可以用(   )洗涤。

    A. 稀硝酸   B. 碱性乙醇   C. 草酸   D. 铬酸洗液

144. 重铬酸钾法测定铁矿石中铁的含量时,加入磷酸的作用是(   )。

    A. 加快反应速度

    B. 溶解矿石

    C. 使 Fe^{3+} 生成无色配离子,便于终点观察

    D. 控制溶液酸度

145. 沉淀中若杂质含量太大,则应采用(   )措施使沉淀纯净。

    A. 再沉淀   B. 提高溶液体系温度

    C. 增加陈化时间   D. 减小沉淀的比表面积

146. 为了减小间接碘量法的分析误差,下面方法不适用的是(   )。

    A. 开始慢摇快滴,终点快摇慢滴   B. 加入催化剂

    C. 反应时放置于暗处   D. 在碘量瓶中进行反应和滴定

147. 下列叙述中,(   )种情况适于沉淀 $BaSO_4$。

    A. 在较浓的溶液中进行沉淀   B. 在热溶液中及电解质存在的条件下沉淀

    C. 趁热过滤、洗涤,不必陈化   D. 进行陈化

148. 如果吸附的杂质和沉淀具有相同的晶格,这就形成(   )。

　　A. 后沉淀　　　　B. 机械吸留　　　　C. 包藏　　　　D. 混晶

149. 关于准确度、精密度、系统误差和随机误差之间关系的说法中不正确的是(　　)。

　　A. 随机误差小,准确度一定高

　　B. 精密度高,不一定能保证准确度高

　　C. 准确度高,精密度一定高

　　D. 准确度高,系统误差和随机误差一定小

150. 滴定分析中,若试剂含少量待测组分,可用于消除误差的方法是(　　)。

　　A. 仪器校正　　　　　　　　　B. 空白试验

　　C. 对照分析　　　　　　　　　D. 多次平行滴定

151. 在比色分光测定时,下述操作中正确的是(　　)。

　　A. 比色皿外壁有水珠　　　　　B. 手捏比色皿的毛面

　　C. 手捏比色皿的磨光面　　　　D. 用含去污粉水擦洗比色皿

152. 配制碘溶液时,常需加入 KI,其目的是(　　)。

　　A. 防止 I_2 挥发　　　　　　　B. 生成 I^-

　　C. 加快反应速率　　　　　　　D. 防止 I_2 变质

153. 指示剂的僵化可以通过(　　)避免。

　　A. 控制溶液酸度　　　　　　　B. 增大体积

　　C. 加入有机溶剂或加热　　　　D. 增加指示剂用量

154. 已知在 $1\,mol/L\ H_2SO_4$ 溶液中,已知 $E^{\ominus}_{MnO_4^-/Mn^{2+}}=1.45\,V$,$E^{\ominus}_{Fe^{3+}/Fe^{2+}}=0.68\,V$,在此条件下用 $KMnO_4$ 标准溶液滴定 Fe^{2+},其计量点的电位值为(　　)V。

　　A. 0.75　　　　B. 0.91　　　　C. 0.89　　　　D. 1.32

155. 分光光度法的吸光度与(　　)无关。

　　A. 入射光的波长　　　　　　　B. 液层的厚度

　　C. 液层的高度　　　D. 溶液的浓度

156. 用莫尔法测定 Cl^- 时,为了提高准确度,要充分振荡,其目的是(　　)。

　　A. 加快反应速率　　　　　　　B. 避免降低指示剂的灵敏度

　　C. 避免 Ag_2CrO_4 沉淀溶解度增大　D. 减少 AgCl 沉淀对 Cl^- 的吸附

157. 沉淀重量法测定 SO_4^{2-} 时,洗涤 $BaSO_4$ 沉淀适宜用(　　)。

　　A. 蒸馏水　　　　　　　　　　B. 10% HCl 溶液

　　C. 2‰ Na_2SO_4 溶液　　　　　D. 1‰ NaCl 溶液

158. 需要烘干的沉淀用(　　)过滤。

　　A. 定量滤纸　　　　　　　　　B. 定性滤纸

　　C. 玻璃砂芯漏斗　　　　　　　D. 分液漏斗

159. 形成晶形沉淀的条件是:沉淀在适当的热的稀溶液中进行,尽量降低溶液的(　　),以控制聚集速度。

　　A. 溶解度　　　　　　　　　　B. 相对过饱和度

　　C. 电离度　　　　　　　　　　D. 浓度

160. 佛尔哈德法应在(　　)溶液中进行滴定。

　　A. 稀硝酸　　　　B. 稀盐酸　　　　C. 醋酸　　　　D. 稀硫酸

161. 沉淀滴定中,吸附指示剂终点变色发生在(　　)。

A. 溶液中　　　　B. 沉淀内部　　　　C. 溶液表面　　　　D. 沉淀表面

162. 标准偏差的大小说明(　　)。

A. 数据与平均值的偏离程度　　　　　　B. 数据的大小

C. 数据的集中程度　　　　　　　　　　D. 数据的分散程度

163. 以下关于 EDTA 标准溶液制备叙述不正确的为(　　)。

A. 使用 EDTA 分析纯试剂先配成近似浓度溶液再标定

B. 标定 EDTA 溶液须用二甲酚橙指示剂

C. 标定条件与测定条件应尽可能接近

D. EDTA 标准溶液应贮存于聚乙烯瓶中

164. 已知 25 ℃时，$K_{sp\,Ag_2CrO_4}=1.1\times10^{-12}$，则该温度下 Ag_2CrO_4 的溶解度为(　　)mol/L。

A. 6.5×10^{-5}　　B. 1.05×10^{-6}　　C. 6.5×10^{-6}　　D. 1.05×10^{-5}

165. 利用溴酸钾的强氧化性，在酸性介质中可直接测定(　　)。

A. 苯乙烯　　　　B. 苯酚　　　　C. 苯胺　　　　D. N_2H_4

166. 在 Bi^{3+}、Pb^{2+} 共存的溶液中，测定 Bi^{3+}，常采用(　　)的方法消除 Pb^{2+} 干扰。

A. 沉淀掩蔽　　　　　　　　　　B. 氧化还原掩蔽

C. 配位掩蔽　　　　　　　　　　D. 控制溶液的酸度(pH＝1)

167. 下列叙述错误的是(　　)。

A. 误差是以真值为标准的，偏差是以平均值为标准的

B. 对某项测定来说，它的系统误差大小是可以测定的

C. 在正态分布条件下，σ 值越小，峰形越矮胖

D. 平均偏差常用来表示一组测量数据的分散程度

168. 当以 SO_4^{2-} 沉淀 Ba^{2+} 时，加入适当过量的 SO_4^{2-} 可以使 Ba^{2+} 离子沉淀更完全，这是利用了(　　)。

A. 盐效应　　　　B. 酸效应　　　　C. 配位效应　　　　D. 同离子效应

169. 有利于减少吸附和吸留的杂质，使晶形沉淀更纯净的是(　　)。

A. 沉淀时温度应稍高　　　　　　B. 沉淀完全后进行一定时间的陈化

C. 沉淀时加入适量电解质　　　　D. 沉淀时在较浓的溶液中进行

170. 符合比耳定律的有色溶液稀释时，其最大的吸收峰的波长位置(　　)。

A. 不移动，但峰高降低　　　　　　B. 向短波方向移动

C. 向长波方向移动　　　　　　　　D. 无任何变化

(二)多项选择题

(共 **70 题**。每题至少有两个正确选项，将正确选项的字母填入题内的括号中，多选、漏选或错选均不得分，每题 1 分)

1. 标准溶液的标签上应注明(　　)。

A. 溶液名称　　　　B. 物质化学式　　　　C. 溶液浓度

D. 有效期　　　　　E. 标定日期

2. 根据酸碱质子理论，下列物质中既是酸又是碱的是(　　)。

A. H_2O　　　　　　　　B. H_3PO_4　　　　　　　　C. Ac^-

　　D. HCO_3^-　　　　　　　　　E. $H_2PO_4^-$

3. 影响配位滴定突跃大小的因素有(　　)。

　　A. K'_{MY}　　　　　　　　　B. pH　　　　　　　　C. C_M

　　D. $lg\alpha_{M(L)}$　　　　　　　E. 指示剂用量

4. 不能减少测定过程中偶然误差的方法(　　)。

　　A. 对照试验　　　　　　　B. 空白试验　　　　　　C. 仪器校正

　　D. 方法校正　　　　　　　E. 增加平行测定次数

5. 下列误差属于系统误差的是(　　)。

　　A. 称量读错砝码　　　　　B. 标准物质不合格　　　C. 试样未经充分混合

　　D. 滴定管未校准　　　　　E. 测定时溶液溅出

6. 下述情况属于分析人员的操作失误的是(　　)。

　　A. 滴定前用标准滴定溶液将滴定管淋洗几遍

　　B. 称量用砝码没有检定

　　C. 称量时未等称量物冷却至室温就进行称量

　　D. 滴定前用被滴定溶液洗涤锥形瓶

　　E. 用移液管从试剂瓶中直接移取溶液

7. 准确度、精密度、系统误差和偶然误差之间的关系为(　　)。

　　A. 准确度高,精密度一定高

　　B. 精密度高,偶然误差小,准确度一定高

　　C. 准确度高,系统误差、偶然误差一定小

　　D. 精密度高,系统误差、偶然误差一定小

　　E. 系统误差小,准确度一定高

8. 将下列数据修约至4位有效数字,(　　)是正确的。

　　A. 3.1495=3.150　　　　B. 18.2846=18.28　　　C. 0.16485=0.1649

　　D. 65065=6.506×10^4　　E. 1.45051=1.451

9. 按 Q 检验法(当 $n=4$ 时,$Q_{0.90}=0.76$)删除可疑值,(　　)组数据中无可疑值删除。

　　A. 97.50,98.50,99.00,99.50

　　B. 0.1042,0.1044,0.1045,0.1047

　　C. 3.03,3.04,3.05,3.13

　　D. 0.2122,0.2126,0.2130,0.2134

　　E. 21.25,21.28,21.35,21.26

10. 下列关于平均值的置信区间的论述中,正确的有(　　)。

　　A. 相同条件下,测定次数越多,则置信区间越小

　　B. 相同条件下,平均值的数值越大,则置信区间越大

　　C. 相同条件下,测定的精密度越高,则置信区间越小

　　D. 相同条件下,给定的置信度越小,则置信区间越小

　　E. 相同条件下,测定次数越多,则置信区间越大

11. 在分析中做空白试验的目的是(　　)。

　　A. 提高精密度　　　　　　B. 提高准确度　　　　　C. 消除系统误差

　　D. 减小偶然误差　　　　　E. 既提高精密度又可提高准确度

12. 为提高滴定分析的准确度,对标准溶液必须做到(   )。

    A. 正确配制

    B. 准确标定

    C. 对有些标准溶液必须当天配、当天标、当天用

    D. 所有标准溶液浓度必须计算至小数点后第四位

    E. 用合适的方法保存

13. 有关称量瓶的使用正确的是(   )。

    A. 不用时要盖紧盖子

    B. 烘干时盖子要横放在瓶口上

    C. 盖子要配套使用

    D. 不可用作反应器

    E. 用后要洗净

14. 在下列溶液中,可作为缓冲溶液的是(   )。

    A. 弱酸及其盐溶液   B. 中性化合物溶液   C. 高浓度的强酸

    D. 高浓度的强碱   E. 弱碱及其盐溶液

15. 下列说法正确的是(   )。

    A. 配制溶液时,所用的试剂越纯越好

    B. 酸度和酸的浓度是不一样的

    C. 基本单元可以是原子、分子、离子、电子等粒子

    D. 分析纯试剂标签是绿色的

    E. 因滴定终点和化学计量点不完全符合引起的分析误差叫终点误差

16. 下列物质为共轭酸碱对的是(   )。

    A. HAc 和 $NH_3 \cdot H_2O$ B. H_3O^+ 和 OH^- C. $NaCl$ 和 HCl

    D. HCO_3^- 和 H_2CO_3 E. HPO_4^{2-} 与 PO_4^{3-}

17. 从有关电对的电极电位判断氧化还原反应进行方向的正确方法是(   )。

    A. 某电对的还原态可以还原电位比它低的另一电对的氧化态

    B. 电对的电位越低,其氧化态的氧化能力越弱

    C. 某电对的氧化态可以氧化电位比它低的另一电对的还原态

    D. 电对的电位越高,其还原态的还原能力越强

    E. 氧化剂可以氧化电位比它高的还原剂

18. 在酸性溶液中 $KBrO_3$ 与过量的 KI 反应,达到平衡时溶液中的(   )。

    A. 两电对 BrO_3^-/Br^- 与 $I_2/2I^-$ 的电位相等

    B. 反应产物 I_2 与 KBr 的物质的量相等

    C. 溶液中已无 BrO_3^- 离子存在

    D. 因 I^- 过量,故电对 $I_2/2I^-$ 的电位大于 BrO_3^-/Br^- 电对

    E. 反应中消耗的 $KBrO_3$ 的物质的量与产物 I_2 的物质的量之比为 $1:3$

19. 配制 $Na_2S_2O_3$ 标准溶液时,以下操作正确的是(   )。

    A. 用新煮沸后冷却的蒸馏水配制

    B. 加少许 Na_2CO_3

    C. 配制后放置 8~10 天

    D. 配制后应立即标定

    E. 标定时用淀粉作指示剂

20. 用间接碘量法进行定量分析时,以下操作正确的是(　　)。

    A. 在碘量瓶中进行

    B. 淀粉指示剂应在滴定开始前加入

    C. 应避免阳光直射

    D. 标定碘标准溶液

    E. 可以在强酸性溶液中进行滴定

21. 在 $Na_2S_2O_3$ 标准滴定溶液的标定过程中,下列操作错误的是(　　)。

    A. 边滴定边剧烈摇动

    B. 在 $70\sim80$ ℃恒温条件下滴定

    C. 加入过量 KI,并在室温和避免阳光直射的条件下滴定

    D. 在锥形瓶中进行

    E. 滴定一开始就加入淀粉指示剂

22. 在配位滴定中,消除干扰离子的方法有(　　)。

    A. 掩蔽法　　　　　　　B. 解蔽法　　　　　　　C. 预先分离

    D. 改用其他滴定剂　　　E. 控制溶液酸度

23. 在配位滴定中,指示剂应具备的条件是(　　)。

    A. $K_{MIn}<K_{MY}$ 　　　　　　　　　B. $K_{MIn}>K_{MY}$

    C. 指示剂与金属离子显色要灵敏　　　D. MIn 应易溶于水

    E. 所生成的配合物颜色与游离指示剂的颜色不同

24. EDTA 与金属离子发生配位,得到的配合物的特点有(　　)。

    A. EDTA 具有广泛的配位性能,几乎能与所有金属离子形成配合物

    B. EDTA 配合物配位比简单,多数情况下都形成 1:1 配合物

    C. EDTA 配合物难溶于水,使配位反应较迅速

    D. EDTA 配合物稳定性高,能与金属离子形成具有多个五元环结构的螯合物

    E. 无论金属离子有无颜色,均生成无色配合物

25. 下列试剂中,可作为银量法指示剂的有(　　)。

    A. 硝酸银　　　　　　　B. 硫氰酸铵　　　　　　C. 铬酸钾

    D. 铁铵矾　　　　　　　E. 荧光黄

26. 下列说法正确的有(　　)。

    A. 混合指示剂变色范围窄,变色敏锐,其过渡色一般为浅色或无色

    B. 甲基橙和酚酞都为双色指示剂

    C. 酸碱指示剂加入的量越多,变色越敏锐

    D. 由于混晶而带入沉淀中的杂质通过洗涤是不能除掉的

    E. 对于 $HAc(K_a=1.8\times10^{-5})$ 溶液,当 pH$=4.74$ 时,$\delta_{HAc}=\delta_{Ac^-}$

27. 用邻菲罗啉法测水中总铁,需用下列试剂(　　)来配制试验溶液。

    A. 蒸馏水　　　　　　　B. $NH_3\cdot H_2O$ 　　　　　C. $HAc-NaAc$

    D. $NH_2OH\cdot HCl$ 　　　E. 邻菲罗啉

28. 分光光度法中判断出测得的吸光度有问题,可能的原因包括(　　)。

A. 比色皿没有放正位置　　　　　　B. 比色皿配套性不好

C. 比色皿毛面放于透光位置　　　　D. 比色皿润洗不干净

E. 比色皿光面有水珠

29. ( )的作用是将光源发出的连续光谱分解为单色光。

A. 石英窗　　　　　　B. 棱镜　　　　　　C. 平面镜

D. 比色皿　　　　　　E. 光栅

30. 当分光光度计100%点不稳定时,通常采用( )方法处理。

A. 查看光电管暗盒内是否受潮,更换干燥的硅胶

B. 对于受潮较重的仪器,可用吹风机对暗盒内、外吹热风,使潮气逐渐地从暗盒内散发

C. 调节波长

D. 更换光电管

E. 更换参比液

31. 下列属于紫外可见分光光度计组成部分的有( )。

A. 光源　　　　　　B. 单色器　　　　　　C. 吸收池

D. 检测器　　　　　　E. 显示系统

32. 分光光度计使用时应该注意的事项有( )。

A. 使用前先打开电源开关,预热30分钟

B. 使用前需调节100%和0%透光率

C. 测试的溶液不应洒落在吸收池内

D. 注意仪器卫生

E. 测试的溶液应调节到合适的高度

33. 在分光光度法的测定中,测量条件的选择包括( )。

A. 选择合适的显色剂

B. 选择合适的测量波长

C. 选择合适的参比溶液

D. 选择合适的吸光度的测量范围

E. 选择适宜的测试溶液的浓度

34. 下列基准物质中,可用于标定EDTA的是( )。

A. 氧化锌　　　　　　B. 碳酸钙　　　　　　C. 无水碳酸钠

D. 重铬酸钾　　　　　　E. 草酸钠

35. 共轭酸碱对中,下列 K_a、K_b 的关系不正确的是( )。

A. $K_a/K_b=1$　　B. $K_a/K_b=K_w$　　C. $K_a \cdot K_b=K_w$

D. $K_a \cdot K_b=1$　　E. $K_b/K_a=K_w$

36. 下列有关 Na_2CO_3 在水溶液中质子条件式表示不正确的是( )。

A. $[H^+] + 2[Na^+] + [HCO_3^-] = [OH^-]$

B. $[H^+] + 2[H_2CO_3] + [HCO_3^-] = [OH^-]$

C. $[H^+] + [H_2CO_3] + [HCO_3^-] = [OH^-]$

D. $[H^+] + [HCO_3^-] = [OH^-] + 2[CO_3^{2-}]$

E. $[H^+] + 2[H_2CO_3] + [HCO_3^-] = 2[OH^-]$

37. 在EDTA配位滴定中,铬黑T指示剂常用于测定( )。

  A. 钙镁总量　　　　　　　B. 铁铝总量　　　　　　C. 镍含量

  D. 锌镉总量　　　　　　　E. 钙含量

38. 被 $KMnO_4$ 溶液污染的滴定管可用(　　)溶液洗涤。

  A. 铬酸洗液　　　　　　　B. 草酸　　　　　　　　C. 碳酸钠

  D. 硫酸亚铁　　　　　　　E. 氢氧化钠-乙醇溶液

39. $KMnO_4$ 法中不宜使用的酸性介质是(　　)。

  A. HCl　　　　　　　　　B. HNO_3　　　　　　　C. HAc

  D. $H_2C_2O_4$　　　　　　　E. H_2SO_4

40. 对高锰酸钾滴定法,下列说法正确的是(　　)。

  A. 可在盐酸介质中进行滴定　　　　B. 直接法可测定还原性物质

  C. 标准滴定溶液必须用标定法制备　　D. 无法直接测定氧化性物质

  E. 自身可作指示剂

41. 用重铬酸钾滴定 Fe^{2+},选用二苯胺磺酸钠作指示剂,需在硫磷混酸介质中进行,这是为了(　　)。

  A. 避免诱导反应的发生　　　　　　B. 加快反应速度

  C. 提高酸度　　　　　　　　　　　D. 降低 Fe^{3+}/Fe^{2+} 电位,使突跃范围增大

  E. 变色明显,易于观察终点

42. 对于间接碘量法测定还原性物质,下列说法正确的是(　　)。

  A. 被滴定的溶液应为中性或弱酸性

  B. 可以适当加热提高反应速度

  C. 被滴定的溶液中应有适当过量的 KI

  D. 被滴定的溶液中存在的 Cu^{2+} 离子对测定无影响

  E. 近终点时加入指示剂,终点时溶液蓝色刚好消失

43. 碘量法测定 Cu^{2+} 含量,试样溶液中加入过量的 KI,下列叙述其作用正确的是(　　)。

  A. 还原 Cu^{2+} 为 Cu^+　　　　　　　B. 防止 I_2 挥发

  C. 与 Cu^+ 形成 CuI 沉淀　　　　　　D. 把 Cu^{2+} 还原成单质 Cu

  E. 增大 I_2 在溶液中的溶解度

44. 碘量法中使用碘量瓶的目的是(　　)。

  A. 防止碘的挥发　　B. 防止溶液与空气接触　　C. 提高测定的灵敏度

  D. 防止溶液溅出　　E. 加快反应速度

45. 在下列氧化还原滴定中,说法正确的是(　　)。

  A. 用 $K_2Cr_2O_7$ 标定 $Na_2S_2O_3$ 时,用淀粉作指示剂,终点是从绿色到蓝色

  B. 铈量法测定 Fe^{2+} 时,用邻二氮菲-亚铁作指示剂,终点从橙红色变为浅蓝色

  C. 用 $KMnO_4$ 法测定铁矿石中铁含量时,依靠 $KMnO_4$ 自身颜色变化指示终点

  D. 碘量法既可以测定还原性物质含量也可以测定氧化性物质含量

  E. 溴酸钾法是利用生成的 Br_2 发生加成反应或取代反应来测定某些有机物含量

46. 分析天平室的建设要注意(　　)。

  A. 最好没有阳光直射的朝阳的窗户

  B. 天平的台面有良好的减震

  C. 室内最好有空调或其他去湿设备

D. 天平室要远离振源

E. 天平室要有良好的空气对流,保证通风

47. 分光光度计的比色皿使用要注意(　　)。

A. 操作时应拿比色皿的光面

B. 比色皿中试样装入量一般应在 $\frac{2}{3}\sim\frac{3}{4}$ 之间

C. 比色皿一定要洁净

D. 一定要使用成套比色皿

E. 测定时要用待装液润洗比色皿 3~4 次

48. 下列离子中,能用莫尔法直接测定的是(　　)。

A. Br^-　　　　　B. I^-　　　　　C. SCN^-　　　　　D. Cl^-　　　　E. Ag^+

49. 以甲基橙为指示剂能用 0.1000 mol/L HCl 标准滴定溶液直接滴定的是(　　)。

A. Na_2CO_3　　　　　B. $HCOONa$　　　　　C. CH_3COONa

D. NH_4Cl　　　　　E. $NaOH$

50. 分光光度法的吸光度与(　　)有关。

A. 入射光的波长　　　B. 液层的厚度　　　C. 液层的高度

D. 溶液的浓度　　　　E. 比色皿是否洁净

51. 透光度与吸光度的关系不正确的是(　　)。

A. $\frac{1}{T}=A$　　　　　B. $\lg T=A$　　　　　C. $\lg\frac{1}{T}=A$

D. $T=\lg\frac{1}{A}$　　　　E. $\lg A=T$

52. 进行移液管和容量瓶的相对校正时,(　　)。

A. 移液管和容量瓶的内壁都必须绝对干燥

B. 移液管和容量瓶的内壁都不必干燥

C. 容量瓶的内壁必须绝对干燥

D. 移液管内壁可以不干燥

E. 移液管内壁必须干燥,容量瓶的内壁可以不干燥

53. 以 EDTA 为滴定剂,下列叙述中错误的有(　　)。

A. EDTA 具有广泛的配位性能,几乎能与所有金属离子形成配合物

B. EDTA 配合物配位比简单,多数情况下都形成 1∶1 配合物

C. EDTA 配合物难溶于水,使配位反应较迅速

D. EDTA 配合物稳定性高,能与金属离子形成具有多个五元环结构的螯合物

E. 不论溶液 pH 的大小,只形成 MY 一种形式配合物

54. 水的硬度测定中,正确的测定条件包括(　　)。

A. 总硬度:pH=10,以 EBT 为指示剂

B. 钙硬度:pH=12,以 XO 为指示剂

C. 钙硬度:调 pH 之前,先加 HCl 酸化并煮沸

D. 钙硬度:pH=12,以 NN 为指示剂

E. 总硬度:pH=10,以 NN 为指示剂

55. (　　)属于直接滴定法。

A. 用 HCl 标准溶液滴定 NaOH

B. 以 $K_2Cr_2O_7$ 为基准物质标定 $Na_2S_2O_3$

C. 用 $KMnO_4$ 标准溶液滴定 $C_2O_4^{2-}$，测定钙含量

D. 用 HCl 标准溶液溶解固体 $CaCO_3$，用 NaOH 标准溶液滴定过量的 HCl 溶液

E. 用 $KMnO_4$ 标准溶液测定软锰矿中 MnO_2 含量

56. 在沉淀重量法中，影响沉淀溶解度的因素有（　　）。

A. 同离子效应　　　　　B. 酸效应　　　　　C. 盐效应

D. 配位效应　　　　　E. 沉淀颗粒大小

57. 下列沉淀生成后，需要陈化的是（　　）。

A. AgCl　　　　　B. $BaSO_4$　　　　　C. $Fe_2O_3 \cdot H_2O$

D. CaC_2O_4　　　　　E. 八羟基喹啉铝

58. 已知几种金属浓度相近，$\lg K_{NiY} = 19.20$，$\lg K_{CeY} = 16.01$，$\lg K_{ZnY} = 16.50$，$\lg K_{CaY} = 10.69$，$\lg K_{AlY} = 16.3$，其中调节 pH 仍对 Al^{3+} 测定有干扰的是（　　）。

A. Ni^{2+}　　　　　B. Ce^{3+}　　　　　C. Zn^{2+}

D. Ca^{2+}　　　　　E. 全部都有干扰

59. 用 $KMnO_4$ 法测定 MnO_2 含量时，下述情况对测定结果产生正误差的是（　　）。

A. 溶样时蒸发太多　　　　　B. 试样溶解不完全

C. 滴定前没有稀释　　　　　D. 滴定前加热温度不足 65 ℃

E. 滴定前加热温度高于 85 ℃

60. 下列酸碱，互为共轭酸碱对的是（　　）。

A. H_3PO_4 与 PO_4^{3-}　　　B. HPO_4^{2-} 与 PO_4^{3-}　　　C. HPO_4^{2-} 与 $H_2PO_4^-$

D. NH_4^+ 与 NH_3　　　　　E. H_2O 与 OH^-

61. 下列说法正确的是（　　）。

A. 配制溶液时，所用的试剂越纯越好

B. 基本单元可以是原子、分子、离子、电子等粒子

C. 溶液的酸度指的就是酸的浓度

D. 法扬斯法测定 Cl^- 可以用曙红吸附指示剂

E. 增加平行测定次数可减小随机误差

62. 下列说法错误的是（　　）。

A. 电对的电位越低，其氧化形的氧化能力越强

B. 某电对的还原态可以还原电位比它低的另一电对的氧化态

C. 电对的电位越高，其氧化形的氧化能力越强

D. 某电对的氧化态可以氧化电位比它低的另一电对的还原态

E. 氧化剂可以氧化电位比它高的还原剂

63. 下列氧化剂中，当增加反应酸度时，（　　）氧化剂的电极电位会增大。

A. I_2　　　　　B. $KMnO_4$　　　　　C. KIO_3

D. $FeCl_3$　　　　　E. $K_2Cr_2O_7$

64. 用相关电对的电极电位可判断氧化还原反应（　　）。

A. 方向　　　　　B. 程度　　　　　C. 突跃大小

D. 速度　　　　　E. 历程

65. 在酸性溶液中 $KBrO_3$ 与过量的 KI 反应,达到平衡时溶液中的(　　)。
    A. 两电对 BrO_3^-/Br^- 与 $I_2/2I^-$ 的电位相等
    B. 反应产物 I_2 与 KBr 的物质的量相等
    C. 溶液中已无 BrO_3^- 离子存在
    D. 反应中消耗的 $KBrO_3$ 的物质的量与产物 I_2 的物质的量之比为 1 : 3
    E. 电对 BrO_3^-/Br^- 电极电位小于它的标准电极电位

66. 下列说法正确的有(　　)。
    A. 无定形沉淀要在较浓的热溶液中进行沉淀,加入沉淀剂速度适当快
    B. 由于混晶而带入沉淀中的杂质通过洗涤是不能除掉的
    C. 沉淀称量法测定中,要求沉淀式和称量式相同
    D. 洗涤沉淀时要利用同离子效应,尽量减少沉淀的溶解损失
    E. 根据同离子效应,可加入大量沉淀剂以降低沉淀在水中的溶解度

67. 利用有效数字修约和运算规则对下列各式进行计算,结果正确的是(　　)。
    A. $1.051+0.546-0.3=1.3$
    B. $0.3350+4.05 \times 1.1078=4.84$
    C. $0.5306 \times 2.19 \div 5.005=0.232$
    D. $4 \times 0.5346+2.63-3.585 \times 10^{-6}=4.77$
    E. $(0.62550+7.156) \times 1.05-3.17=5.00$

68. 以下关于酸碱缓冲溶液说法正确的是(　　)。
    A. 一般是由浓度较大的弱酸及其共轭碱所组成
    B. 总浓度越大,缓冲容量也越大
    C. 总浓度一定时,缓冲组分的浓度比越接近于 1 : 1,缓冲容量越大
    D. 选择缓冲溶液时,所需控制的 pH 应在缓冲溶液的缓冲范围内
    E. 高浓度的强酸或强碱溶液(pH<2 或 pH>12),也具有一定的缓冲能力,抗外加酸碱但不抗稀释

69. 在 $Na_2S_2O_3$ 标准滴定溶液的标定过程中,下列操作错误的是(　　)。
    A. 边滴定边剧烈摇动
    B. 加入过量 KI,并在室温和避免阳光直射的条件下滴定
    C. 在 70~80 ℃恒温条件下滴定
    D. 滴定一开始就加入淀粉指示剂
    E. 当溶液由蓝色恰好变为无色即到达终点

70. 当分光光度计 100% 点不稳定时,通常采用(　　)方法处理。
    A. 查看光电管暗盒内是否受潮,更换干燥的硅胶
    B. 对于受潮较严重的仪器,可用吹风机对暗盒内外吹热风,驱赶潮气
    C. 调节波长
    D. 更换光电管
    E. 更换比色皿

(三) 判断题

(共 120 题。将判断结果填入括号中,正确的填"√",错误的填"×",每题 1 分)

1. 1 L 溶液中含有 98.08 g H_2SO_4,则 $C_{\frac{1}{2}H_2SO_4} = 2$ mol/L。　　　　　　　　(　　)

2. 25℃时,$BaSO_4$ 的 $K_{sp} = 1.1 \times 10^{-10}$,则 $BaSO_4$ 溶解度是 1.2×10^{-20} mol/L。(　　)

3. 在配制 $Na_2S_2O_3$ 标准溶液时,要用煮沸后冷却的蒸馏水配制,为了赶除水中的 CO_2。
　　　　　　　　　　　　　　　　　　　　　　　　　　　　　　　　　　　　　　(　　)

4. 对于氧化还原反应,当增大氧化型物质浓度时,电对的电极电位值减小。　　(　　)

5. 对滴定终点颜色的判断,有人偏深有人偏浅,所造成的误差称为系统误差。　(　　)

6. 酸碱溶液浓度越小,滴定曲线化学计量点附近的滴定突跃越长,则可供选择的指示剂就越多。　　　　　　　　　　　　　　　　　　　　　　　　　　　　　　　　　　(　　)

7. 在法扬司法中,为了使沉淀具有较强的吸附能力,通常加入适量的糊精或淀粉使沉淀处于胶体状态。　　　　　　　　　　　　　　　　　　　　　　　　　　　　　　　　(　　)

8. 当溶液中 Bi^{3+} 和 Pb^{2+} 浓度均为 0.01 mol/L 时,可以选择滴定 Bi^{3+} (已知:$\lg K_{BiY} = 27.94$,$\lg K_{PbY} = 18.04$)。　　　　　　　　　　　　　　　　　　　　　　　(　　)

9. 用 Q 检验法舍弃一个可疑值后,应对其余数据继续检验,直至无可疑值为止。(　　)

10. $H_2C_2O_4$ 的两步离解常数为 $K_{a_1} = 5.6 \times 10^{-2}$,$K_{a_2} = 5.1 \times 10^{-5}$,因此能分步滴定。
　　　　　　　　　　　　　　　　　　　　　　　　　　　　　　　　　　　　　　(　　)

11. 在 $BaSO_4$ 饱和溶液中加入少量 Na_2SO_4 将会使得 $BaSO_4$ 溶解度增大。　(　　)

12. 算式 $0.0234 \times 4.303 \times 71.07 \div 127.5 + 1.35$ 的计算结果是 1.41。　　(　　)

13. 在 pH=5.0,浓度为 1.0 mol/L 的 HAc 溶液中,Ac^- 离子的分布分数为 0.36(已知:HAc 的 $K_a = 1.8 \times 10^{-5}$)。　　　　　　　　　　　　　　　　　　　　　　(　　)

14. 使用直接碘量法滴定时,淀粉指示剂应在近终点时加入;使用间接碘量法滴定时,淀粉指示剂应在滴定开始时加入。　　　　　　　　　　　　　　　　　　　　　　　　(　　)

15. EDTA 的酸效应系数 $\alpha_{Y(H)}$ 与溶液的 pH 有关,pH 越大,则 $\alpha_{Y(H)}$ 也越大。(　　)

16. 氧化还原掩蔽法,主要是通过降低干扰离子(N)的价态,从而降低 $\lg K'_{NY}$ 的值,达到消除干扰的目的。　　　　　　　　　　　　　　　　　　　　　　　　　　　　　　　　(　　)

17. 使用莫尔法时,可以用返滴定法测定 Ag^+ 含量。　　　　　　　　　　　(　　)

18. 要减少表面吸附量,应控制沉淀条件使沉淀颗粒尽可能大。　　　　　　　(　　)

19. 在 EDTA 滴定过程中不断有 H^+ 释放出来,因此,在配位滴定中常须加入一定量的碱以控制溶液的酸度。　　　　　　　　　　　　　　　　　　　　　　　　　　　　　(　　)

20. 吸光光度法中溶液透光度与待测物质的浓度成反比。　　　　　　　　　　(　　)

21. 想要提高反应 $Cr_2O_7^{2-} + 6I^- + 14H^+ \longrightarrow 2Cr^{3+} + 3I_2 + 7H_2O$ 的速率,可采用加热的方法。　　　　　　　　　　　　　　　　　　　　　　　　　　　　　　　　　　　(　　)

22. 当 $K_{MY} \gg K_{NY}$ 时,可用控制溶液酸度的方法掩蔽干扰离子(N)。　　(　　)

23. 碘量法测定铜含量,加入的 KI 起到三个作用:还原、沉淀和配位。　　　(　　)

24. 用 EDTA 配位滴定法测水泥中氧化镁含量时,不用测钙镁总量。　　　　(　　)

25. 所谓终点误差是由于操作者终点判断失误或操作不熟练而引起的。　　　(　　)

26. 标准规定"称取 1.5 g 样品,精确至 0.0001 g",其含义是必须用至少分度值 0.1 mg 的天平准确称 1.4~1.6 g 试样。　　　　　　　　　　　　　　　　（　　　）

27. 沉淀 $BaSO_4$ 应在热溶液中进行,然后趁热过滤。　　　　　　　　（　　　）

28. $NaHCO_3$ 溶液的质子条件式为:$[H^+] + [H_2CO_3] \Longrightarrow [OH^-] + [CO_3^{2-}]$。
　　　　　　　　　　　　　　　　　　　　　　　　　　　　　　（　　　）

29. 强酸滴定弱碱达到化学计量点时 pH>7。　　　　　　　　　　　（　　　）

30. 在分析测定中,测定的精密度越高,则分析结果的准确度越高。　　（　　　）

31. 将 7.63351 修约为四位有效数字,结果是 7.634。　　　　　　　（　　　）

32. 使用滴定管进行操作,洗涤、试漏后,装入溶液即可进行滴定。　　（　　　）

33. 酸碱质子理论认为,H_2O 既是一种酸,又是一种碱。　　　　　（　　　）

34. 用间接碘量法测定铜盐中铜的含量时,除加入适当过量的 KI 外,还要加入少量 KSCN,目的是提高滴定的准确度。　　　　　　　　　　　　　　　　（　　　）

35. 滴定管内壁不能用去污粉清洗,以免划伤内壁,影响准确测定的体积。　（　　　）

36. 在分析操作中,由于仪器精密度不够或试剂不纯而引起的误差称为系统误差。（　　　）

37. 滴定时,滴定管内有气泡,分析结果总是偏高。　　　　　　　　　（　　　）

38. 滴定分析中,若怀疑试剂在放置过程中失效,可通过空白试验方法检验。　（　　　）

39. 用标准溶液进行滴定时,滴定速度一般保持在 6~8 mL/min。　　（　　　）

40. pH 只适用于稀溶液,对于 $[H^+]>1$ mol/L 时,一般不用 pH,而是直接用 $[H^+]$ 来表示。　　　　　　　　　　　　　　　　　　　　　　　　　　（　　　）

41. 向滴定管中装标准溶液时,为防止溶液外流,可借助小烧杯或小漏斗倒入。（　　　）

42. 使用滴定管时,溶液加到"0"刻度以上,开放活塞调到"0"刻度上约 0.5 cm 处,静置 1~2 分钟,再调到 0.00 处,即为初读数。　　　　　　　　　　（　　　）

43. 用容量瓶稀释溶液时,加水稀释至约 2/3 体积时,应将容量瓶平摇几次,初步混匀。
　　　　　　　　　　　　　　　　　　　　　　　　　　　　　　（　　　）

44. 某实验需要加入 25.50 mL $KMnO_4$ 溶液,应用 50 mL 棕色酸式滴定管量取。（　　　）

45. 移液管洗涤后,洗涤液可以从上口放出。　　　　　　　　　　　（　　　）

46. 移液管移取溶液转移至容器前,应将外壁用滤纸擦干后再调液面。　（　　　）

47. 在强酸滴定强碱时,采用甲基橙作指示剂的优点是甲基橙不受 CO_2 影响。（　　　）

48. 重铬酸钾法测定铁含量时,加入 $HgCl_2$ 主要是为了除去过量的 $SnCl_2$。（　　　）

49. 溶液的酸度不影响 I^- 被 O_2 氧化。　　　　　　　　　　　　（　　　）

50. 金属指示剂是指示金属离子浓度变化的指示剂。　　　　　　　　（　　　）

51. 溶液的 pH 越小,金属离子与 EDTA 配位反应能力越强。　　　　（　　　）

52. 防止指示剂发生僵化现象的办法是加热或加入有机溶剂。　　　　（　　　）

53. 在测定水溶液中 Ca^{2+}、Mg^{2+} 时,为防止水中 Fe^{3+}、Al^{3+} 干扰测定,可以加入三乙醇胺掩蔽。　　　　　　　　　　　　　　　　　　　　　　　（　　　）

54. 在热溶液中进行沉淀,可以获得大的晶粒,有利于形成晶形沉淀。　（　　　）

55. 4 次平行测定结果分别为(mol/L):0.1015、0.1012、0.1019 和 0.1013,用 Q 检验法检验的结果是 0.1019 应舍去(当 $n=4$ 时,$Q_{0.90}=0.76$)。　　　　　　（　　　）

56. 用 NaOH 标准溶液标定 HCl 溶液浓度时,以酚酞作指示剂,若 NaOH 溶液因贮存不当吸收了 CO_2,则测定结果偏低。　　　　　　　　　　　　　　　　（　　　）

57. 根据同离子效应,沉淀剂加得越多,沉淀越完全。 (　　)

58. 金属离子(M)指示剂(In)应用的条件是 $K'_{MIn} > K'_{MY}$。 (　　)

59. 用重铬酸钾法进行滴定分析时,由于 Cr^{3+} 的绿色影响终点观察,故常采取的措施是加较多的水稀释。 (　　)

60. 用于 $K_2Cr_2O_7$ 法中的酸性介质只能是硫酸,而不能用盐酸。 (　　)

61. 分析纯的 NaCl 试剂,如不做任何处理,用来标定 $AgNO_3$ 溶液的浓度,结果会偏高。 (　　)

62. 器皿不洁净、溅失试液、读数或记录差错都可造成偶然误差。 (　　)

63. 容量瓶与移液管不配套会引起偶然误差。 (　　)

64. 在没有系统误差的前提条件下,总体平均值就是真实值。 (　　)

65. 在消除系统误差的前提下,平行测定的次数越多,平均值越接近真值。 (　　)

66. 测定的精密度好,但准确度不一定好,消除了系统误差后,精密度好的,结果准确度就好。 (　　)

67. 随机误差影响测定结果的精密度。 (　　)

68. 平均偏差常用来表示一组测量数据的分散程度。 (　　)

69. 相对误差会随着测量值的增大而减小,所以消耗标准溶液的量多误差小。 (　　)

70. 平行测定次数越多,结果的相对误差越小。 (　　)

71. 某物质的真实质量为 $1.00\,g$,用天平称量称得 $0.99\,g$,则相对误差为 1%。 (　　)

72. 测得某样品中 Fe 含量分别为 20.01%、20.03%、20.04%、20.05%,则这组测量值的相对平均偏差为 0.06%。 (　　)

73. pH$=3.05$ 的有效数字位数是三位。 (　　)

74. 两位分析者同时测定某一试样中硫的含量,称取试样均为 $3.5\,g$,分别报告结果如下,甲:0.042%、0.041%;乙:0.04099%、0.04201%。甲的报告是合理的。 (　　)

75. 有效数字中的所有数字都是准确有效的。 (　　)

76. Q 检验法适用于测定次数为 $3 \leqslant n \leqslant 10$ 时的测定。 (　　)

77. 在 $3 \sim 10$ 次的分析测定中,离群值的取舍常用 4d 法检验;显著性差异的检验方法在分析工作中常用的是 t 检验法和 F 检验法。 (　　)

78. 测定次数越多,求得的置信区间越宽,即测定平均值与总体平均值越接近。 (　　)

79. 做空白试验,可以减少滴定分析中的偶然误差。 (　　)

80. 对照试验是用以检查试剂或蒸馏水是否含有被鉴定离子。 (　　)

81. 酸碱滴定中有时需要用颜色变化明显的且变色范围较窄的指示剂即混合指示剂。 (　　)

82. 用标准溶液 HCl 滴定 $CaCO_3$ 时,在化学计量点时,$n_{CaCO_3} = 2n_{HCl}$。 (　　)

83. 溶液的酸度越高,$KMnO_4$ 氧化草酸钠的反应进行得越完全,所以用基准草酸钠标定 $KMnO_4$ 溶液时,溶液的酸度越高越好。 (　　)

84. 氧化还原滴定中,影响电极电位突跃范围大小的主要因素是电对的电位差,而与溶液的浓度几乎无关。 (　　)

85. 存在电极反应 $Cu^{2+} + 2e = Cu$ 和 $Fe^{3+} + e = Fe^{2+}$,若反应中离子浓度减小一半,则 $E_{Cu^{2+}/Cu}$ 和 $E_{Fe^{3+}/Fe^{2+}}$ 的值都不变。 (　　)

86. 有酸或碱参与氧化还原反应时,溶液的酸度影响氧化还原电对的电极电势。 (　　)

87. 氧化还原反应次序是电极电位相差最大的两电对先反应。　　　　　　（　　）

88. 氧化还原反应中,两电对电极电位差值越大,反应速度越快。　　　　（　　）

89. $KMnO_4$溶液作为滴定剂时,必须装在棕色酸式滴定管中。　　　　　（　　）

90. 在碘量法中使用碘量瓶可以防止碘的挥发。　　　　　　　　　　　（　　）

91. EDTA标准溶液一般用直接法配制。　　　　　　　　　　　　　　（　　）

92. 金属指示剂与金属离子生成的配合物越稳定,测定准确度越高。　　　（　　）

93. 配位滴定法能够广泛被应用的主要原因是由于EDTA能与绝大多数金属离子形成1∶1的配合物。　　　　　　　　　　　　　　　　　　　　　　　　　（　　）

94. EDTA滴定某种金属离子的最高pH可以在酸效应曲线上方便地查出。　（　　）

95. EDTA滴定中,消除共存离子干扰的通用方法是控制溶液的酸度。　　（　　）

96. 配位滴定中,酸效应系数越小,生成的配合物稳定性越高。　　　　　（　　）

97. 用间接碘量法测定试样时,最好在碘量瓶中进行,并应避免阳光照射,为减少I^-与空气接触,滴定时不宜过度摇动。　　　　　　　　　　　　　　　　　　（　　）

98. 酸效应和其他组分的副反应是影响配位平衡的主要因素。　　　　　（　　）

99. 由于$K_{sp\,Ag_2CrO_4}=2.0\times10^{-12}<K_{sp\,AgCl}=1.8\times10^{-10}$,因此在$CrO_4^{2-}$和$Cl^-$浓度相等时,滴加$AgNO_3$溶液,$Ag_2CrO_4$首先沉淀下来。　　　　　　　　　　　（　　）

100. 对于相同类型的沉淀,沉淀的转化通常是由溶度积较大的转化为溶度积较小的。

　　　　　　　　　　　　　　　　　　　　　　　　　　　　　　　（　　）

101. 能直接进行配位滴定的条件是$C_M\cdot K_{MY}\geqslant10^6$。　　　　　　（　　）

102. 钙指示剂配制成固体使用是因为其易发生封闭现象。　　　　　　　（　　）

103. 金属指示剂的封闭现象是由于指示剂与金属离子生成的配合物过于稳定造成的。

　　　　　　　　　　　　　　　　　　　　　　　　　　　　　　　（　　）

104. 金属指示剂的僵化现象是指滴定时终点没有出现。　　　　　　　　（　　）

105. 用EDTA测定Ca^{2+}、Mg^{2+}总量时,以铬黑T作指示剂,溶液酸度应控制在pH=12。

　　　　　　　　　　　　　　　　　　　　　　　　　　　　　　　（　　）

106. 在配位滴定中,要准确滴定M而N离子不干扰须满足$lgK_{MY}-lgK_{NY}\geqslant5$。（　　）

107. 用EDTA法测定试样中的Ca^{2+}和Mg^{2+}含量时,先将试样溶解,然后调节溶液pH为5.5～6.5,并进行过滤,目的是去除Fe^{3+}、Al^{3+}等干扰离子。　　　　　　（　　）

108. 掩蔽剂的用量过量太多,被测离子也可能被掩蔽而引起误差。　　　（　　）

109. 若被测金属离子与EDTA配位反应速度慢,则一般可采用置换滴定方式进行测定。

　　　　　　　　　　　　　　　　　　　　　　　　　　　　　　　（　　）

110. 在测定水硬度的过程中,加入NH_3-NH_4Cl是为了保持溶液酸度基本不变。（　　）

111. $KMnO_4$标准溶液测定MnO_2含量,用的是直接滴定法。　　　　　（　　）

112. $KMnO_4$是一种强氧化剂,介质不同,其还原产物也不一样。　　　　（　　）

113. 提高反应溶液的温度能提高氧化还原反应的速度,因此在酸性溶液中用$KMnO_4$滴定$C_2O_4^{2-}$时,必须加热至沸腾才能保证正常滴定。　　　　　　　　　　　（　　）

114. 用$KMnO_4$标准溶液滴定时,从一开始就快速滴定,因为$KMnO_4$不稳定。（　　）

115. 在分光光度法中,影响摩尔吸收系数的因素有入射光波长和溶液温度。（　　）

116. 在重量分析中,称量形应具有尽可能大的摩尔质量。　　　　　　　（　　）

117. 配制好的$Na_2S_2O_3$溶液应立即标定。　　　　　　　　　　　　　（　　）

118. 关于沉淀吸附，能与构晶离子生成难溶盐沉淀的离子，优先被吸附。　　（　　）

119. 在分光光度法中，光学玻璃比色皿既适用于可见光区也适用于紫外光区。　（　　）

120. $CuSO_4$ 溶液呈蓝色是由于它吸收了可见光中的蓝色光。　　　　　　　（　　）

五、仪器分析

（一）单项选择题

（共 220 题。选择一个正确的答案，将相应的字母填入题内的括号中，每题 1 分）

1. 实验室用酸度计结构一般由（　　）组成。
   A. 电极系统和高阻抗毫伏计　　　　B. pH 玻璃电和饱和甘汞电极
   C. 显示器和高阻抗毫伏计　　　　　D. 显示器和电极系统

2. 通常组成离子选择性电极的部分为（　　）。
   A. 内参比电极、内参比溶液、敏感膜、电极管
   B. 内参比电极、饱和 KCl 溶液、敏感膜、电极管
   C. 内参比电极、pH 缓冲溶液、敏感膜、电极管
   D. 电极引线、敏感膜、电极管

3. （　　）不是饱和甘汞电极使用前的检查项目。
   A. 内装溶液的量够不够　　　　　　B. 溶液里有没有 KCl 晶体
   C. 陶瓷芯有没有堵塞　　　　　　　D. 甘汞体是否异常

4. pH 复合电极暂时不用时应该放置在（　　）保存。
   A. 纯水中　　　　　　　　　　　　B. 应该在 0.4 mol/L KCl 溶液中
   C. 应该在 4 mol/L KCl 溶液中　　　D. 应该在饱和 KCl 溶液中

5. pH 玻璃电极产生的不对称电位来源于（　　）。
   A. 内外玻璃膜表面特性不同　　　　B. 内外溶液中 H^+ 浓度不同
   C. 内外溶液的 H^+ 活度系数不同　 D. 内外参比电极不一样

6. pH 玻璃电极和 SCE 组成工作电池，25 ℃时测得 pH＝6.18 的标液电动势是 0.220 V，而未知试液电动势 E_x＝0.186 V，则未知试液 pH 为（　　）。
   A. 7.6　　　　　　B. 4.6　　　　　　C. 5.6　　　　　　D. 6.6

7. 玻璃膜电极能测定溶液 pH 是因为（　　）成直线关系。
   A. 在一定温度下玻璃膜电极的膜电位与试液 pH
   B. 玻璃膜电极的膜电位与试液 pH
   C. 在一定温度下玻璃膜电极的膜电位与试液中氢离子浓度
   D. 在 25 ℃时，玻璃膜电极的膜电位与试液 pH

8. 测定水中微量氟，最为合适的方法有（　　）。
   A. 沉淀滴定法　　　　　　　　　　B. 离子选择电极法
   C. 火焰光度法　　　　　　　　　　D. 发射光谱法

9. 将 Ag - AgCl 电极（$E_{AgCl/Ag}^{\ominus}$＝0.2222 V）与饱和甘汞电极（$E^{\ominus}$＝0.2415 V）组成原电池，电池反应的平衡常数为（　　）。

　A. 4.9　　　　　B. 5.4　　　　　C. 4.5　　　　　D. 3.8

10. 膜电极(离子选择性电极)与金属电极的区别是膜电极的薄膜并不给出或得到电子,而是选择性地让一些(　　)渗透。

　A. 电子　　　　　　　　　　　　B. 分子

　C. 原子　　　　　　　　　　　　D. 离子(包含离子交换过程)

11. 测量 pH 时,需用标准 pH 溶液定位,这是为了(　　　　)。

　A. 避免产生酸差　　　　　　　　B. 避免产生碱差

　C. 消除温度影响　　　　　　　　D. 消除不对称电位和液接电位

12. 普通玻璃电极不能用于测定 pH>10 的溶液,是由于(　　　　)。

　A. OH^- 离子在电极上响应　　　B. Na^+ 离子在电极上响应

　C. NH_4^+ 离子在电极上响应　　D. 玻璃电极内阻太大

13. 下面说法正确的是(　　　　)。

　A. 用玻璃电极测定溶液的 pH 时,它会受溶液中氧化剂或还原剂的影响

　B. 用玻璃电极测定 pH>9 的溶液时,它对钠离子和其他碱金属离子没有响应

　C. pH 玻璃电极有内参比电极,因此整个玻璃电极的电位应是内参比电极电位和膜电位之和

　D. 以上说法都不正确

14. 25 ℃时标准溶液与待测溶液的 pH 变化一个单位,电池电动势的变化为(　　　　)V。

　A. 0.58　　　　　B. 58　　　　　C. 0.059　　　　　D. 59

15. 在电动势的测定中盐桥的主要作用是(　　　　)。

　A. 减小液体的接界电势　　　　　B. 增加液体的接界电势

　C. 减小液体的不对称电势　　　　D. 增加液体的不对称电势

16. 玻璃电极的内参比电极是(　　　　)。

　A. 银电极　　　B. 氯化银电极　　C. 铂电极　　　　D. 银-氯化银电极

17. 在一定条件下,电极电位恒定的电极称为(　　　　)。

　A. 指示电极　　　B. 参比电极　　C. 膜电极　　　　D. 惰性电极

18. pH 计在测定溶液的 pH 时,选用温度为(　　　　)。

　A. 25 ℃　　　　B. 30 ℃　　　　C. 任何温度　　　D. 被测溶液的温度

19. 用酸度计以浓度直读法测试液的 pH,先用与试液 pH 相近的标准溶液(　　　　)。

　A. 调零　　　　B. 消除干扰离子　　C. 定位　　　D. 减免迟滞效应

20. 在实验测定溶液 pH 时,都是用标准缓冲溶液来校正电极,其目的是消除(　　　　)的影响。

　A. 不对称电位　　　　　　　　　B. 液接电位

　C. 温度　　　　　　　　　　　　D. 不对称电位和液接电位

21. 玻璃电极在使用时,必须浸泡 24 小时左右,其目的是(　　　　)。

　A. 消除内外水化胶层与干玻璃层之间的两个扩散电位

　B. 减小玻璃膜和试液间的相界电位 E 内

　C. 减小玻璃膜和内参比液间的相界电位 E 外

　D. 减小不对称电位,使其趋于一稳定值

22. 氟离子选择电极是属于(　　　　)。

  A. 参比电极   B. 均相膜电极

  C. 金属-金属难溶盐电极   D. 标准电极

23. 离子选择性电极在一段时间内不用或新电极在使用前必须进行( )。

  A. 活化处理   B. 用被测浓溶液浸泡

  C. 在蒸馏水中浸泡 24 小时以上   D. 在 NaF 溶液中浸泡 24 小时以上

24. 用氟离子选择电极测定溶液中氟离子含量时,主要干扰离子是( )。

  A. 其他卤素离子   B. NO_3^- 离子   C. Na^+ 离子   D. OH^- 离子

25. 电位滴定中,用高锰酸钾标准溶液滴定 Fe^{2+},宜选用( )电极作指示电极。

  A. pH 玻璃   B. 银   C. 铂   D. 氟

26. 下列关于离子选择性电极描述错误的是( )。

  A. 是一种电化学传感器   B. 由敏感膜和其他辅助部分组成

  C. 在敏感膜上发生了电子转移   D. 敏感膜是关键部件,决定了选择性

27. 电位滴定法是根据( )来确定滴定终点的。

  A. 指示剂颜色变化   B. 电极电位

  C. 电位突跃   D. 电位大小

28. 氟离子选择电极在使用前需用低浓度的氟溶液浸泡数小时,其目的( )。

  A. 活化电极   B. 检查电极的好坏

  C. 清洗电极   D. 检查离子计能否使用

29. 用 $AgNO_3$ 标准溶液电位滴定 Cl^-、Br^-、I^- 离子时,可以用作参比电极的是( )。

  A. 铂电极   B. 卤化银电极   C. 饱和甘汞电极   D. 玻璃电极

30. 在电位滴定中,以 $\frac{\Delta^2 E}{\Delta V^2}-V$($E$ 为电位,V 为滴定剂体积)作图绘制滴定曲线,滴定终点为( )。

  A. $\frac{\Delta^2 E}{\Delta V^2}$ 为正值时的点   B. $\frac{\Delta^2 E}{\Delta V^2}$ 为负值的点

  C. $\frac{\Delta^2 E}{\Delta V^2}$ 为零时的点   D. 曲线的斜率为零时的点

31. 在电位滴定中,以 $\frac{\Delta E}{\Delta V}-V$ 作图绘制曲线,滴定终点为( )。

  A. 曲线突跃的转折点   B. 曲线的最大斜率点

  C. 曲线的最小斜率点   D. 曲线的斜率为零时的点

32. 在自动电位滴定法测 HAc 的实验中,反应终点可以用( )确定。

  A. 电导法   B. 滴定曲线法   C. 指示剂法   D. 光度法

33. 在自动电位滴定法测 HAc 的实验中,指示滴定终点的是( )。

  A. 酚酞   B. 甲基橙

  C. 指示剂   D. 自动电位滴定仪

34. 在自动电位滴定法测 HAc 的实验中,自动电位滴定仪中用于控制滴定速度的机械装置是( )。

  A. 搅拌器   B. 滴定管活塞   C. pH 计   D. 电磁阀

35. 离子选择性电极的选择性主要取决于( )。

  A. 离子浓度   B. 电极膜活性材料的性质

C. 待测离子活度　　　　　　　　　　D. 测定温度

36. 铂电极有油渍时,可用(　　)或铬酸洗液浸泡,然后再清洗。

    A. 热稀硝酸　　　　B. 高锰酸钾　　　　C. 王水　　　　　　D. 二氯化锰

37. K_{ij}称为电极的选择性系数,通常K_{ij}越小,说明(　　)。

    A. 电极的选择性越高　　　　　　　　B. 电极的选择性越低

    C. 与电极选择性无关　　　　　　　　D. 分情况而定

38. 待测离子i与干扰离子j,其选择性系数K_{ij}(　　),则说明电极对被测离子有选择性响应。

    A. ≫1　　　　　　　B. >1　　　　　　　C. ≪1　　　　　　　D. =1

39. 库仑分析法测定的依据是(　　)。

    A. 能斯特公式　　　　　　　　　　　B. 法拉第电解定律

    C. 尤考维奇方程式　　　　　　　　　D. 朗伯-比耳定律

40. 库仑分析法是通过(　　)来进行定量分析的。

    A. 称量电解析出的物质的质量

    B. 准确测定电解池中某种离子消耗的量

    C. 准确测量电解过程中所消耗的电量

    D. 准确测定电解液浓度的变化

41. 下列关于库仑分析法描述错误的是(　　)。

    A. 理论基础是法拉第电解定律

    B. 需要外加电源

    C. 通过称量电解析出物的质量进行测量

    D. 电极需要有100%的电流效率

42. 微库仑法测定氯元素的原理是根据以下(　　)。

    A. 法拉第定律　　　　　　　　　　　B. 牛顿第一定律

    C. 牛顿第二定律　　　　　　　　　　D. 朗伯比尔定律

43. pHS-2型酸度计是由(　　)电极组成的工作电池。

    A. 甘汞电极-玻璃电极　　　　　　　B. 银-氯化银-玻璃电极

    C. 甘汞电极-银-氯化银　　　　　　　D. 甘汞电极-单晶膜电极

44. 玻璃电极在使用前一定要在水中浸泡几小时,目的在于(　　)。

    A. 清洗电极　　　　B. 活化电极　　　　C. 校正电极　　　　D. 检查电极好坏

45. 测定pH的指示电极为(　　)。

    A. 标准氢电极　　　B. 玻璃电极　　　　C. 甘汞电极　　　　D. 银—氯化银电极

46. 酸度计是由一个指示电极和一个参比电极与试液组成的(　　)。

    A. 滴定池　　　　　B. 电解池　　　　　C. 原电池　　　　　D. 电导池

以下是关于紫外可见和红外分光光度法的题目。

47. 721分光光度计的波长使用范围为(　　)nm。

    A. 320～760　　　　B. 340～760　　　　C. 400～760　　　　D. 520～760

48. 紫外-可见分光光度计是根据被测量物质分子对紫外可见波段范围的单色辐射的(　　)来进行物质的定性的。

    A. 散射　　　　　　B. 吸收　　　　　　C. 反射　　　　　　D. 受激辐射

49. 721 分光光度计适用于(　　　)。
　　A. 可见光区　　　　B. 紫外光区　　　　C. 红外光区　　　　D. 都适用

50. 紫外-可见光分光光度计结构组成为(　　　)。
　　A. 光源-吸收池-单色器-检测器-信号显示系统
　　B. 光源-单色器-吸收池-检测器-信号显示系统
　　C. 单色器-吸收池-光源-检测器-信号显示系统
　　D. 光源-吸收池-单色器-检测器

51. 紫外-可见分光光度计分析所用的光谱是(　　　)光谱。
　　A. 原子吸收　　　　B. 分子吸收　　　　C. 分子发射　　　　D. 质子吸收

52. (　　　)是最常见的可见光光源。
　　A. 钨灯　　　　　　B. 氢灯　　　　　　C. 氘灯　　　　　　D. 卤钨灯

53. 在 260 nm 进行分光光度测定时,应选用(　　　)比色皿。
　　A. 硬质玻璃　　　　B. 软质玻璃　　　　C. 石英　　　　　　D. 透明塑料

54. 紫外光检验波长准确度的方法用(　　　)吸收曲线来检查。
　　A. 甲苯蒸气　　　　B. 苯蒸气　　　　　C. 镨钕滤光片　　　D. 以上三种

55. 紫外光谱分析中所用比色皿是(　　　)材料的。
　　A. 玻璃　　　　　　B. 石英　　　　　　C. 萤石　　　　　　D. 陶瓷

56. 并不是所有的分子振动形式其相应的红外谱带都能被观察到,这是因为(　　　)。
　　A. 分子既有振动运动,又有转动运动,太复杂
　　B. 分子中有些振动能量是简并的
　　C. 因为分子中有 C、H、O 以外的原子存在
　　D. 分子某些振动能量相互抵消了

57. 红外吸收光谱的产生是由于(　　　)能级的跃迁。
　　A. 分子外层电子、振动、转动　　　　　B. 分子振动-转动
　　C. 原子外层电子、振动、转动　　　　　D. 分子外层电子的

58. Cl_2 分子在红外光谱图上基频吸收峰的数目为(　　　)。
　　A. 0　　　　　　　B. 1　　　　　　　C. 2　　　　　　　D. 3

59. 苯分子的振动自由度为(　　　)。
　　A. 18　　　　　　　B. 12　　　　　　　C. 30　　　　　　　D. 31

60. 水分子有(　　　)个红外谱带,波数最高的谱带对应于(　　　)振动。
　　A. 2 个,不对称伸缩　　　　　　　　　B. 4 个,弯曲
　　C. 3 个,不对称伸缩　　　　　　　　　D. 2 个,对称伸缩

61. 下列关于分子振动的红外活性的叙述中正确的是(　　　)。
　　A. 凡极性分子的各种振动都是红外活性的,非极性分子的各种振动都不是红外活性的
　　B. 极性键的伸缩和变形振动都是红外活性的
　　C. 分子的偶极矩在振动时周期的变化,即为红外活性振动
　　D. 分子的偶极矩的大小在振动时周期的变化,必为红外活性振动,反之则不是

62. 在红外光谱分析中,用 KBr 作为试样池,这是因为 KBr 晶体在 $4000 \sim 400$ cm^{-1} 的范围内(　　　)。
　　A. 不会散射红外光　　　　　　　　　B. 有良好的红外光吸收特性

C. 无红外光吸收   D. KBr 对红外无反射

63. 试比较同一周期内下列情况的伸缩振动(不考虑费米共振与生成氢键)产生的红外吸收峰,频率最小的是(　　)。

A. C—H   B. N—H   C. O—H   D. F—H

64. 在含羰基的分子中,增加羰基的极性会使分子中该键的红外吸收带(　　)。

A. 向高波数方向移动   B. 向低波数方向移动

C. 不移动   D. 稍有振动

65. 在下列不同的溶剂中,测定羧酸的红外光谱时,$C=O$ 伸缩振动频率出现最高的是(　　)。

A. 气体   B. 正构烷烃   C. 乙醚   D. 乙醇

66. 在以下三种分子式中,(　　)的 $C=C$ 双键的红外吸收最强。

(1) $CH_3—CH=CH_2$

(2) $CH_3—CH=CH—CH_3$(顺式)

(3) $CH_3—CH=CH—CH_3$(反式)

A. (1)最强   B. (2)最强   C. (3)最强   D. 强度相同

67. 红外光谱法试样可以是(　　)。

A. 水溶液   B. 含游离水   C. 含结晶水   D. 不含水

68. 某化合物的相对分子质量 $Mr=72$,红外光谱指出,该化合物含羰基,则该化合物可能的分子式为(　　)。

A. C_4H_8O B. $C_3H_4O_2$ C. C_3H_6NO D. (A)或(B)

69. 一个含氧化合物的红外光谱图在 $3600 \sim 3200 \text{ cm}^{-1}$ 有吸收峰,下列化合物中最可能的是(　　)。

A. $CH_3—CHO$ B. $CH_3—CO—CH_3$

C. $CH_3—CHOH—CH_3$ D. $CH_3—O—CH_2—CH_3$

70. 一种能作为色散型红外光谱仪色散元件的材料为(　　)。

A. 玻璃   B. 石英   C. 卤化物晶体   D. 有机玻璃

71. 用红外吸收光谱法测定有机物结构时,试样应该是(　　)。

A. 单质   B. 纯物质   C. 混合物   D. 任何试样

72. 红外光谱是(　　)。

A. 分子光谱   B. 离子光谱   C. 电子光谱   D. 分子电子光谱

73. 下面四种气体中不吸收红外光谱的有(　　)。

A. H_2O B. CO_2 C. CH_4 D. N_2

74. 红外光谱仪样品压片制作时一般在一定的压力,同时进行抽真空去除一些气体,压力和气体是(　　)。

A. $(5 \sim 10) \times 10^7 \text{ Pa}, CO_2$ B. $(5 \sim 10) \times 10^6 \text{ Pa}, CO_2$

C. $(5 \sim 10) \times 10^4 \text{ Pa}, O_2$ D. $(5 \sim 10) \times 10^7 \text{ Pa}, N_2$

以下是关于原子吸收和原子发射光谱的题目。

75. 原子吸收分光光度计的结构中一般不包括(　　)。

A. 空心阴极灯   B. 原子化系统   C. 分光系统   D. 进样系统

76. 不可做原子吸收分光光度计光源的有(　　)。

　　A. 空心阴极　　　B. 蒸气放电灯　　　C. 钨灯　　　D. 高频无极放电灯

77. 关闭原子吸收光谱仪的先后顺序是(　　　)。

A. 排风装置→乙炔钢瓶总阀→助燃气开关→气路电源总开关→空气压缩机并释放剩余气体

B. 空气压缩机并释放剩余气体→乙炔钢瓶总阀→助燃气开关→气路电源总开关→排风装置

C. 乙炔钢瓶总阀→助燃气开关→气路电源总开关→空气压缩机并释放剩余气体→排风装置

D. 乙炔钢瓶总阀→助燃气开关→气路电源总开关→排风装置→空气压缩机并释放剩余气体

78. 原子吸收分光光度计中最常用的光源为(　　　)。

　　A. 空心阴极灯　　B. 无极放电灯　　C. 蒸气放电灯　　D. 氢灯

79. 下列关于空心阴极灯使用描述不正确的是(　　　)。

A. 空心阴极灯发光强度与工作电流有关

B. 增大工作电流可增加发光强度

C. 工作电流越大越好

D. 工作电流过小,会导致稳定性下降

80. 下列关于空心阴极灯使用注意事项描述不正确的是(　　　)。

A. 使用前一般要预热时间

B. 长期不用,应定期点燃处理

C. 低熔点的灯用完后,等冷却后才能移动

D. 测量过程中可以打开灯室盖调整

81. 当用峰值吸收代替积分吸收测定时,应采用的光源是(　　　)。

　　A. 待测元素的空心阴极灯　　　　　　B. 氢灯

　　C. 氘灯　　　　　　　　　　　　　　D. 卤钨灯

82. 火焰原子吸光光度法的测定工作原理是(　　　)。

　　A. 比尔定律　　　　　　　　　　　　B. 波兹曼方程式

　　C. 罗马金公式　　　　　　　　　　　D. 光的色散原理

83. 使原子吸收谱线变宽的因素较多,其中(　　　)变宽是主要因素。

　　A. 压力　　　　　B. 劳伦茨　　　　C. 温度　　　　D. 多普勒

84. 为保证峰值吸收的测量,要求原子分光光度计的光源发射出的线光谱比吸收线的宽度要(　　　)。

　　A. 窄而强　　　　B. 宽而强　　　　C. 窄而弱　　　D. 宽而弱

85. 由原子无规则的热运动所产生的谱线变宽称为(　　　)变宽。

　　A. 自然　　　　　B. 赫鲁兹马克　　C. 劳伦茨　　　D. 多普勒

86. 原子吸收分光光度法中的吸光物质的状态应为(　　　)。

　　A. 激发态原子蒸气　　　　　　　　　B. 基态原子蒸气

　　C. 溶液中分子　　　　　　　　　　　D. 溶液中离子

87. 原子吸收分析中可以用来表征吸收线轮廓的是(　　　)。

　　A. 发射线的半宽度　　　　　　　　　B. 中心频率

C. 谱线轮廓 D. 吸收线的半宽度

88. 原子吸收光谱产生的原因是( )。

A. 分子中电子能级跃迁 B. 转动能级跃迁

C. 振动能级跃迁 D. 原子最外层电子跃迁

89. 原子吸收光谱法是基于从光源辐射出待测元素的特征谱线,通过样品蒸气时,被蒸气中待测元素的( )所吸收,由辐射特征谱线减弱的程度,求出样品中待测元素含量。

A. 分子 B. 离子 C. 激发态原子 D. 基态原子

90. 原子吸收光谱是( )光谱。

A. 带状 B. 线性 C. 宽带 D. 分子

91. 在原子吸收分析中,下列( )内中火焰组成的温度最高。

A. 空气-煤气 B. 空气-乙炔

C. 氧气-氢气 D. 笑气(N_2O)-乙炔

92. 原子吸收光谱法的背景干扰表现为下列哪种形式?( )。

A. 火焰中被测元素发射的谱线 B. 火焰中干扰元素发射的谱线

C. 火焰产生的非共振线 D. 火焰中产生的分子吸收

93. 充氖气的空心阴极灯负辉光的正常颜色是( )。

A. 橙色 B. 紫色 C. 蓝色 D. 粉红色

94. 双光束原子吸收分光光度计与单光束原子吸收分光光度计相比,前者突出的优点是( )。

A. 可以抵消因光源的变化而产生的误差

B. 便于采用最大的狭缝宽度

C. 可以扩大波长的应用范围

D. 允许采用较小的光谱通带

95. 下列不属于原子吸收分光光度计组成部分的是( )。

A. 光源 B. 单色器 C. 吸收池 D. 检测器

96. 现代原子吸收光谱仪的分光系统的组成主要是( )。

A. 棱镜+凹面镜+狭缝 B. 棱镜+透镜+狭缝

C. 光栅+凹面镜+狭缝 D. 光栅+透镜+狭缝

97. 欲分析165～360 nm的波谱区的原子吸收光谱,应选用的光源为( )。

A. 钨灯 B. 能斯特灯 C. 空心阴极灯 D. 氘灯

98. 原子吸收分光光度计的核心部分是( )。

A. 光源 B. 原子化器 C. 分光系统 D. 检测系统

99. 原子吸收分析对光源进行调制,主要是为了消除( )。

A. 光源透射光的干扰 B. 原子化器火焰的干扰

C. 背景干扰 D. 物理干扰

100. 原子吸收光谱分析仪中单色器位于( )。

A. 空心阴极灯之后 B. 原子化器之后

C. 原子化器之前 D. 空心阴极灯之前

101. 对大多数元素,日常分析的工作电流建议采用额定电流的( )。

A. 30%～40% B. 40%～50% C. 40%～60% D. 50%～60%

102. 空心阴极灯的主要操作参数是(　　)。

　　A. 内冲气体压力　　B. 阴极温度　　　　C. 灯电压　　　　D. 灯电流

103. 使用空心阴极灯不正确的是(　　)。

　　A. 预热时间随灯元素的不同而不同,一般 20～30 分钟

　　B. 低熔点元素灯要等冷却后才能移动

　　C. 长期不用,应每隔半年在工作电流下 1 小时点燃处理

　　D. 测量过程不要打开灯室盖

104. 原子吸收光度法中,当吸收线附近无干扰线存在时,下列说法正确的是(　　)。

　　A. 应放宽狭缝,以减少光谱通带　　　　B. 应放宽狭缝,以增加光谱通带

　　C. 应调窄狭缝,以减少光谱通带　　　　D. 应调窄狭缝,以增加光谱通带

105. As 元素最合适的原子化方法是(　　)。

　　A. 火焰原子化法　　　　　　　　　　B. 氢化物原子化法

　　C. 石墨炉原子化法　　　　　　　　　D. 等离子原子化法

106. 火焰原子化法中,试样的进样量一般以在(　　)mL/min 为宜。

　　A. 1～2　　　　　　B. 3～6　　　　　　C. 7～10　　　　D. 9～12

107. 选择不同的火焰类型主要是根据(　　)。

　　A. 分析线波长　　B. 灯电流大小　　C. 狭缝宽度　　D. 待测元素性质

108. 原子吸收的定量方法——标准加入法,消除了(　　)干扰。

　　A. 基体效应　　　　B. 背景吸收　　　C. 光散射　　　　D. 电离

109. 原子吸收检测中消除物理干扰的主要方法是(　　)。

　　A. 配制与被测试样相似组成的标准溶液　　　　B. 加入释放剂

　　C. 使用高温火焰　　　　　　　　　　　　　　D. 加入保护剂

110. 下列几种物质对原子吸光光度法的光谱干扰最大的是(　　)。

　　A. 盐酸　　　　　　B. 硝酸　　　　　　C. 高氯酸　　　　D. 硫酸

111. 用原子吸收光谱法测定钙时,加入 EDTA 是为了消除(　　)干扰。

　　A. 硫酸　　　　　　B. 钠　　　　　　　C. 磷酸　　　　　D. 镁

112. 原子吸收分光光度法测定钙时,PO_4^{3-} 有干扰,消除的方法是加入(　　)。

　　A. $LaCl_3$　　　　　B. $NaCl$　　　　　C. CH_3COCH_3　　D. $CHCl_3$

113. 用原子吸收光谱法测定钙时,加入(　　)是为了消除磷酸干扰。

　　A. EBT　　　　　　B. $CaCl_2$　　　　　C. EDTA　　　　　D. $MgCl_2$

114. 原子吸收光度法的背景干扰,主要表现为(　　)形式。

　　A. 火焰中被测元素发射的谱线　　　　B. 火焰中干扰元素发射的谱线

　　C. 光源产生的非共振线　　　　　　　D. 火焰中产生的分子吸收

115. 下列适于 Cr 元素测定的火焰是(　　)。

　　A. 中性火焰　　　　B. 化学计量火焰　　C. 富燃火焰　　D. 贫燃火焰

116. 吸光度由 0.434 增加到 0.514 时,则透光度 T(　　)。

　　A. 增加了 6.2%　　B. 减少了 6.2%　　C. 减少了 0.080　　D. 增加了 0.080

117. 原子吸收分光光度法中,对于组分复杂,干扰较多而又不清楚组成的样品,可采用以下定量方法(　　)。

　　A. 标准加入法　　B. 工作曲线法　　C. 直接比较法　　D. 标准曲线法

118. 原子吸收分析中,光源的作用是(　　)。

　　A. 提供试样蒸发和激发所需要的能量

　　B. 产生紫外光

　　C. 发射待测元素的特征谱线

　　D. 产生足够浓度的散射光

119. 原子荧光与原子吸收光谱仪结构上的主要区别在(　　)。

　　A. 光源　　　　B. 光路　　　　C. 单色器　　　　D. 原子化器

120. 原子吸收光谱定量分析中,适合于高含量组分分析的方法是(　　)。

　　A. 工作曲线法　　B. 标准加入法　　C. 稀释法　　　　D. 内标法

121. 在原子吸收光谱分析法中,要求标准溶液和试液的组成尽可能相似,且在整个分析过程中操作条件应保持不变的分析方法是(　　)。

　　A. 内标法　　　　B. 标准加入法　　C. 归一化法　　　D. 标准曲线法

122. 原子吸收仪器中,溶液提升喷口与撞击球距离太近,会造成(　　)。

　　A. 仪器吸收值偏大　　　　　　　B. 火焰中原子去密度增大,吸收值很高

　　C. 溶液用量减少　　　　　　　　D. 雾化效果不好、噪声太大且吸收不稳定

123. 在原子吸收分析中,测定元素的灵敏度、准确度及干扰等,在很大程度上取决于(　　)。

　　A. 空心阴极灯　　B. 火焰　　　　C. 原子化系统　　D. 分光系统

124. 调节燃烧器高度目的是为了得到(　　)。

　　A. 吸光度最大　　B. 透光度最大　　C. 入射光强最大　　D. 火焰温度最高

125. 用原子吸收分光光度法测定高纯 Zn 中的 Fe 含量时,应当使用(　　)盐酸。

　　A. 优级纯　　　　B. 分析纯　　　　C. 工业级　　　　D. 化学纯

126. 原子吸收分光光度计工作时须用多种气体,下列气体中不是 AAS 室使用的气体的是(　　)。

　　A. 空气　　　　　B. 乙炔气　　　　C. 氮气　　　　　D. 氧气

127. 原子吸收分光光度计开机预热 30 分钟后,进行点火试验,但无吸收。(　　)不是导致这一现象的原因。

　　A. 工作电流选择过大,对于空心阴极较小的元素灯,工作电流大时没有吸收

　　B. 燃烧缝不平行于光轴,即元素灯发出的光线不通过火焰就没有吸收

　　C. 仪器部件不配套或电压不稳定

　　D. 标准溶液配制不合适

128. 原子吸收分光光度计噪声过大,分析其原因可能是(　　)。

　　A. 电压不稳定

　　B. 空心阴极灯有问题

　　C. 灯电流、狭缝、乙炔气和助燃气流量的设置不适当

　　D. 燃烧器缝隙被污染

129. 在使用火焰原子吸收分光光度计做试样测定时,发现火焰跳动很大,其中可能的原因是(　　)。

　　A. 助燃气与燃气流量比不对　　　　B. 空心阴极灯有漏气现象

　　C. 高压电子元件受潮　　　　　　　D. 波长位置选择不准

130. 在原子吸收分光光度计中,若灯不发光可采取(　　)的措施。

A. 将正负极反接半小时以上　　　　　B. 用较高电压(600 V以上)起辉
C. 串接2～10 kΩ电阻　　　　　　　　D. 在50 mA下放电

131. 在原子吸收分析中,当溶液的提升速度较慢时,一般在溶液中混入表面张力小、密度小的有机溶剂,其目的是( )。

A. 使火焰容易燃烧　　　　　　　　　B. 提高雾化效率
C. 增加溶液黏度　　　　　　　　　　D. 增加溶液提升量

132. 原子吸收分光光度计调节燃烧器高度的目的是为了得到( )。

A. 吸光度最小　　　　　　　　　　　B. 透光度最小
C. 入射光强度最大　　　　　　　　　D. 火焰温度最高

133. 阴极内发生跳动的火花状放电,无测定线发射的原因是( )。

A. 阳极表面放电不均匀
B. 屏蔽管与阴极距离过大
C. 阴极表面有氧化物或有杂质气体
D. 波长选择错误

134. 空心阴极灯内充的气体是( )。

A. 大量的空气　　　　　　　　　　　B. 大量的氖或氩等惰性气体
C. 少量的空气　　　　　　　　　　　D. 少量的氖或氩等惰性气体

135. 原子吸收空心阴极灯的灯电流应该( )打开。

A. 快速　　　　　B. 慢慢　　　　　C. 先慢后快　　　　D. 先快后慢

136. 对于火焰原子吸收光谱仪的维护,( )是不允许的。

A. 透镜表面沾有指纹或油污应用汽油将其洗去
B. 空心阴极灯窗口如有沾污,可用镜头纸擦净
C. 元素灯长期不用,则每隔一段时间在额定电流下空烧
D. 仪器不用时应用罩子罩好

137. 原子吸收空心阴极灯加大灯电流后,灯内阴、阳极尾部发光的原因( )。

A. 灯电压不够
B. 灯电压太大
C. 阴、阳极间屏蔽性能差,当电流大时被击穿放电,空心阴极灯坏
D. 灯的阴、阳极有轻微短路

以下是关于气相和液相色谱的题目。

138. FID点火前需要加热至100 ℃的原因是( )。

A. 易于点火　　　　　　　　　　　　B. 点火后不容易熄灭
C. 防止水分凝结产生噪音　　　　　　D. 容易产生信号

139. 下列不属于气相色谱检测器的有( )。

A. FID　　　　　B. UVD　　　　　C. TCD　　　　D. NPD

140. 使用热导池检测器时,选用下列( )气体作载气其效果最好。

A. H_2　　　　　B. He　　　　　C. Ar　　　　D. N_2

141. 使用氢火焰离子化检测器,选用下列( )气体作载气最合适。

A. H_2　　　　　B. He　　　　　C. Ar　　　　D. N_2

142. 气相色谱仪的气源纯度很高,一般都需要( )处理。

　　A. 净化　　　　　B. 过滤　　　　　C. 脱色　　　　　D. 再生

143. 高效液相色谱用水必须使用( )。

　　A. 一级水　　　　B. 二级水　　　　C. 三级水　　　　D. 天然水

144. 在气液色谱固定相中担体的作用是( )。

　　A. 提供大的表面涂上固定液　　　　　B. 吸附样品

　　C. 分离样品　　　　　　　　　　　　D. 脱附样品

145. 在气-液色谱填充柱的制备过程中,下列做法不正确的是( )。

　　A. 一般选用柱内径为 3~4 mm,柱长为 1~2 m 长的不锈钢柱子

　　B. 一般常用的液载比是 25% 左右

　　C. 在色谱柱的装填时,要保证固定相在色谱柱内填充均匀

　　D. 新装填好的色谱柱不能马上用于测定,一般要先进行老化处理

146. 下列方法不适于对分析碱性化合物和醇类气相色谱填充柱载体进行预处理的是( )。

　　A. 硅烷化　　　　B. 酸洗　　　　　C. 碱洗　　　　　D. 釉化

147. 在气液色谱中,色谱柱的使用上限温度取决于( )。

　　A. 样品中沸点最高组分的沸点　　　　B. 样品中各组分沸点的平均值

　　C. 固定液的沸点　　　　　　　　　　D. 固定液的最高使用温度

148. 固定相老化的目的是( )。

　　A. 除去表面吸附的水分

　　B. 除去固定相中的粉状物质

　　C. 除去固定相中残余的溶剂及其他挥发性物质

　　D. 提高分离效能

149. 下列关于气相色谱仪中的转子流量计的说法错误的是( )。

　　A. 根据转子的位置可以确定气体流速的大小

　　B. 对于一定的气体,气体的流速和转子高度并不成直线关系

　　C. 转子流量计上的刻度即是流量数值

　　D. 气体从下端进入转子流量计又从上端流出

150. 下列不是气相色谱仪所包括的部件的是( )。

　　A. 原子化系统　　B. 进样系统　　　C. 检测系统　　　D. 分离系统

151. 气相色谱仪的安装与调试中对下列条件不作要求的是( )。

　　A. 室内不应有易燃易爆和腐蚀性气体

　　B. 一般要求控制温度在 10~40 ℃,空气的相对湿度应控制到≤85%

　　C. 仪器应有良好的接地,最好设有专线

　　D. 实验室应远离强电场、强磁场

152. 既可调节载气流量,也可用来控制燃气和空气流量的是( )。

　　A. 减压阀　　　　B. 稳压阀　　　　C. 针形阀　　　　D. 稳流阀

153. 下列有关气体钢瓶的说法不正确的是( )。

　　A. 氧气钢瓶为天蓝色、黑字　　　　　B. 氮气钢瓶为黑色、黑字

　　C. 压缩空气钢瓶为黑色、白字　　　　D. 氢气钢瓶为深绿色、红字

154. 单柱单气路气相色谱仪的工作流程为:由高压气瓶供给的载气依次经过( ),检测器后放空。

  A. 减压阀,稳压阀,转子流量计,色谱柱

  B. 稳压阀,减压阀,转子流量计,色谱柱

  C. 减压阀,稳压阀,色谱柱,转子流量计

  D. 稳压阀,减压阀,色谱柱,转子流量计

155. 启动气相色谱仪时,若使用热导池检测器,有如下操作步骤:(1) 开载气;(2) 气化室升温;(3) 检测室升温;(4) 色谱柱升温;(5) 开桥电流;(6) 开记录仪。下面操作次序中绝对不允许的是(　　)。

  A. (2)-(3)-(4)-(5)-(6)-(1)　　 B. (1)-(2)-(3)-(4)-(5)-(6)

  C. (1)-(2)-(3)-(4)-(6)-(5)　　 D. (1)-(3)-(2)-(4)-(6)-(5)

156. 气相色谱的主要部件包括(　　)。

  A. 载气系统、分光系统、色谱柱、检测器

  B. 载气系统、进样系统、色谱柱、检测器

  C. 载气系统、原子化装置、色谱柱、检测器

  D. 载气系统、光源、色谱柱、检测器

157. 气相色谱仪除了载气系统、柱分离系统、进样系统外,其另外一个主要系统是(　　)。

  A. 恒温系统　　 B. 检测系统　　 C. 记录系统　　 D. 样品制备系统

158. 色谱法亦称色层法或层析法,是一种(　　)技术。当其应用于分析化学领域,并与适当的检测手段相结合,就构成了色谱分析法

  A. 分离　　 B. 富集　　 C. 进样　　 D. 萃取

159. 固定其他条件,色谱柱的理论塔板高度,将随载气的线速增加而(　　)。

  A. 基本不变　　 B. 变大　　 C. 减小　　 D. 先减小后增大

160. 气相色谱分析腐蚀性气体宜选用(　　)载体。

  A. 101 白色载体　　 B. GDX 系列载体

  C. 6201 红色载体　　 D. 13X 分子筛

161. 气相色谱仪气化室的汽化温度比柱温高(　　)℃。

  A. 10～30　　 B. 30～70　　 C. 50～100　　 D. 100～150

162. 采用气相色谱法分析羟基化合物,对 C4～C14 38 种醇进行分离,较理想的分离条件是(　　)。

  A. 填充柱长 1 m,柱温 100 ℃,载气流速 20 mL/min

  B. 填充柱长 2 m,柱温 100 ℃,载气流速 60 mL/min

  C. 毛细管柱长 40 m,柱温 100 ℃,恒温

  D. 毛细管柱长 40 m,柱温 100 ℃,持续升温

163. 将气相色谱用的担体进行酸洗,主要是除去担体中的(　　)。

  A. 酸性物质　　 B. 金属氧化物　　 C. 氧化硅　　 D. 阴离子

164. 在气相色谱分析的仪器中,色谱分离系统是装填了固定相的色谱柱,色谱柱的作用是(　　)。

  A. 分离混合物组分　　 B. 感应混合物各组分的浓度或质量

  C. 与样品发生化学反应　　 D. 将其混合物的量信号转变成电信号

165. 火焰光度检测器对(　　)物质检测的选择性和灵敏度较高。

  A. 含硫磷化合物　　 B. 含氮化合物

C. 含氮磷化合物   D. 硫氮

166. 气相色谱分析的仪器中,检测器的作用是( )。
　　A. 感应到达检测器的各组分的浓度或质量,将其物质的量信号转变成电信号,并传递给信号放大记录系统
　　B. 分离混合物组分
　　C. 将其混合物的量信号转变成电信号
　　D. 与感应混合物各组分的浓度或质量

167. 下列气相色谱检测器中,属于浓度型检测器的是( )。
　　A. 热导池检测器和电子捕获检测器   B. 氢火焰检测器和火焰光度检测器
　　C. 热导池检测器和氢火焰检测器   D. 火焰光度检测器和电子捕获检测器

168. 下列属于浓度型检测器的是( )。
　　A. FID   B. TCD   C. TDC   D. DIF

169. TCD 的基本原理是依据被测组分与载气( )的不同。
　　A. 相对极性   B. 电阻率   C. 相对密度   D. 导热系数

170. 检测器通入 H_2 的桥电流不许超过( )mA。
　　A. 150   B. 250   C. 270   D. 350

171. 热导池检测器的灵敏度随着桥电流增大而增高,因此,在实际操作时桥电流应该( )。
　　A. 越大越好   B. 越小越好
　　C. 选用最高允许电流   D. 在灵敏度满足需要时尽量用小桥流

172. 使用热导池检测器,为提高检测器灵敏度常用的载气是( )。
　　A. H_2 B. Ar   C. N_2 D. O_2

173. 在气相色谱分析中,应用热导池作为检测器时,记录仪基线无法调回,产生这现象的原因是( )。
　　A. 记录仪滑线电阻脏   B. 热导检测器热丝断
　　C. 进样器被污染   D. 热导检测器不能加热

174. 气液色谱法中,火焰离子化检测器( )优于热导检测器。
　　A. 装置简单化   B. 灵敏度   C. 适用范围   D. 分离效果

175. 氢火焰检测器的检测依据是( )。
　　A. 不同溶液折射率不同   B. 被测组分对紫外光的选择性吸收
　　C. 有机分子在氢氧焰中发生电离   D. 不同气体热导系数不同

176. 氢火焰离子化检测器中,使用( )作载气将得到较好的灵敏度。
　　A. H_2 B. N_2 C. He   D. Ar

177. 影响氢焰检测器灵敏度的主要因素是( )。
　　A. 检测器温度   B. 载气流速   C. 三种气的配比   D. 极化电压

178. 色谱峰在色谱图中的位置用( )来说明。
　　A. 保留值   B. 峰高值   C. 峰宽值   D. 灵敏度

179. 对气相色谱柱分离度影响最大的是( )。
　　A. 色谱柱柱温   B. 载气的流速   C. 柱子的长度   D. 填料粒度的大小

180. 衡量色谱柱总分离效能的指标是( )。
　　A. 塔板数   B. 分离度   C. 分配系数   D. 相对保留值

181. 气相色谱分析样品中各组分的分离是基于( )的不同。

    A. 保留时间   B. 分离度   C. 容量因子   D. 分配系数

182. 气相色谱分析影响组分之间分离程度的最大因素是( )。

    A. 进样量   B. 柱温   C. 载体粒度   D. 气化室温度

183. 气相色谱分析中,用于定性分析的参数是( )。

    A. 保留值   B. 峰面积   C. 分离度   D. 半峰宽

184. 气相色谱仪分离效率的好坏主要取决于( )。

    A. 进样系统   B. 分离柱   C. 热导池   D. 检测系统

185. 气-液色谱柱中,与分离度无关的因素是( )。

    A. 增加柱长   B. 改用更灵敏的检测器

    C. 调节流速   D. 改变固定液的化学性质

186. 在气固色谱中,各组分在吸附剂上分离的原理是各组分的( )不一样。

    A. 溶解度   B. 电负性   C. 颗粒大小   D. 吸附能力

187. 色谱分析样品时,第一次进样得到 3 个峰,第二次进样时变成 4 个峰,原因可能是( )。

    A. 进样量太大   B. 气化室温度太高

    C. 纸速太快   D. 衰减太小

188. 气相色谱定量分析的依据是在一定的操作条件下,检测器的响应信号(色谱图上的峰面积或峰高)与进入检测器的组分 i 的( )。

    A. 重量或浓度成正比   B. 重量或浓度成反比

    C. 浓度成正比   D. 重量成反比

189. 气相色谱定量分析时,当样品中各组分不能全部出峰或在多种组分中只需定量其中某几个组分时,可选用( )。

    A. 归一化法   B. 标准曲线法   C. 比较法   D. 内标法

190. 气相色谱图中,与组分含量成正比的是( )。

    A. 保留时间   B. 相对保留值   C. 峰高   D. 峰面积

191. 气相色谱用内标法测定 A 组分时,取未知样 1.0 μL 进样,得组分 A 的峰面积为 3.0 cm², 组分 B 的峰面积为 1.0 cm², 取未知样 2.0000 g, 标准样纯 A 组分 0.2000 g, 仍取 1.0 μL 进样, 得组分 A 的峰面积为 3.2 cm², 组分 B 的峰面积为 0.8 cm², 则未知样中组分 A 的质量百分含量为( )。

    A. 10%   B. 20%   C. 30%   D. 40%

192. 色谱分析中,归一化法的优点是( )。

    A. 不需准确进样   B. 不需校正因子

    C. 不需定性   D. 不用标样

193. 下列方法中,那个不是气相色谱定量分析方法( )。

    A. 峰面积测量   B. 峰高测量

    C. 标准曲线法   D. 相对保留值测量

194. 在气相色谱法中,可用作定量的参数是( )。

    A. 保留时间   B. 相对保留值   C. 半峰宽   D. 峰面积

195. 打开气相色谱仪温控开关,柱温调节电位器旋到任何位置时,主机上加热指示灯都不亮,分析下列所叙述的原因,( )不正确。

A. 加热指示灯灯泡坏了   B. 铂电阻的铂丝断了

C. 铂电阻的信号输入线断了   D. 实验室工作电压达不到要求

196. 固定相老化的目的是（　　）。

A. 除去表面吸附的水分

B. 除去固定相中的粉状物质

C. 除去固定相中残余的溶剂及其他挥发性物质

D. 提高分离效能

197. 气相色谱分析的仪器中，载气的作用是（　　），流经汽化室、色谱柱、检测器，以便完成对样品的分离和分析。

A. 携带样品   B. 与样品发生化学反应

C. 溶解样品   D. 吸附样品

198. 气相色谱中进样量过大会导致（　　）。

A. 有不规则的基线波动   B. 出现额外峰

C. FID 熄火   D. 基线不回零

199. 下列气相色谱操作条件中，正确的是（　　）。

A. 载气的热导系数尽可能与被测组分的热导系数接近

B. 使最难分离的物质在能很好分离的前提下，尽可能采用较低的柱温

C. 汽化温度愈高愈好

D. 检测室温度应低于柱温

200. 下列情况下应对色谱柱进行老化的是（　　）。

A. 每次安装了新的色谱柱后

B. 色谱柱每次使用后

C. 分析完一个样品后，准备分析其他样品之前

D. 更换了载气或燃气

201. 下列试剂中，一般不用于气体管路清洗的是（　　）。

A. 甲醇   B. 丙酮   C. 5%的氢氧化钠 D. 乙醚

202. 良好的气-液色谱固定液为（　　）。

A. 蒸气压低、稳定性好

B. 化学性质稳定

C. 溶解度大，对相邻两组分有一定的分离能力

D. 以上都是

203. 气-液色谱和液-液色谱皆属于（　　）色谱。

A. 吸附   B. 凝胶   C. 分配   D. 离子

204. 液-液分配色谱法的分离原理是利用混合物中各组分在固定相和流动相中溶解度的差异进行分离的，分配系数大的组分（　　）大。

A. 峰高   B. 峰面   C. 峰宽   D. 保留值

205. 高效液相色谱流动相脱气稍差造成（　　）。

A. 分离不好，噪声增加   B. 保留时间改变，灵敏度下降

C. 保留时间改变，噪声增加   D. 基线噪声增大，灵敏度下降

206. 一般评价烷基键合相色谱柱时，所用的流动相为（　　）。

A. 甲醇/水（83/17）　　　　　　　B. 甲醇/水（57/43）

C. 正庚烷/异丙醇（93/7）　　　　　D. 乙腈/水（1.5/98.5）

207. 在高效液相色谱流程中，试样混合物在（　　）中被分离。

　　A. 检测器　　　　B. 记录器　　　　C. 色谱柱　　　　D. 进样器

208. 在液相色谱法中，提高柱效最有效的途径是（　　）。

　　A. 提高柱温　　　B. 降低板高　　　C. 降低流动相流速　D. 减小填料粒度

209. 在液相色谱中，用作制备目的的色谱柱内径一般在（　　）mm 以上。

　　A. 3　　　　　　B. 4　　　　　　C. 5　　　　　　D. 6

210. 液相色谱中，通用型检测器是（　　）检测器。

　　A. 紫外吸收　　　B. 示差折光　　　C. 热导池　　　　D. 氢焰

211. 在液相色谱中，紫外检测器的灵敏度可达到（　　）g。

　　A. 10^{-6}　　　　B. 10^{-8}　　　　C. 10^{-10}　　　D. 10^{-12}

212. 在各种液相色谱检测器中，紫外-可见检测器的使用率约为（　　）。

　　A. 70%　　　　　B. 60%　　　　　C. 80%　　　　　D. 90%

213. 选择固定液的基本原则是（　　）。

　　A. 相似相溶　　　　　　　　　　B. 待测组分分子量

　　C. 组分在两相的分配　　　　　　D. 流动相分子量

214. 液相色谱流动相过滤必须使用（　　）μm 粒径的过滤膜。

　　A. 0.5　　　　　B. 0.45　　　　　C. 0.6　　　　　D. 0.55

215. 火焰光度检测器（FPD）是一种高灵敏度，仅对（　　）产生检测信号的高选择检测器。

　　A. 含硫磷的有机物　　　　　　　B. 含硫的有机物

　　C. 含磷的有机物　　　　　　　　D. 有机物

216. 下列说法中（　　）不是气相色谱的特点。

　　A. 选择性好　　　　　　　　　　B. 分离效率高

　　C. 可用来直接分析未知物　　　　D. 分析速度快

217. 在色谱分析中，可用来定性的色谱参数是（　　）。

　　A. 峰面积　　　　B. 保留值　　　　C. 峰高　　　　D. 半峰宽

218. 下列（　　）系统不是气相色谱仪的系统之一。

　　A. 检测记录　　　B. 温度控制　　　C. 气体流量控制　　D. 光电转换

219. HPLC 与 GC 比较，可以忽略纵向扩散项，这主要是因为（　　）。

　　A. 柱前压力高　　　　　　　　　B. 流速比 GC 快

　　C. 流动相的黏度较大　　　　　　D. 柱温低

220. 气相色谱仪一般都有载气系统，它包含（　　）。

　　A. 气源、气体净化　　　　　　　B. 气源、气体净化、气体流速控制

　　C. 气源　　　　　　　　　　　　D. 气源、气体净化、气体流速控制和测量

（二）多项选择题

（共 **165** 题。每题至少有两个正确选项，将正确选项的字母填入题内的括号中，多选、漏选或错选均不得分，每题 **1** 分）

以下是关于紫外-可见分光光度法的题目。

1. 分光光度法中判断出测得的吸光度有问题，可能的原因包括（　　）。
  A. 比色皿没有放正位置　　　　　B. 比色皿配套性不好
  C. 比色皿毛面放于透光位置　　　D. 比色皿润洗不到位

2. 下列分析方法遵循朗伯-比尔定律的是（　　）。
  A. 原子吸收光谱法　　　　　　　B. 原子发射光谱法
  C. 紫外-可见光分光光度法　　　D. 气相色谱法

3. 一台分光光度计的校正应包括（　　）的校正等。
  A. 波长　　　　　B. 吸光度　　　　　C. 杂散光　　　　　D. 吸收池

4. 7504 C 紫外可见分光光度计通常要调校的是（　　）。
  A. 光源灯　　　　　B. 波长　　　　　C. 透射比　　　　　D. 光路系统

5. 透光度调不到 100% 的原因有（　　）。
  A. 卤钨灯不亮　　　　　　　　　B. 样品室有挡光现象
  C. 光路不准　　　　　　　　　　D. 放大器坏

6. （　　）的作用是将光源发出的连续光谱分解为单色光。
  A. 石英窗　　　　　B. 棱镜　　　　　C. 光栅　　　　　D. 吸收池

7. 当分光光度计 100% 点不稳定时，通常采用（　　）方法处理。
  A. 查看光电管暗盒内是否受潮，更换干燥的硅胶
  B. 受潮较重的仪器，可用吹风机对暗盒内、外吹热风，使潮气逐渐地从暗盒内跑掉
  C. 调节波长
  D. 更换光电管

8. 分光光度计的检验项目包括（　　）的检验。
  A. 波长准确度　　B. 透射比准确度　　C. 吸收池配套性　　D. 单色器性能

9. 紫外-可见吸收分光光度计接通电源后，指示灯和光源灯都不亮，电流表无偏转的原因有（　　）。
  A. 电源开关接触不良或已坏　　　B. 电流表坏
  C. 保险丝断　　　　　　　　　　D. 电源变压器初级线圈已断

10. 分光光度计的比色皿被有机物玷污时，下列清洗方法错误的是（　　）。
  A. 先用碱溶液冲洗，再依次用自来水和蒸馏水冲洗
  B. 先用铬酸洗液冲洗，再依次用自来水和蒸馏水冲洗
  C. 先用酸溶液冲洗，再依次用自来水和蒸馏水冲洗
  D. 先用 HCl(1+2)-乙醇溶液冲洗，再依次用自来水和蒸馏水冲洗

11. 下列方法属于分光光度分析的定量方法的是（　　）。
  A. 工作曲线法　　　　　　　　　B. 直接比较法
  C. 校正面积归一化法　　　　　　D. 标准加入法

12. 下列属于紫外-可见分光光度计组成部分的有(　　)。

    A. 光源　　　　　　B. 单色器　　　　　C. 吸收池　　　　D. 检测器

13. 属于分光光度计单色器的组成部分有(　　)。

    A. 入射狭缝　　　　B. 准光镜　　　　　C. 波长凸轮　　　D. 色散器

14. 紫外分光光度法对有机物进行定性分析的依据是(　　)等。

    A. 峰的形状　　　　B. 曲线坐标　　　　C. 峰的数目　　　D. 峰的位置

15. 透明物质的颜色不是(　　)光的颜色。

    A. 反射　　　　　　B. 透过　　　　　　C. 收吸　　　　　D. 漫反射

16. 分子吸收光谱与原子吸收光谱的相同点有(　　)。

    A. 都是在电磁射线作用下产生的吸收光谱

    B. 都是核外层电子的跃迁

    C. 它们的谱带半宽度都在 10 nm 左右

    D. 它们的波长范围均在近紫外到近红外区(180~1000 nm)

17. 光电管暗盒内硅胶受潮可能引起(　　)。

    A. 光门未开时,电表指针无法调回零位

    B. 电表指针从 0 到 100% 摇摆不定

    C. 仪器使用过程中零点经常变化

    D. 仪器使用过程中 100% 处经常变化

18. 紫外-可见分光光度计中的单色器的主要元件是(　　)。

    A. 棱镜或光栅　　B. 光电管　　　　　C. 准直镜　　　　D. 检测器

19. 721 型分光光度计在接通电源后,指示灯不亮的原因是(　　)。

    A. 指示灯坏了　　　　　　　　　B. 电源插头没有插好

    C. 电源变压器损坏　　　　　　　D. 检测器电路损坏

20. 可见分光光度计的结构组成中包括的部件有(　　)。

    A. 光源　　　　　　B. 单色器　　　　　C. 原子化系统　　D. 检测系统

21. 参比溶液的种类有(　　)。

    A. 溶剂参比　　　　B. 试剂参比　　　　C. 试液参比　　　D. 褪色参比

22. 下列 722 型分光光度计的主要部件是(　　)。

    A. 光源:氘灯　　　　　　　　　B. 接受元件:光电管

    C. 波长范围:200~800 nm　　　D. 光学系统:单光束,衍射光栅

23. 分光光度计使用时应该注意事项(　　)。

    A. 使用前先打开电源开关,预热 30 分钟

    B. 注意调节 100% 透光率和调零

    C. 测试的溶液不应洒落在测量池内

    D. 注意仪器卫生

24. 分光光度计不能调零时,应采用(　　)办法尝试解决。

    A. 修复光门部件　　　　　　　　B. 调 100% 旋钮

    C. 更换干燥剂　　　　　　　　　D. 检修电路

25. 用邻菲罗啉法测水中总铁,需用下列(　　)来配制试验溶液。

    A. 水样　　　　　　　　　　　　B. $NH_2OH \cdot HCl$

　　C. HAc - NaAc　　　　　　　　　　　D. 邻菲罗啉

26. 在分光光度法的测定中,测量条件的选择包括(　　　)。

　　A. 选择合适的显色剂　　　　　　　　B. 选择合适的测量波长

　　C. 选择合适的参比溶液　　　　　　　D. 选择吸光度的测量范围

27. 紫外分光光度计应定期检查(　　　)。

　　A. 波长精度　　　　B. 吸光度准确性　　　C. 狭缝宽度　　　　D. 杂散光

28. 分光光度计出现百分透光率调不到100%,常考虑解决的方法是(　　　)。

　　A. 换新的光电池　　　B. 调换灯泡　　　　C. 调整灯泡位置　　　D. 换比色皿

29. 重铬酸钾溶液对可见光中的(　　)有吸收,所以溶液显示其互补光(　　　)。

　　A. 蓝色　　　　　　　B. 黄色　　　　　　　C. 绿色　　　　　　　D. 紫色

30. 高锰酸钾溶液对可见光中的(　　)有吸收,所以溶液显示其互补光(　　　)。

　　A. 蓝色　　　　　B. 黄色　　　　　C. 绿色　　　　　D. 紫色　　　　　E. 红色

31. 分光光度计常用的光电转换器有(　　　)。

　　A. 光电池　　　　　B. 光电管　　　　　C. 光电倍增管　　　　D. 光电二极管

32. 紫外吸收光谱仪的基本结构一般由(　　)部分组成。

　　A. 光学系统　　　　B. 机械系统　　　　C. 电学系统　　　　D. 气路系统

33. 紫外可见分光光度计上常用的光源有(　　　)。

　　A. 钨丝灯　　　　　B. 氢弧灯　　　　　C. 空心阴极灯　　　　D. 硅碳棒

以下是关于液相和气相色谱分析法的题目。

34. 气相色谱法制备性能良好的填充柱,需遵循的原则(　　　)。

　　A. 尽可能筛选粒度分布均匀担体和固定相填料

　　B. 保证固定液在担体表面涂渍均匀

　　C. 保证固定相填料在色谱柱内填充均匀

　　D. 避免担体颗粒破碎和固定液的氧化作用等

35. 气相色谱柱的载体可分为(　　　)大类。

　　A. 硅藻土类载体　　B. 红色载体　　　　C. 白色载体　　　　　D. 非硅藻土类载体

36. 气液色谱填充柱的制备过程主要包括(　　　)。

　　A. 柱管的选择与清洗　　　　　　　　B. 固定液的涂渍

　　C. 色谱柱的装填　　　　　　　　　　D. 色谱柱的老化

37. 新型双指数程序涂渍填充柱的制备方法和一般的制备方法不同之处在于(　　　)。

　　A. 色谱柱的预处理不同　　　　　　　B. 固定液涂渍的浓度不同

　　C. 固定相填装长度不同　　　　　　　D. 色谱柱的老化方法不同

38. 在气-液色谱填充柱的制备过程中,下列做法正确的是(　　　)。

　　A. 一般选用柱内径为 3～4 mm,柱长为 1～2 m 的不锈钢柱子

　　B. 一般常用的液载比是 25% 左右

　　C. 新装填好的色谱柱即可接入色谱仪的气路中,用于进样分析

　　D. 在色谱柱的装填时,要保证固定相在色谱柱内填充均匀

39. 在气-液色谱填充柱的制备过程中,下列做法不正确的是(　　　)。

　　A. 一般选用柱内径为 3～4 mm,柱长为 1～2 m 的不锈钢柱子

　　B. 一般常用的液载比是 25% 左右

C. 新装填好的色谱柱即可接入色谱仪的气路中,用于进样分析

D. 在色谱柱的装填时,要保证固定相在色谱柱内填充均匀

E. 一般常用的液载比是 5% 左右

40. 对于毛细管柱,使用一段时间后柱效有大幅度的降低,往往表明( )。

A. 固定液流失太多

B. 由于高沸点的极性化合物的吸附而使色谱柱丧失分离能力

C. 色谱柱要更换

D. 色谱柱要报废

41. 对于毛细管柱,使用一段时间后柱效有大幅度降低,这时可采用的方法有( )。

A. 高温老化   B. 截去柱头

C. 反复注射溶剂清洗   D. 卸下柱子冲洗

42. 用于清洗气相色谱不锈钢填充柱的溶剂是( )。

A. 6 mol/L HCl 水溶液   B. 5%~10% NaOH 水溶液

C. 水   D. HAc - NaAc 溶液

43. 下列关于色谱柱老化描述正确的是( )。

A. 设置老化温度时,不允许超过固定液的最高使用温度

B. 老化时间的长短与固定液的特性有关

C. 根据涂渍固定液的百分数合理设置老化温度

D. 老化时间与所用检测器的灵敏度和类型有关

44. 气相色谱仪常用的检测器有( )检测器。

A. 热导池   B. 电子捕获   C. 氢火焰   D. 火焰光度

45. 气相色谱仪通常由( )组成。

A. 气路系统   B. 进样系统   C. 分离系统   D. 检测系统

46. 气相色谱仪主要有( )部件组成。

A. 色谱柱   B. 汽化室

C. 主机箱和温度控制电路   D. 检测器

47. 提高载气流速,则( )。

A. 保留时间增加   B. 组分间分离变差

C. 峰宽变小   D. 柱容量下降

48. 气相色谱法中一般选择汽化室温度( )。

A. 比柱温高 30~70 ℃   B. 比样品组分中最高沸点高 30~50 ℃

C. 比柱温高 30~50 ℃   D. 比样品组分中最高沸点高 30~70 ℃

49. 气液色谱分析中用于做固定液的物质必须符合以下要求( )。

A. 极性物质   B. 沸点较高,不易挥发

C. 化学性质稳定   D. 不同组分必须有不同的分配系数

50. 下列检测器中属于浓度型的是( )。

A. 氢焰检测器   B. 热导池检测器

C. 火焰光度检测器   D. 电子捕获检测器

51. 影响热导池灵敏度的主要因素有( )。

A. 桥电流   B. 载气性质   C. 池体温度   D. 热敏元件材料及性质

52. 气相色谱仪样品不能分离,原因可能是(　　)。

    A. 柱温太高　　　　B. 色谱柱太短　　　C. 固定液流失　　　D. 载气流速太高

53. 影响填充色谱柱效能的因素有(　　)。

    A. 涡流扩散项　　　　　　　　　　　B. 分子扩散项

    C. 气相传质阻力项　　　　　　　　　D. 液相传质阻力项

54. 气相色谱的定性参数有(　　)。

    A. 保留指数　　　　B. 相对保留值　　　C. 峰高　　　　　D. 峰面积

55. 气相色谱定量分析方法有(　　)。

    A. 标准曲线法　　　B. 归一化法　　　C. 内标法定量　　　D. 外标法定量

56. 气相色谱分析的定量方法中,(　　)方法必须用到校正因子。

    A. 外标法　　　　　B. 内标法　　　　C. 标准曲线法　　　D. 归一化法

57. 气相色谱分析中使用归一化法定量的前提是(　　)。

    A. 所有的组分都要被分离开　　　　B. 所有的组分都要能流出色谱柱

    C. 组分必须是有机物　　　　　　　D. 检测器必须对所有组分产生响应

58. 色谱定量分析的依据是色谱峰的(　　)与所测组分的数量(或溶液)成正比。

    A. 峰高　　　　　　B. 峰宽　　　　　C. 峰面积　　　　D. 半峰宽

59. 气相色谱分析中常用的载气有(　　)。

    A. 氮气　　　　　　B. 氧气　　　　　C. 氢气　　　　　D. 甲烷

60. 气相色谱仪在使用中若出现峰不对称,可选择排除的方法有(　　)。

    A. 减少进样量　　　　　　　　　　B. 增加进样量

    C. 减少载气流量　　　　　　　　　D. 确保汽化室和检测器的温度合适

61. 影响气相色谱数据处理机所记录的色谱峰宽度的因素有(　　)。

    A. 色谱柱效能　　　　　　　　　　B. 记录时的走纸速度

    C. 色谱柱容量　　　　　　　　　　D. 色谱柱的选择性

62. 下列气相色谱操作条件中,正确的是(　　)。

    A. 汽化温度越高越好

    B. 使最难分离的物质对能很好分离的前提下,尽可能采用较低的柱温

    C. 实际选择载气流速时,一般略低于最佳流速

    D. 检测室温度应低于柱温

    E. 汽化温度越低越好

63. 旧色谱柱柱效低,分离不好,可采用的方法有(　　)。

    A. 用强溶剂冲洗

    B. 刮除被污染的床层,用同型的填料填补柱效可部分恢复

    C. 污染严重,则废弃或重新填装

    D. 使用合适的流动相或使用流动相溶解样品

64. 气相色谱热导信号无法调零,排除的方法有(　　)。

    A. 检查控制线路　　　　　　　　　B. 更换热丝

    C. 仔细检漏,重新连接　　　　　　D. 修理放大器

65. 气相色谱仪的进样口密封垫漏气,将可能会出现(　　)。

    A. 进样不出峰　　　　　　　　　　B. 灵敏度显著下降

　　　　C. 部分波峰变小　　　　　　　　　　D. 所有出峰面积显著减小

66. 液液分配色谱法的分离原理是利用混合物中各组分在固定相和流动相中溶解度的差异进行分离的，分配系数大的组分（　　）大。

　　　　A. 峰高　　　　　　B. 保留时间　　　　C. 峰宽　　　　　　D. 保留值　　　E. 峰面积

67. 常用的液相色谱检测器有（　　）检测器。

　　　　A. 氢火焰离子化　　B. 紫外-可见光　　C. 折光指数　　　　D. 荧光

68. 高效液相色谱仪中的几个关键部件是（　　）。

　　　　A. 色谱柱　　　　　B. 高压泵　　　　　C. 检测器　　　　　D. 数据处理系统

69. 液固吸附色谱中，流动相选择应满足以下要求（　　）。

　　　　A. 流动相不影响样品检测　　　　　　　B. 样品不能溶解在流动相中

　　　　C. 优先选择黏度小的流动相　　　　　　D. 流动相不得与样品和吸附剂反应

70. 可以用来配制高效液相色谱流动相的溶剂是（　　）。

　　　　A. 甲醇　　　　　　B. 水　　　　　　　C. 甲烷　　　　　　D. 乙腈　　　E. 乙醚

71. 使用液相色谱仪时需要注意下列（　　）项。

　　　　A. 使用预柱保护分析柱

　　　　B. 避免流动相组成及极性的剧烈变化

　　　　C. 流动相使用前必须经脱气和过滤处理

　　　　D. 压力降低是需要更换预柱的信号

72. 分析仪器的噪音通常有（　　）形式。

　　　　A. 以零为中心的无规则抖动　　　　　　B. 长期噪音或起伏

　　　　C. 漂移　　　　　　　　　　　　　　　D. 啸叫

73. 现代分析仪器的发展趋势为（　　）。

　　　　A. 微型化　　　　　B. 智能化　　　　　C. 微机化　　　　　D. 自动化

74. 气相色谱仪常用的载气有（　　）。

　　　　A. 氮气　　　　　　B. 氢气　　　　　　C. 氦气　　　　　　D. 乙炔

75. 高效液相色谱柱使用过程中要注意保护柱，下面（　　）是正确的。

　　　　A. 最好用预柱　　　B. 每次做完分析，都要进行柱冲洗

　　　　C. 尽量避免反冲　　D. 普通 C18 柱尽量避免在 40℃以上的温度下分析

76. 高效液相色谱流动相使用前要进行（　　）处理。

　　　　A. 超声波脱气　　　　　　B. 加热去除絮凝物　　　　C. 过滤去除颗粒物

　　　　D. 静置沉降　　　　　　　E. 紫外线杀菌

77. 给液相色谱柱加温，升高温度的目的是为了（　　），但一般不要超过 40℃。

　　　　A. 降低溶剂的黏度　　　　　　　　　　B. 增加溶质的溶解度

　　　　C. 改进峰形和分离度　　　　　　　　　D. 加快反应速度

78. 气相色谱仪对环境温度要求并不苛刻，一般是（　　）。

　　　　A. 一般在 5～35 ℃的室温条件　　　　　B. 湿度一般要求在 20%～85%为宜

　　　　C. 良好的接地　　　　　　　　　　　　D. 较好的通风和排风

79. 高效液相色谱流动相（　　）水的含量一般不会对色谱柱造成影响。

　　　　A. 90%　　　　　　B. 95%　　　　　　C. 75%　　　　　　D. 85%

80. 气相色谱仪的气路系统包括（　　）。

A. 气源 　　　　　　　　　　　B. 气体净化系统

C. 气体流速控制系统 　　　　　D. 管路

81. 气相色谱仪通常用（　　）进行气路气体的净化。

A. 一定粒度的变色硅胶 　　　　B. 一定粒度的 5A 分子筛

C. 一定粒度的活性炭 　　　　　D. 浓硫酸 　　　　E. 氧化钙

82. 高效液相色谱流动相必须进行脱气处理，主要有下列（　　）种形式。

A. 加热脱气法 　　　　　　　　B. 抽吸脱气法

C. 吹氦脱气法 　　　　　　　　D. 超声波振荡脱气法

以下是关于原子吸收、原子发射和原子荧光光谱分析法的题目。

83. 常用的火焰原子化器的结构包括（　　）。

A. 燃烧器 　　　B. 预混合室 　　　C. 雾化器 　　　D. 石墨管

84. 预混合型火焰原子化器的组成部件中有（　　）。

A. 雾化器 　　　B. 燃烧器 　　　C. 石墨管 　　　D. 预混合室

85. 原子吸收分光光度计的主要部件是（　　）。

A. 单色器 　　　　　B. 检测器 　　　　C. 高压泵

D. 光源 　　　　　　E. 原子化器

86. 原子吸收光谱仪主要由（　　）等部件组成。

A. 光源 　　　B. 原子化器 　　　C. 单色器 　　　D. 检测系统

87. 关于高压气瓶存放及安全使用，下列说法正确的是（　　）。

A. 气瓶内气体不可用尽，以防倒灌

B. 使用钢瓶中的气体时要用减压阀，各种气体的减压阀可通用

C. 气瓶可以混用，没有影响

D. 气瓶应存放在阴凉干燥远离热源的地方，易燃气体气瓶与明火距离不小于 10 m

88. 石墨炉原子化过程包括（　　）。

A. 灰化阶段 　　　B. 干燥阶段 　　　C. 原子化阶段 　　　D. 除残阶段

89. 使用乙炔钢瓶气体时，管路接头不可以用的是（　　）接头。

A. 铜 　　　　　B. 锌铜合金 　　　C. 不锈钢 　　　D. 银铜合金

90. 空心阴极灯点燃后，充有氖气的灯的颜色是（　　）时应做处理。

A. 粉色 　　　　B. 白色 　　　　C. 橙色 　　　D. 蓝色

91. 下列光源不能作为原子吸收分光光度计光源的是（　　）。

A. 钨灯 　　　　B. 氘灯 　　　　C. 直流电弧 　　　D. 空心阴极灯

92. 下列元素不适合用空心阴极灯作光源的是（　　）。

A. Ca 　　　　B. As 　　　　C. Zn 　　　　D. Sn

93. 下列关于空心阴极灯使用描述正确的是（　　）。

A. 空心阴极灯发光强度与工作电流有关

B. 增大工作电流可增加发光强度

C. 工作电流越大越好

D. 工作电流过小，会导致稳定性下降

94. 下列关于空心阴极灯使用注意事项描述正确的是（　　）。

A. 一般预热时间 20～30 分钟以上

B. 长期不用,应定期点燃处理

C. 低熔点的灯用完后,等冷却后才能移动

D. 测量过程中可以打开灯室盖调整

95. 原子吸收分光光度法中,造成谱线变宽的主要原因有( )。

A. 自然变宽　　　B. 温度变宽　　　C. 压力变宽　　　D. 物理干扰

96. 可做原子吸收分光光度计光源的有( )。

A. 空心阴极灯　　B. 蒸气放电灯　　C. 钨灯　　　　　D. 高频无极放电灯

97. 下列光源不能作为原子吸收分光光度计的光源( )。

A. 钨灯　　　　　B. 氘灯　　　　　C. 直流电弧　　　D. 空心阴极灯

98. 原子分光光度计主要的组成部分包括( )。

A. 光源　　　　　B. 原子化器　　　C. 单色器　　　　D. 检测系统

99. 原子吸收检测中的干扰可以分为( )类型。

A. 物理干扰　　　B. 化学干扰　　　C. 电离干扰　　　D. 光谱干扰

100. 常用的火焰原子化器的结构包括( )。

A. 燃烧器　　　　B. 预混合室　　　C. 雾化器　　　　D. 石墨管

101. 火焰原子化包括以下哪几个步骤( )。

A. 电离阶段　　　B. 雾化阶段　　　C. 化合阶段　　　D. 原子化阶段

102. 火焰原子化条件的选择包括( )。

A. 火焰的选择　　　　　　　　　　B. 燃烧器高度的选择

C. 进样量的选择　　　　　　　　　D. 载气的选择

103. 原子吸收光谱分析的干扰主要来自于( )。

A. 原子化器　　　B. 光源　　　　　C. 基体效应　　　D. 组分之间的化学作用

104. 在原子吸收分光光度法中,与原子化器有关的干扰为( )。

A. 背景吸收　　　　　　　　　　　B. 基体效应

C. 火焰成分对光的吸收　　　　　　D. 雾化时的气体压力

105. 在原子吸收分析中,由于火焰发射背景信号很高,应采取下面( )措施。

A. 减小光谱通带　　　　　　　　　B. 改变燃烧器高度

C. 加入有机试剂　　　　　　　　　D. 使用高功率的光源

106. 在石墨炉原子吸收分析中,扣除背景干扰应采取下面( )措施。

A. 用邻近非吸收线扣除

B. 用氘灯校正背景

C. 用自吸收方法校正背景

D. 塞曼效应校正背景

E. 加入保护剂或释放剂

107. 原子吸收检测中,下列方法中( )有利于消除物理干扰。

A. 配制与被测试样相似组成的标准溶液

B. 采用标准加入法或选用适当溶剂稀释试液

C. 调整撞击小球位置以产生更多细雾

D. 加入保护剂或释放剂

108. 原子吸收分析时消除化学干扰因素的方法有( )。

A. 使用高温火焰　　　　B. 加入释放剂　　C. 加入保护剂

D. 加入基体改进剂　　E. 扣除背景

109. 在火焰原子化过程中,产生一系列化学反应,下列反应中(　　)是不可能发生的。

A. 裂变　　　　　　B. 化合　　　　　C. 聚合　　　　　D. 电离

110. 下列元素可用氢化物原子化法进行测定的是(　　)。

A. Al　　　　　　B. As　　　　　C. Pb　　　　　D. Mg

111. 在原子吸收光谱法测定条件的选择过程中,下列操作正确的是(　　)。

A. 在保证稳定和合适光强输出的情况下,尽量选用较低的灯电流

B. 使用较宽的狭缝宽度

C. 尽量提高原子化温度

D. 调整燃烧器的高度,使测量光束从基态原子浓度最大的火焰区通过

112. 导致原子吸收分光光度法的标准曲线弯曲有关的原因是(　　)。

A. 光源灯失气,发射背景大

B. 光谱狭缝宽度选择不当

C. 测定样品浓度太高,仪器工作在非线性区域

D. 工作电流过小,由于"自蚀"效应使谱线变窄

113. 原子吸收法中能导致效果灵敏度降低的原因有(　　)。

A. 灯电流过大　　　　　　　　B. 雾化器毛细管堵塞

C. 燃助比不适合　　　　　　　D. 撞击球与喷嘴的相对位置未调整好

114. 原子吸收光谱定量分析的主要分析方法有(　　)。

A. 工作曲线法　　B. 标准加入法　　C. 间接分析法　　D. 差示光度法

115. 燃烧器的缝口存积盐类时,火焰可能出现分叉,这时应当(　　)。

A. 熄灭火焰　　　　　　　　B. 用滤纸插入缝口擦拭

C. 用刀片插入缝口轻轻刮除积盐　　D. 用水冲洗

116. 原子吸收光谱分析中,出现仪器噪声过大,分析重现性差,读数漂移等故障,应采用的排除方法有(　　)。

A. 更换光源灯,减小工作电流

B. 清除污物,清洗雾化器毛细管,重调雾化器

C. 清洗燃烧器,增加气源压力

D. 增加燃烧器预热时间,选择合适的火焰高度

117. 原子吸收光谱分析中,为了防止回火,各种火焰点燃和熄灭时,燃气与助燃气的开关必须遵守的原则是(　　)。

A. 先开助燃气,后关助燃气　　　　B. 先开燃气,后关燃气

C. 后开助燃气,先关助燃气　　　　D. 后开燃气,先关燃气

118. 导致原子吸收分光光度计噪声过大的原因中下列(　　)不正确。

A. 电压不稳定

B. 空心阴极灯有问题

C. 灯电流、狭缝、乙炔气和助燃气流量的设置不适当

D. 实验室附近有磁场干扰

119. 原子吸收分光光度计接通电源后,空心阴极灯亮,但高压开启后无能量显示,可通过

(　　)方法排除。

  A. 更换空心阴极灯   B. 将灯的极性接正确

  C. 找准波长   D. 将增益开到最大进行检查

120. 原子吸收光谱仪的空心阴极灯亮,但发光强度无法调节,排除此故障的方法有(　　)。

  A. 用备用灯检查,确认灯坏,更换   B. 重新调整光路系统

  C. 增大灯电流   D. 根据电源电路图进行故障检查,排除

121. 雾化器的作用是吸喷雾化,高质量的雾化器应满足(　　)条件。

  A. 雾化效率高   B. 雾滴细   C. 喷雾稳定   D. 没有或少量记忆效应

122. 原子吸收火焰原子化系统一般分为(　　)部分。

  A. 喷雾器   B. 雾化室   C. 混合室   D. 毛细管

123. 原子吸收空心阴极灯内充的低压保护气体通常是(　　)。

  A. 氩气   B. 氢气   C. 氖气   D. 氮气

124. 原子吸收仪器的分光系统主要有(　　)。

  A. 色散元件   B. 反射镜   C. 狭缝

  D. 光电倍增管   E. 吸光度显示器

以下是关于电化学分析法的题目。

125. 酸度计的结构一般由(　　)部分组成。

  A. 高阻抗毫伏计   B. 电极系统   C. 待测溶液   D. 温度补偿旋钮

126. 使用饱和甘汞电极时,正确的说法是(　　)。

  A. 电极下端要保持有少量的 KCl 晶体存在

  B. 使用前应检查玻璃弯管处是否有气泡

  C. 使用前要检查电极下端陶瓷芯毛细管是否畅通

  D. 安装电极时,内参比溶液的液面要比待测溶液的液面要低

127. 使用甘汞电极时,操作正确的是(　　)。

  A. 使用时,先取下电极下端口的小胶帽,再取下上侧加液口的小胶帽

  B. 电极内饱和 KCl 溶液应完全浸没内电极,同时电极下端要保持少量的 KCl 晶体

  C. 电极玻璃弯管处不应有气泡

  D. 电极下端的陶瓷芯毛细管应通畅

128. 常用的指示电极有(　　)。

  A. 玻璃电极   B. 气敏电极   C. 饱和甘汞电极

  D. 离子选择性电极   E. 银-氯化银电极

129. 下列各项中属于离子选择电极的基本组成的是(　　)。

  A. 电极管   B. 内参比电极   C. 外参比电极

  D. 内参比溶液   E. 敏感膜

130. 为了使标准溶液的离子强度与试液的离子强度相同,通常采用的方法是(　　)。

  A. 固定离子溶液的本底   B. 加入离子强度调节剂

  C. 向溶液中加入待测离子   D. 将标准溶液稀释

131. 不能作为氧化还原滴定指示电极的是(　　)。

  A. 锑电极   B. 铂电极   C. 汞电极   D. 银电极

132. 电位分析中,用作指示电极的是(　　)。

A. 铂电极　　　　　B. 饱和甘汞电极　C. 银电极　　　　　　D. pH 玻璃电极

133. 可用作参比电极的有(　　)。

A. 标准氢电极　　　　　　　　　B. 甘汞电极

C. 银-氯化银电极　　　　　　　　D. 玻璃电极

134. 能作为沉淀滴定指示电极的是(　　)。

A. 锑电极　　　　　　　B. 铂电极　　　　　　　C. 汞电极

D. 银电极　　　　　　　E. 饱和甘汞电极

135. PHS-3C 型酸度计使用时,常见故障主要发生在(　　)。

A. 电极插接处的污染、腐蚀　　　　B. 电极

C. 仪器信号输入端引线断开　　　　D. 所测溶液

136. 如果酸度计可以定位和测量,但到达平衡点缓慢,这可能是(　　)原因造成。

A. 玻璃电极衰老

B. 甘汞电极内饱和氯化钾溶液没有充满电极

C. 玻璃电极干燥太久

D. 电极内导线断路

137. 酸度计无法调至缓冲溶液的数值,故障的原因可能为(　　)。

A. 玻璃电极损坏　　　　　　　　　B. 玻璃电极不对称电位太小

C. 缓冲溶液 pH 不正确　　　　　　D. 电位器损坏

138. 校正酸度计时,若定位器能调 pH=6.86 但不能调 pH=4.00,可能的原因是(　　)。

A. 仪器输入端开路　　　　　　　　B. 电极失效

C. 斜率电位器损坏　　　　　　　　D. mV-pH 按键开关失效

139. 用酸度计测定溶液 pH 时,仪器的校正方法有(　　)。

A. 一点标校正法　　　　　　　　　B. 温度校正法

C. 二点标校正法　　　　　　　　　D. 电位校正法

140. 离子强度调节缓冲剂可用来消除的影响有(　　)。

A. 溶液酸度　　　　　B. 离子强度　　　　C. 电极常数　　　　D. 干扰离子

141. 电位滴定确定终点的方法(　　)。

A. E-V 曲线法　　　　　　　　B. $\dfrac{\Delta E}{\Delta V}$-$V$ 曲线法

C. 标准曲线法　　　　　　　　　　D. 二级微商法

142. 下列(　　)可用永停滴定法指示终点进行定量测定。

A. 用碘标准溶液测定硫代硫酸钠的含量

B. 用基准碳酸钠标定盐酸溶液的浓度

C. 用亚硝酸钠标准溶液测定磺胺类药物的含量

D. 用 Karl Fischer 法测定药物中的微量水分

143. 库仑分析法滴定的特点是(　　)。

A. 方法灵敏　　　　B. 简便　　　　　C. 易于自动化　　　D. 准确度高

144. 库仑滴定的终点指示方法有(　　)。

A. 指示剂法　　　B. 永停终点法　　　C. 分光光度法　　　D. 电位法

145. 库仑滴定法可在(　　)分析中应用。

  A. 氧化还原滴定 B. 沉淀滴定   C. 配位滴定   D. 酸碱滴定

146. 库仑滴定适用于(　　)。

  A. 常量分析   B. 半微量分析 C. 痕量分析   D. 有机物分析

147. 库仑滴定法的原始基准是(　　)。

  A. 标准溶液   B. 指示电极 C. 计时器   D. 恒电流

148. 库仑滴定装置是由(　　)组成。

  A. 发生装置   B. 指示装置 C. 电解池   D. 滴定剂

149. 以下是库仑滴定法所具有的特点的是(　　)。

  A. 不需要基准物

  B. 灵敏度高,取样量少

  C. 易于实现自动化,数字化,并可作遥控分析

  D. 设备简单,容易安装,使用和操作简便

150. 酸度计简称 pH 计,由(　　)部分组成。

  A. 电极部分   B. 电计部分 C. 搅拌系统   D. 记录系统

151. 酸度计使用时最容易出现故障的部位是(　　)。

  A. 电极和仪器的连接处   B. 信号输出部分

  C. 电极信号输入端   D. 仪器的显示部分

  E. 仪器的电源部分

152. 饱和甘汞电极在使用时有一些注意事项,一般要进行(　　)内容检查。

  A. 电极内有没有 KCl 晶体   B. 电极内有没有气泡

  C. 内参比溶液的量够不够   D. 液络部有没有堵塞

以下是关于红外分光光度法的题目。

153. 红外分光光度计的检测器主要有(　　)。

  A. 高真空热电偶 B. 侧热辐射计 C. 气体检测器 D. 光电检测器

154. 红外光谱仪主要由(　　)部件组成。

  A. 光源   B. 样品室   C. 单色器   D. 检测器

155. 多原子的振动形式有(　　)。

  A. 伸缩振动   B. 弯曲振动 C. 面内摇摆振动 D. 卷曲振动

156. 红外光谱产生的必要条件是(　　)。

  A. 光子的能量与振动能级的能量相等

  B. 化学键振动过程中 $\Delta\mu \neq 0$

  C. 化合物分子必须具有 π 轨道

  D. 化合物分子应具有 n 电子

157. 绝大多数化合物在红外光谱图上出现的峰数远小于理论上计算的振动数,是由于(　　)。

  A. 没有偶极矩变化的振动,不产生红外吸收

  B. 相同频率的振动吸收重叠,即简并

  C. 仪器不能区别那些频率十分接近的振动,或吸收带很弱,仪器检测不出

  D. 有些吸收带落在仪器检测范围之外

158. 用红外光激发分子使之产生振动能级跃迁时,化学键越强,则(　　)。

  A. 吸收光子的能量越大   B. 吸收光子的波长越长

C. 吸收光子的频率越大　　　　　D. 吸收光子的数目越多

159. 影响基团频率的内部因素(　　)。

　　A. 电子效应　　　B. 诱导效应　　　C. 共轭效应　　　D. 氢键的影响

160. 红外光谱是(　　)。

　　A. 分子光谱　　　　　B. 原子光谱　　　　　C. 吸收光谱

　　D. 电子光谱　　　　　E. 发射光谱

161. 红外固体制样方法有(　　)。

　　A. 压片法　　　B. 石蜡糊法　　　C. 薄膜法　　　D. 液体池法

162. 能与气相色谱仪联用的红外光谱仪为(　　)。

　　A. 色散型红外分光光度计　　　　B. 双光束红外分光光度计

　　C. 傅里叶变换红外分光光度计　　D. 快扫描红外分光光度计

163. 红外光谱技术在刑侦工作中主要用于物证鉴定,其优点为(　　)。

　　A. 样品不受物理状态的限制　　　B. 样品容易回收

　　C. 样品用量少　　　　　　　　　D. 鉴定结果充分可靠

164. 红外光源通常有(　　)。

　　A. 热辐射红外光源　　　　　　　B. 气体放电红外光源

　　C. 激光红外光源　　　　　　　　D. 氖灯光源

165. 一般激光红外光源的特点有(　　)。

　　A. 单色性好　　　B. 相干性好　　　C. 方向性强　　　D. 亮度高

(三) 判断题

(共 165 题。将判断结果填入括号中,正确的填"√",错误的填"×",每题 1 分)

以下是关于分光光度法的题目。

1. 光的吸收定律不仅适用于溶液,同样也适用于气体和固体。　　　　(　　)

2. 摩尔吸光系数的单位为 mol·cm/L。　　　　　　　　　　　　(　　)

3. 吸光系数越小,说明比色分析方法的灵敏度越高。　　　　　　　(　　)

4. 光谱通带实际上就是选择狭缝宽度。　　　　　　　　　　　　(　　)

5. 用镨钕滤光片检测分光光度计波长误差时,若测出的最大吸收波长的仪器标示值与镨钕滤光片的吸收峰波长相差 3.5 nm,说明仪器波长标示值准确,一般不需作校正。　　(　　)

6. 在分光光度法中,测定所用的参比溶液总是采用不含被测物质和显色剂的空白溶液。

　　　　　　　　　　　　　　　　　　　　　　　　　　　　　(　　)

7. 目视比色法必须在符合光吸收定律情况下才能使用。　　　　　　(　　)

8. 光谱定量分析中,各标样和试样的摄谱条件必须一致。　　　　　(　　)

9. 线性回归中的相关系数是用来作为判断两个变量之间相关关系的一个量度。(　　)

10. 不少显色反应需要一定时间才能完成,而且形成的有色配合物的稳定性也不一样,因此必须在显色后一定时间内进行。　　　　　　　　　　　　　　　　(　　)

11. 可见分光光度计检验波长准确度是采用苯蒸气的吸收光谱曲线检查。　(　　)

12. 四氯乙烯分子在红外光谱上没有 v(C=C)吸收带。　　　　　　(　　)

13. 红外光谱不仅包括振动能级的跃迁,也包括转动能级的跃迁,故又称为振转光谱。
(　　)

14. 红外光谱定量分析是通过对特征吸收谱带强度的测量来求出组分含量,其理论依据是朗伯-比耳定律。 (　　)

15. 原子吸收光谱仪在更换元素灯时,应一手扶住元素灯,再旋开灯的固定旋钮,以免灯被弹出摔坏。 (　　)

16. 在红外光谱中,C—H,C—C,C—O,C—Cl,C—Br 键的伸缩振动频率依次增加。
(　　)

17. 原子吸收分光光度计实验室必须远离电场和磁场,以防干扰。 (　　)

18. 用原子吸收分光光度法测定高纯 Zn 中的 Fe 含量时,采用的试剂是优级纯的 HCl。
(　　)

19. 傅里叶变换红外光谱仪与色散型仪器不同,采用单光束分光元件。 (　　)

20. 红外与紫外分光光度计在基本构造上的差别是检测器不同。 (　　)

21. 电子从第一激发态跃迁到基态时,发射出光辐射的谱线称为共振吸收线。 (　　)

22. 原子吸收法是根据基态原子和激发态原子对特征波长吸收而建立起来的分析方法。
(　　)

23. 原子吸收光谱是带状光谱,而紫外-可见光谱是线状光谱。 (　　)

24. 原子吸收光谱是由气态物质中激发态原子的外层电子跃迁产生的。 (　　)

25. 在原子吸收分光光度法中,一定要选择共振线作分析线。 (　　)

26. 原子吸收分光光度计的光源是连续光源。 (　　)

27. 原子吸收分光光度计中的单色器是放在原子化系统之前的。 (　　)

28. 原子吸收光谱仪和 751 型分光光度计一样,都是以氢弧灯作为光源的。 (　　)

29. 原子吸收光谱仪中常见的光源是空心阴极灯。 (　　)

30. 原子吸收光谱产生的原因是最外层电子产生的跃迁。 (　　)

31. 空心阴极灯发光强度与工作电流有关,增大电流可以增加发光强度,因此灯电流越大越好。 (　　)

32. 每种元素的基态原子都有若干条吸收线,其中最灵敏线和次灵敏线在一定条件下均可作为分析线。 (　　)

33. 原子空心阴极灯的主要参数是灯电流。 (　　)

34. 原子吸收光谱法选用的吸收分析线一定是最强的共振吸收线。 (　　)

35. 原子吸收检测中适当减小电流,可消除原子化器内的直流发射干扰。 (　　)

36. 在原子吸收中,如测定元素的浓度很高或为了消除邻近光谱线的干扰等,可选用次灵敏线。 (　　)

37. 对于高压气体钢瓶的存放,只要求存放环境阴凉、干燥即可。 (　　)

38. 进行原子光谱分析操作时,应特别注意安全。点火时应先开助燃气、再开燃气、最后点火。关气时应先关闭燃气再关助燃气。 (　　)

39. 火焰原子化法中常用气体是空气-乙炔。 (　　)

40. 化学干扰是原子吸收光谱分析中的主要干扰因素。 (　　)

41. 原子吸收检测中测定 Ca 元素时,加入 $LaCl_3$ 可以消除 PO^{3+} 的干扰。 (　　)

42. 原子吸收光谱分析中的背景干扰会使吸光度增加,因而导致测定结果偏低。 (　　)

43. 石墨炉原子化法与火焰原子化法比较,其优点之一是原子化效率高。　　　　　（　　）

44. 石墨炉原子吸收测定中,所使用的惰性气体的作用是保护石墨管不因高温灼烧而氧化,作为载气将气化的样品物质带走。　　　　　（　　）

45. 单色器的狭缝宽度决定了光谱通带的大小,而增加光谱通带就可以增加光的强度,提高分析的灵敏度,因而狭缝宽度越大越好。　　　　　（　　）

46. 当原子吸收仪器条件一定时,选择光谱通带就是选择狭缝宽度。　　　　　（　　）

47. 原子吸收分光光度计校准分辨率时的光谱带宽应为 0.1 nm。　　　　　（　　）

48. 原子吸收法中的标准加入法可消除基体干扰。　　　　　（　　）

49. 原子吸收光谱分析中,测量的方式是峰值吸收,而以吸光度值反映其大小。　　　（　　）

50. 原子吸收检测中,当燃气和助燃气的流量发生变化,原来的工作曲线仍然适用。

　　　　　（　　）

51. 充氖气的空心阴极灯负辉光的正常颜色是蓝色。　　　　　（　　）

52. 空心阴极灯亮,但高压开启后无能量显示,可能是无高压。　　　　　（　　）

53. 空心阴极灯阳极光闪动的主要原因是阳极表面放电不均匀。　　　　　（　　）

以下是关于电化学分析法的题目。

54. 库仑分析法的基本原理是朗伯-比尔定律。　　　　　（　　）

55. 库仑分析法的理论基础是法拉第电解定律。　　　　　（　　）

56. 在库仑分析法中,电流效率不能达到百分之百的原因之一,是由于电解过程中有副反应产生。　　　　　（　　）

57. 库仑滴定不但能作常量分析,也能测微量组分。　　　　　（　　）

58. 库仑分析法要得到准确结果,应保证电极反应有 100% 电流效率。　　　　　（　　）

59. 玻璃电极膜电位的产生是由于电子的转移。　　　　　（　　）

60. 测溶液的 pH 时玻璃电极的电位与溶液的氢离子浓度成正比。　　　　　（　　）

61. 电位滴定法与化学分析法的区别是终点指示方法不同。　　　　　（　　）

62. 电极的选择性系数越小,说明干扰离子对待测离子的干扰越小。　　　　　（　　）

63. 用电位滴定法确定 $KMnO_4$ 标准滴定溶液滴定 Fe^{2+} 的终点,以铂电极为指示电极,以饱和甘汞电极为参比电极。　　　　　（　　）

64. 铜锌原电池的符号为 $(-)Zn/Zn^{2+}(0.1\ mol/L)//Cu^{2+}(0.1\ mol/L)/Cu(+)$。　（　　）

65. 饱和甘汞电极是常用的参比电极、其电极电位是恒定不变的。　　　　　（　　）

66. 标准氢电极是常用的指示电极。　　　　　（　　）

67. 使用甘汞电极时,为保证其中的 KCl 溶液不流失,不应取下电极上、下端的胶帽和胶塞。　　　　　（　　）

68. 使用甘汞电极一定要注意保持电极内充满饱和 KCl 溶液,并且没有气泡。　　　（　　）

69. 用酸度计测定水样 pH 时,如果读数不正常,原因之一可能是仪器未用 pH 标准缓冲溶液校准。　　　　　（　　）

70. pH 玻璃电极是一种测定溶液酸度的膜电极。　　　　　（　　）

71. 用电位滴定法进行氧化还原滴定时,通常使用 pH 玻璃电极作指示电极。　　　（　　）

72. 玻璃电极是离子选择性电极。　　　　　（　　）

73. 玻璃电极在使用前要在蒸馏水中浸泡 24 小时以上。　　　　　（　　）

74. 普通酸度计通电后可立即开始测量。　　　　　（　　）

以下是关于色谱分析法的题目。

75. 采用高锰酸银催化热解定量测定碳氢含量的方法为热分解法。　　　　　　　（　　）

76. 液相色谱的流动相配置完成后应先进行超声,再进行过滤。　　　　　　　（　　）

77. 高效液相色谱的专用检测器包括紫外检测器、折光指数检测器、电导检测器和荧光检测器。　　　　　　　　　　　　　　　　　　　　　　　　　　　　　　　　　　（　　）

78. 高效液相色谱中,色谱柱前面的预置柱会降低柱效。　　　　　　　　　　（　　）

79. 由于液相色谱仪器工作温度可达 500 ℃,所以能测定高沸点有机物。　　　（　　）

80. 在液相色谱分析中选择流动相比选择柱温更重要。　　　　　　　　　　　（　　）

81. 液液分配色谱中,各组分的分离是基于各组分吸附力的不同。　　　　　　（　　）

82. 高效液相色谱仪的工作流程同气相色谱仪完全一样。　　　　　　　　　　（　　）

83. 接好色谱柱,开启气源,输出压力调在 0.2～0.4 Mpa。关载气稳压阀,待 30 min 后,仪器上压力表指示的压力下降小于 0.005 Mpa,则说明此段不漏气。　　　　　　　（　　）

84. 检修气相色谱仪故障时,一般应将仪器尽可能拆散。　　　　　　　　　　（　　）

85. 气相色谱分析中,混合物能否完全分离取决于色谱柱,分离后的组分能否准确检测出来,取决于检测器。　　　　　　　　　　　　　　　　　　　　　　　　　　　　（　　）

86. 在用气相色谱仪分析样品时载气的流速应恒定。　　　　　　　　　　　　（　　）

87. 电子捕获检测器对含有 S、P 元素的化合物具有很高的灵敏度。　　　　　（　　）

88. 检测器池体温度不能低于样品的沸点,以免样品在检测器内冷凝。　　　　（　　）

89. 气相色谱分析中,当热导池检测器的桥路电流和钨丝温度一定时,适当降低池体温度,可以提高灵敏度。　　　　　　　　　　　　　　　　　　　　　　　　　　　　　（　　）

90. 热导检测器中最关键的元件是热丝。　　　　　　　　　　　　　　　　　（　　）

91. FID 检测器是典型的非破坏型质量型检测器。　　　　　　　　　　　　　（　　）

92. FID 检测器属于浓度型检测器。　　　　　　　　　　　　　　　　　　　（　　）

93. 当无组分进入检测器时,色谱流出曲线称色谱峰。　　　　　　　　　　　（　　）

94. 相对保留值仅与柱温、固定相性质有关,与操作条件无关。　　　　　　　（　　）

95. 色谱柱的选择性可用"总分离效能指标"来表示,它可定义为:相邻两色谱峰保留时间的差值与两色谱峰宽之和的比值。　　　　　　　　　　　　　　　　　　　　　　（　　）

96. 相邻两组分得到完全分离时,其分离度 $R<1.5$。　　　　　　　　　　　（　　）

97. 堵住色谱柱出口,流量计不下降到零,说明气路不泄漏。　　　　　　　　（　　）

98. 某试样的色谱图上出现三个峰,该试样最多有三个组分。　　　　　　　　（　　）

99. 气相色谱定性分析中,在适宜色谱条件下标准物与未知物保留时间一致,则可以肯定两者为同一物质。　　　　　　　　　　　　　　　　　　　　　　　　　　　　　（　　）

100. 在气相色谱分析中通过保留值完全可以准确地给被测物定性。　　　　　（　　）

101. 气相色谱分析时进样时间应控制在 1 秒以内。　　　　　　　　　　　　（　　）

102. 每次安装了新的色谱柱后,应对色谱柱进行老化。　　　　　　　　　　（　　）

103. 在决定液担比时,应从担体的种类、试样的沸点、进样量等方面加以考虑。（　　）

以下是善于修验仪器设备的题目。

104. 气相色谱检测器中氢火焰检测器对所有物质都产生响应信号。　　　　　（　　）

105. 气相色谱气路安装完毕后,应对气路密封性进行检查。在检查时,为避免管道受损,常用肥皂水进行探漏。　　　　　　　　　　　　　　　　　　　　　　　　　　　（　　）

106. 用气相色谱法定量分析样品组分时,分离度应至少为 1.0。　　　　　　　(　　)
107. 在气相色谱分析中,检测器温度可以低于柱温度。　　　　　　　　　　　(　　)
108. 高效液相色谱分析中,固定相极性大于流动相极性称为正相色谱法。　　　(　　)
109. 高效液相色谱仪的流程为:高压泵将储液器中的流动相稳定输送至分析体系,在色谱柱之前通过进样器将样品导入,流动相将样品依次带入预柱和色谱柱,在色谱柱中各组分被分离,并依次随流动相流至检测器,检测到的信号送至工作站记录、处理和保存。　(　　)
110. 液相色谱分析中,分离系统主要包括柱管、固定相和色谱柱箱。　　　　　(　　)
111. 液-液分配色谱的分离原理与液液萃取原理相同,都是分配定律。　　　　(　　)
112. 因高压氢气钢瓶需避免日晒,所以最好放在楼道或实验室里。　　　　　　(　　)
113. 气相色谱分析结束后,须先关闭总电源,再关闭高压气瓶和载气稳压阀。　(　　)
114. 气相色谱分析结束后,先关闭高压气瓶和载气稳压阀,再关闭总电源。　　(　　)
115. 气相色谱分析中,提高柱温能提高柱子的选择性,但会延长分析时间,降低柱效率。　　　　　　　　　　　　　　　　　　　　　　　　　　　　　　　(　　)
116. 气相色谱分析中的归一化法定量的唯一要求是:样品中所有组分都流出色谱柱。
　　　　　　　　　　　　　　　　　　　　　　　　　　　　　　　　　　(　　)
117. 在原子吸收分光光度法中,对谱线复杂的元素常用较小的狭缝进行测定。　(　　)
118. 玻璃电极上有油污时,可用无水乙醇、铬酸洗液或浓硫酸浸泡、洗涤。　　(　　)
119. 更换玻璃电极即能排除酸度计的零点调不到的故障。　　　　　　　　　　(　　)
120. 修理后的酸度计,须经检定,并对照国家标准计量局颁布的《酸度计检定规程》技术标准合格后方可使用。　　　　　　　　　　　　　　　　　　　　　　　　　(　　)
121. 复合玻璃电极使用前一般要在蒸馏水中活化浸泡 24 小时以上。　　　　　(　　)
122. 玻璃电极使用一定时间后,电极会老化,性能大大下降,可以用低浓度的 HF 溶液进行活化修复。　　　　　　　　　　　　　　　　　　　　　　　　　　　　　(　　)
123. 在原子吸收测量过程中,如果测定的灵敏度降低,可能的原因之一是,雾化器没有调整好,排障方法是调整撞击球与喷嘴的位置。　　　　　　　　　　　　　　　　(　　)
124. 检修气相色谱仪故障时,首先应了解故障发生前后的仪器使用情况。　　　(　　)
125. 通常气相色谱进样器(包括汽化室)的污染处理是应先疏通后清洗。主要的污染物是进样隔垫的碎片、样品中被炭化的高沸点物等,对这些固态杂质可用不锈钢捅针疏通,然后再用乙醇或丙酮冲洗。　　　　　　　　　　　　　　　　　　　　　　　　　　(　　)
126. 气相色谱仪操作结束时,一般要先降低层析室、检测器的温度至接近室温才可关机。
　　　　　　　　　　　　　　　　　　　　　　　　　　　　　　　　　　(　　)
127. 氢火焰离子化检测器使用温度不应超过 100 ℃,温度过高可能损坏离子头。(　　)
128. 氢火焰离子化检测器是依据不同组分气体的热导系数不同来实现物质测定的。
　　　　　　　　　　　　　　　　　　　　　　　　　　　　　　　　　　(　　)
129. 热导池电源电流调节偏低或无电流,一定是热导池钨丝引出线已断。　　　(　　)
130. 气相色谱热导池检测器的钨丝如果有断,一般表现为桥电流不能进行正常调节。
　　　　　　　　　　　　　　　　　　　　　　　　　　　　　　　　　　(　　)
131. 热导池电源电流的调节一般没有什么严格的要求,有无载气都可打开。　　(　　)
132. 氮气钢瓶上可以使用氧气表。　　　　　　　　　　　　　　　　　　　　(　　)
133. 气相色谱对试样组分的分离是物理分离。　　　　　　　　　　　　　　　(　　)

134. 氧气钢瓶的减压阀由于使用太久和环境原因生锈,可以进行清洁处理,但不能加油润滑。　　　　　　　　　　　　　　　　　　　　　　　　　　　　　　（　　）

135. 乙烯钢瓶为棕色,字色为淡黄色。　　　　　　　　　　　　　　　　（　　）

136. 高压气瓶分别用不同的颜色区分,如氮气用黑色瓶装,氢气用深绿色的瓶装,氧气用黄色瓶装。　　　　　　　　　　　　　　　　　　　　　　　　　　　　（　　）

137. 玻璃电极测定 pH<1 的溶液时,pH 读数偏高;测定 pH>10 的溶液时,pH 读数偏低。　　　　　　　　　　　　　　　　　　　　　　　　　　　　　　　　（　　）

138. 实验室用酸度计和离子计型号很多,但一般均由电极系统和高阻抗毫伏计、待测溶液组成原电池、数字显示器等部分构成的。　　　　　　　　　　　　　　　　（　　）

139. 使用氟离子选择电极测定水中 F⁻ 离子含量时,主要的干扰离子是 OH^-。　（　　）

140. 酸度计的电极包括参比电极和指示电极,参比电极一般常用玻璃电极。　（　　）

141. 释放剂能消除化学干扰,是因为它能与干扰元素形成更稳定的化合物。　（　　）

142. 分光光度计使用的光电倍增管,负高压越高灵敏度就越高。　　　　　（　　）

143. 清洗电极后,不要用滤纸擦拭玻璃膜,而应用滤纸吸干,避免损坏玻璃薄膜,防止交叉污染,影响测量精度。　　　　　　　　　　　　　　　　　　　　　　　　　（　　）

144. 原子吸收分光光度计的分光系统(光栅或凹面镜)若有灰尘,可用擦镜纸轻轻擦拭。
　　　　　　　　　　　　　　　　　　　　　　　　　　　　　　　　　（　　）

145. 原子吸收光谱分析法是利用处于基态的待测原子蒸气对从光源发射的共振发射线的吸收来进行分析的。　　　　　　　　　　　　　　　　　　　　　　　　　（　　）

146. 原子吸收光谱分析中,通常不选择元素的共振线作为分析线。　　　　（　　）

147. 原子吸收光谱仪的原子化装置主要分为火焰原子化器和非火焰原子化器两大类。
　　　　　　　　　　　　　　　　　　　　　　　　　　　　　　　　　（　　）

148. 原子吸收仪器和其他分光光度计一样,具有相同的内外光路结构,遵守朗伯-比耳定律。　　　　　　　　　　　　　　　　　　　　　　　　　　　　　　　　（　　）

149. FID 检测器对所有化合物均有响应,属于通用型检测器。　　　　　　（　　）

150. 气相色谱仪一般由气路系统、分离系统、温度控制系统、检测系统和数据处理系统等组成。　　　　　　　　　　　　　　　　　　　　　　　　　　　　　　　（　　）

151. 气相色谱中气化室的作用是用足够高的温度将液体瞬间气化。　　　　（　　）

152. 石墨炉原子法中,选择灰化温度的原则是,在保证被测元素不损失的前提下,尽量选择较高的灰化温度以减少灰化时间。　　　　　　　　　　　　　　　　　　（　　）

153. 色谱法只能分析有机物质,而对一切无机物则不能进行分析。　　　　（　　）

154. 空心阴极灯若长期不用,应定期点燃,以延长灯的使用寿命。　　　　（　　）

155. 色谱柱的老化温度应略高于操作时的使用温度,色谱柱老化合格的标志是接通记录仪后基线走的平直。　　　　　　　　　　　　　　　　　　　　　　　　　（　　）

156. 色谱柱的作用是分离混合物,它是整个仪器的心脏。　　　　　　　　（　　）

157. 热导检测器(TCD)的清洗方法通常将丙酮、乙醚、十氢萘等溶剂装满检测器的测量池,浸泡约 20 分钟后倾出,反复进行多次至所倾出的溶液比较干净为止。　　（　　）

158. 电导滴定法是根据滴定过程中由于化学反应所引起溶液电导率的变化来确定滴定终点的。　　　　　　　　　　　　　　　　　　　　　　　　　　　　　　　（　　）

159. 用酸度计测 pH 时定位器能调 pH＝6.86,但不能调 pH＝4.00 的原因是电极失效。

                           (   )

160. DDS-11A 电导率仪在使用时高低周的确定是以 300 $\mu S/cm$ 为界限的,大于此值为高周。   (   )

161. 使用热导池检测器时,必须在有载气通过热导池的情况下,才能对桥电路供电。

                           (   )

162. 双柱双气路气相色谱仪是将经过稳压阀后的载气分成两路,一路作分析用,一路作补偿用。   (   )

163. 死时间表示样品流过色谱柱和检测器所需的最短时间。   (   )

164. 影响热导池检测灵敏度的因素主要有:桥路电流、载气质量、池体温度和热敏元件材料及性质。   (   )

165. 空心阴极灯常采用脉冲供电方式。   (   )

项目四 化学检验工(中级)职业技能鉴定仿真考核

一、气质联用仿真操作系统简介

考核软件由北京东方仿真技术有限责任公司提供,设备型号为 GCMS－QP2010,系统版本为 V1.0。

(一) 导读

本仿真系统是根据岛津 GCMS－QP2010C 气质联用分析仪器及岛津 GCMS Anal 工作站软件进行开发的仪器分析仿真系统,版本为 V1.0。本操作系统主要包括仿真系统的基本操作知识以及功能模块的描述,介绍了操作软件的具体方法。

(二) 初步认识

1. 软件启动

安装完软件后,可以通过下列两种方式启动仿真软件:

方式一:点击桌面仿真软件快捷方式"气质联用分析仿真",双击后可以运行软件。

方式二:进入软件安装目录,找到 PISPNETRun. exe 文件,双击后可以运行。

2. 运行方式选择

启动软件后,将会出现形如图 4.1 所示的界面。

如果进行单机练习,则点击"单机练习"按钮,如果需要连接教师站运行,请根据教师站配置信息输入相关基本信息以及教师站地址,然后点击"局域网模式"按钮。

出现练习项目选择界面后根据需要选择相关的练习项目(具体细节及变动根据软件培训而定)。

3. 主界面认识

在程序加载完相关资源后,出现如图 4.2 所示的仿真操作主界面。

程序主界面上部是软件标题栏、菜单栏,主场景上部是四个功能按钮,分别是实验总览、理论测试、理论知识和实验帮助,左下方是实验室场景缩略图,其余区域为仿真操作区。

4. 模块认识

仿真系统包括了以下模块。

(1) 仿真现场操作模块

主要用于实验操作中对现场设备的操作仿真,其包括了五个子模块,分别是:气体钢瓶模块、进样模块、色谱质谱仪模块、电脑模块、实验样品配制模块。

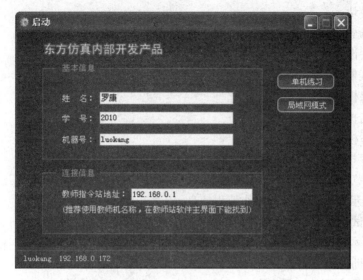

图 4.1　启动界面

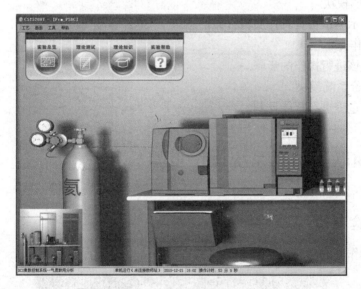

图 4.2　仿真操作主界面

(2) 仿真工作站模块

主要用于实验操作中对工作站操作的仿真,包括了以下功能模块。

① 数据采集模块:

a. 采集方法设置指南模块;

b. 样品注册模块;

c. 发送分析方法的待机模块;

d. 开始记录谱图模块;

e. 停止记录谱图模块;

f. 仪器温度状态监视模块。

② 数据处理模块:

a. 定性表模块；

b. 相似度检索模块；

c. 积分方法设置模块；

d. 校正曲线制作模块；

e. 分析结果模块。

③ 分析报告模块：

a. 报告查看模块；

b. 报告保存模块。

（3）实验总览模块

主要用于显示本次仿真实验操作流程信息。

（4）理论测试模块

提供一套与本实验密切相关的理论测试题。

（5）实验帮助模块

主要用于理论方面的拓展内容。

（6）实验说明模块

主要用于显示本次仿真具体实验方面信息。

（7）单步操作提示模块

提示当前应该进行操作的步骤。

（8）智能评价系统模块

对整个培训过程进行智能评判。

二、气质联用仿真系统操作步骤

(一) 实验准备

点击仿真操作区的玻璃仪器区域(图 4.3)。

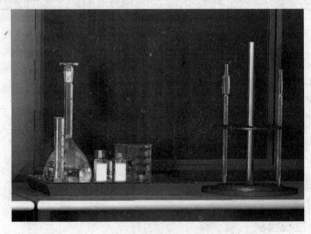

图 4.3　玻璃仪器区域

弹出标样稀释界面(图 4.4)。

六六六、滴滴涕混合物标准溶液

农药名称	标准值μg/mL	农药名称	标准值μg/mL
α-六六六	40	p.p'-滴滴伊	80
β-六六六	100	o.p'-滴滴涕	100
γ-六六六	60	p.p'-滴滴滴	100
δ-六六六	60	p.p'-滴滴涕	150

稀释结果

农药名称	标准值μg/mL	农药名称	标准值μg/mL
α-六六六	4	p.p'-滴滴伊	8
β-六六六	10	o.p'-滴滴滴	10
γ-六六六	6	p.p'-滴滴滴	10
δ-六六六	8	p.p'-滴滴涕	15

标样信息1#

农药名称	标准值μg/mL	农药名称	标准值μg/mL
α-六六六	0	p.p'-滴滴伊	0
β-六六六	0	o.p'-滴滴滴	0
γ-六六六	0	p.p'-滴滴滴	0
δ-六六六	0	p.p'-滴滴涕	0

稀释　装入1#　装入2#　装入3#　装入4#　装入5#　进样量

图 4.4　稀释界面

点击"稀释",输入稀释倍数,回车确认后,稀释结果部分显示出稀释后的样品浓度,点击"装入1#",将当前浓度的标样装入 1# 样品瓶,同样方法,稀释 2#、3#、4#、5# 样品(具体浓度以评分系统提示为准)。

(二) 启动仪器

点击场景中钢瓶位置(图 4.5)。

图 4.5　钢瓶

弹出载气操作场景,点击根部阀的阀门调节图标⊙⊙,根部阀逆时针为开,点击右边图标,将钢瓶根部阀打开,类型方法,点击载气输出阀门调节图标⊙⊙,注意载气输出阀门顺时针为开,将载气输出压力调节到合适压力(参考压力:500kPa)。

点击场景中质谱仪█,弹出质谱仪电源开关,█,点击开关,打开质谱仪电源:█(场景中质谱仪电源灯亮)。

点击场景中色谱仪开关█,打开色谱仪电源(场景中液晶屏变亮)█。

点击场景中电脑主机电源█,启动电脑。

(三) 运行工作站软件

点击场景中电脑屏幕上工作站图标,启动工作站软件(图4.6)。

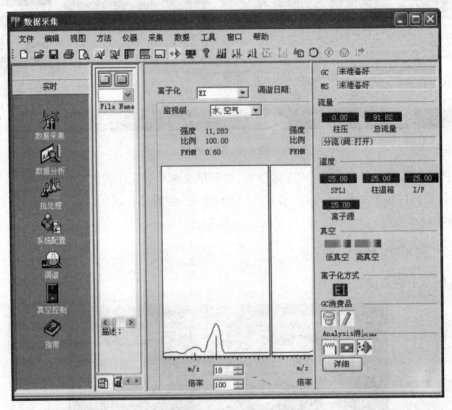

图4.6　工作站主界面

点击"真空控制"图标,在弹出窗口中点击"自动启动"按钮,系统自动开始启动(图4.7)。提示"完毕"后关闭该窗口。

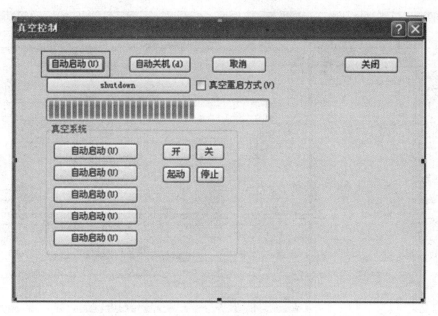

图 4.7　自动启动

点击"调谐"图标,然后点击"开始自动调谐"图标,弹出自动调谐窗口(图 4.8)。

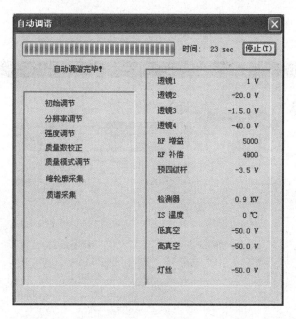

图 4.8　自动调谐

提示完毕后关闭该窗口。

点击"文件"菜单,选择"另存调谐文件",命名调谐文件并保存到电脑上。

点击左侧"数据采集"按钮,进入数据采集方法设置功能模块(图 4.9)。

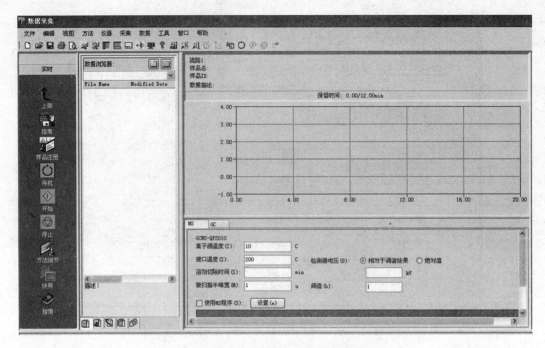

图 4.9　数据采集方法设置功能界面

点击"指南"按钮,设置数据采集方法:

指南 1(图 4.10):

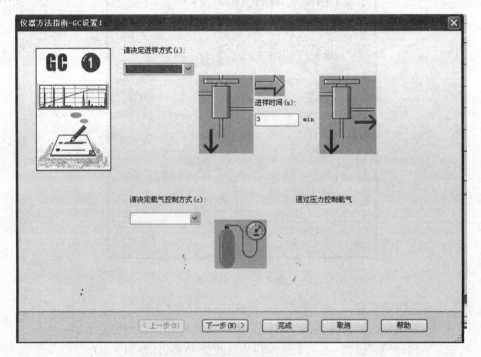

图 4.10　设置数据采集方法指南 1

本实验中,进样方式选择"不分流",载气控制方式选择"压力",进样时间设置为 1 min。

指南 2(图 4.11):

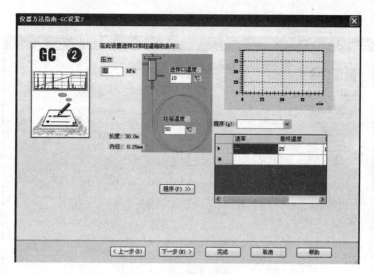

图 4.11　设置数据采集方法指南 2

设置进样口压力为 100 kPa,进样口温度设置为 265 ℃,升温程序表见表 4.1(参考用)。

表 4.1　升温程度表

速　率	最终温度(℃)	保持时间(min)
—	80	2
25	200	5
5	250	3
20	290	3

指南 3(图 4.12):

检测器电压为 1.2 kV,接口温度为 250 ℃(需要低于色谱柱承受的最高温);采集模式选择"扫描"。

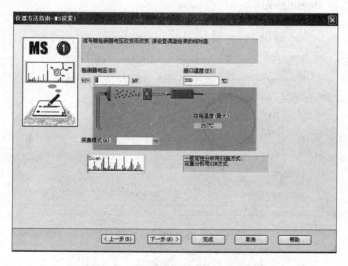

图 4.12　设置数据采集方法指南 3

指南 4(图 4.13)：

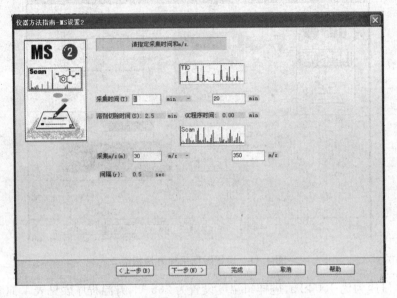

图 4.13　设置数据采集方法指南 4

采集时间设置为 3 min 到 35 min(采集时间要少于温度程序时间)，采集 m/z 设置为 40 到 400；点击工作站左侧"样品注册"图标，设置进样分析信息(图 4.14)。

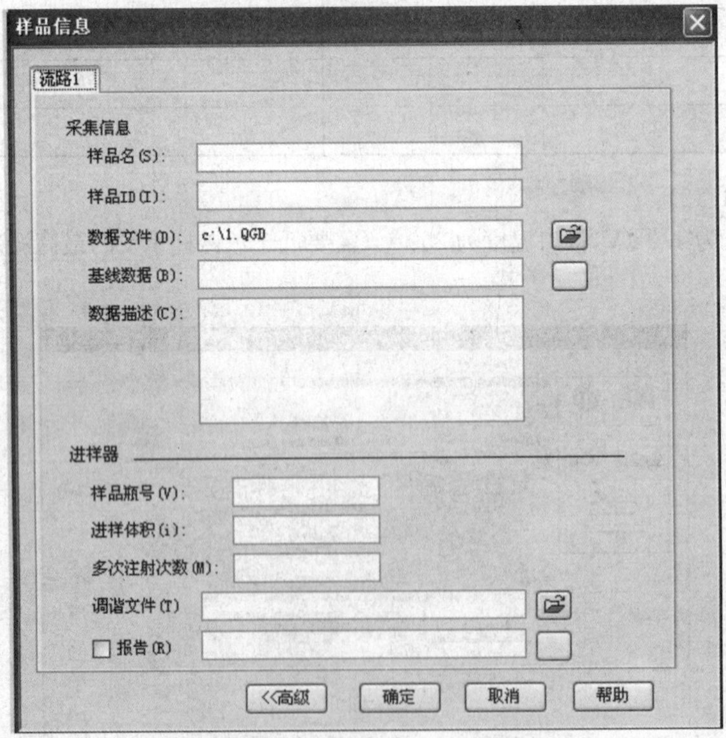

图 4.14　设置进样分析信息

根据所测样品，设置样品名和样品 ID，并选择数据文件保存位置以及设置数据文件名等信息，选择调谐文件，然后点击确定后关闭样品信息窗口。在窗口中部设置离子源温度，并回车确认(图 4.15)。

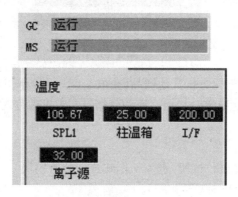

图 4.15　设置离子源温度

点击工作站左侧"待机"图标,将数据采集方法发送到仪器,仪器将会根据所设置的方法执行相关升温程序(图 4.16)。

图 4.16　执行升温程序

(四) 进样分析

点击场景中玻璃仪器,在弹出的样品稀释界面中,点击"进样量",设置进样分析量;当工作站仪器监视显示为准备就绪,如图 4.17 所示。

图 4.17

点击大场景中需要分析的样对应的安碚瓶(从左到右依次为 1♯、2♯、3♯、4♯、5♯、未知样 1),仪器开始进样,根据进样动画,在针头拔出的时候按下色谱仪上开始记录按钮:▣▣▣(绿色按钮),工作站将会自动采集样品数据(图 4.18)。

图 4.18

数据采集完毕后,程序将会自动将所获得的数据文件按照样品注册时设置的路径进行保存。

(五) 数据采集

数据采集完毕,仪器监视显示为准备就绪(图 4.19)。

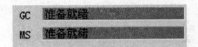

图 4.19

重新进行"样品注册",进样分析其他样品(获取 2♯、3♯、4♯、5♯以及未知样谱图)。

注意:GC 或 MS 在温度稳定时显示:"准备就绪";在温度改变时显示:"运行"。

(六) 数据处理

点击工作站左侧"数据分析"按钮,进入工作站数据分析模块。

点击数据浏览器上浏览图标(图 4.20)。

图 4.20

找到数据文件保存路径,数据文件将会在其下方列出。

双击需要处理的数据文件(图 4.21),对应文件的谱图将会打开,相关信息在窗口上显示出来(图 4.22、图 4.23)。

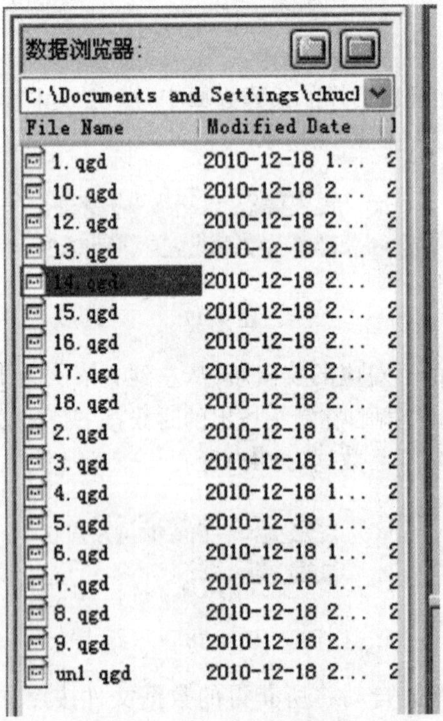

数据浏览器:		
C:\Documents and Settings\chucl		
File Name	Modified Date	
1. qgd	2010-12-18 1...	2
10. qgd	2010-12-18 2...	2
12. qgd	2010-12-18 2...	2
13. qgd	2010-12-18 2...	2
14. qgd	2010-12-18 2...	2
15. qgd	2010-12-18 2...	2
16. qgd	2010-12-18 2...	2
17. qgd	2010-12-18 2...	2
18. qgd	2010-12-18 2...	2
2. qgd	2010-12-18 1...	2
3. qgd	2010-12-18 1...	2
4. qgd	2010-12-18 1...	2
5. qgd	2010-12-18 1...	2
6. qgd	2010-12-18 1...	2
7. qgd	2010-12-18 1...	2
8. qgd	2010-12-18 2...	2
9. qgd	2010-12-18 2...	2
un1. qgd	2010-12-18 2...	2

图 4.21　数据文件列表

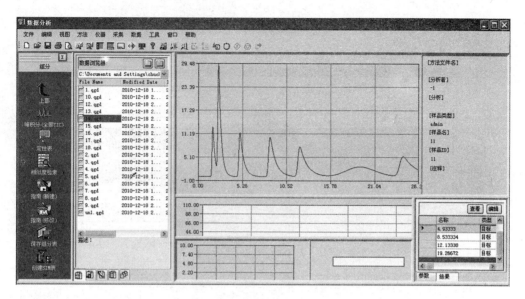

图 4.22　数据文件对应谱图

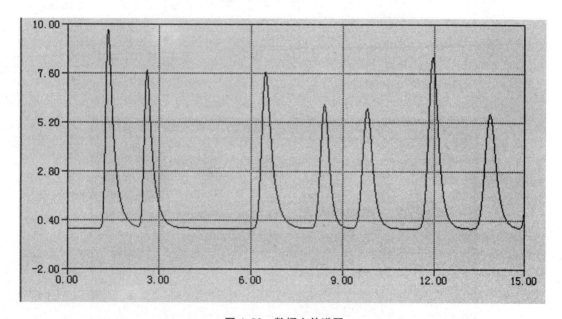

图 4.23　数据文件谱图

点击"创建组分表"图标,点击工作站左侧"定性表",按照分析要求选择所要分析的物质并登记到质谱处理表(图 4.24)中(可对比标样峰形进行选择,如果选择错误可以在"质谱处理"表中进行删除)。

在 TIC 表中点击右键,选择"登记到质谱处理表",选择完毕后关闭该窗口,点击窗口右下角的"结果"表,其中会显示选中的物质信息,在未知样谱图上选择对应的峰,对应下方将显示出该物质的质谱图(图 4.25)。

在质谱图上点击右键,选择"相似度检索",将会得到该物质的检索结果(图 4.26)。

根据检索结果进行物质定性,将物质名称填写到结果表中"名称"一列,同样方法将所有物质定性完毕,得到物质名并填入结果表,点击"指南(新建)",设置数据分析方法(图 4.27)。

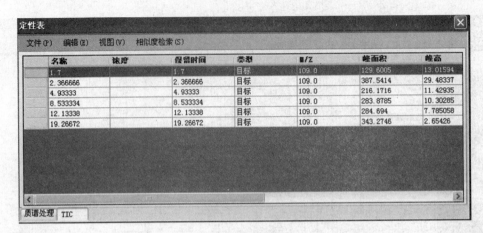

图 4.24　质谱处理表

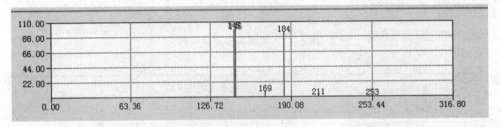

图 4.25　质谱处理结果

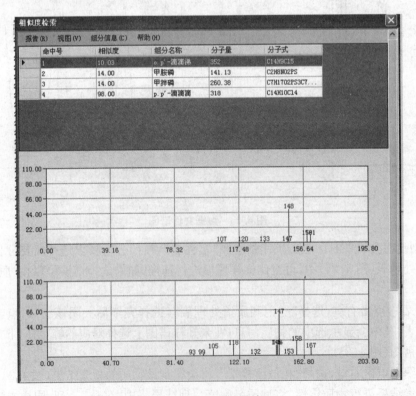

图 4.26　相似度检索

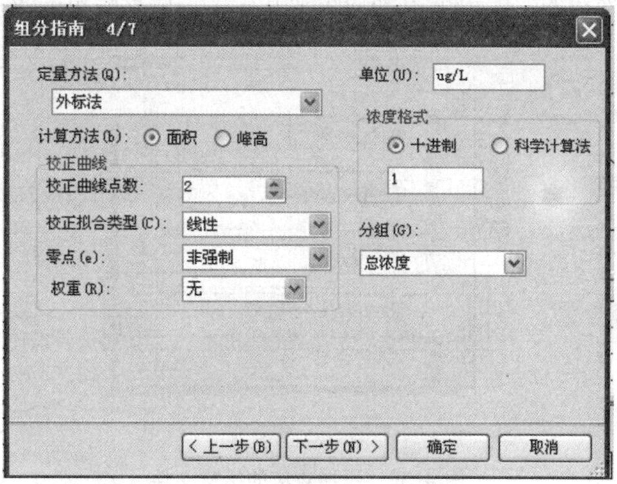

图 4.27 设置数据分析方法

定量方法选择:外标法。

计算方法选择:面积。

单位填写:μg/L。

校正曲线点数选择:5。

拟合类型选择:线性。

零点选择:非强制。

权重:无。

完毕时候点击"确定"按钮。

点击"保存组分表"将获得的组分信息保存下来。

点击数据浏览器下方的文件类型选择图标的方法文件图标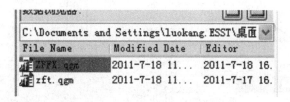,将数据浏览器切换到方法文件视图(图 4.28)。

图 4.28 方法文件视图

找到前面保存的组分表对应的文件,双击打开(图 4.29)。

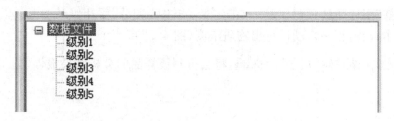

图 4.29 打开组分表对应文件

在对应级别添加对应的标样文件,在对应级别上右键单击,然后单击"添加"(图 4.30)。

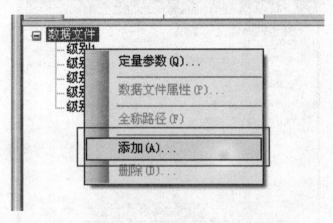

图 4.30 添加对应的标样文件

接着在参数表中填写每一个级别对应的浓度,完毕后点击"查看"按钮,程序自动回归出工作曲线,并显示曲线形状、回归方程及对应参数(图 4.31)。

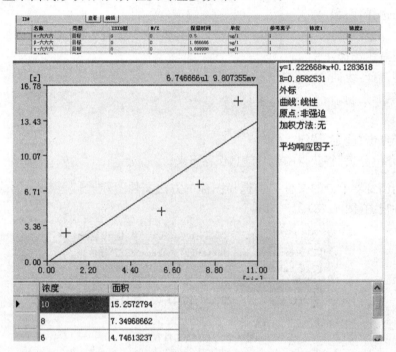

图 4.31 查看相关参数

点击"上部"图标回到顶层工具,点击定量,点击峰积分,采用默认参数,点击确定后,在结果表中,点击查看,程序自动计算出物质浓度(图 4.32)。

然后点击工作站左侧"报告"图标,将会得到该样品的分析结果报告(图 4.33)。

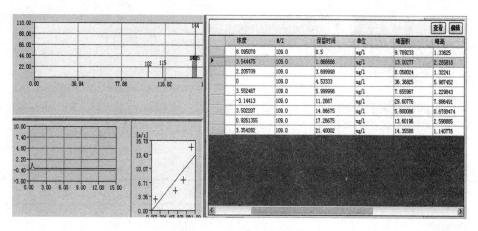

图 4.32　计算物质浓度

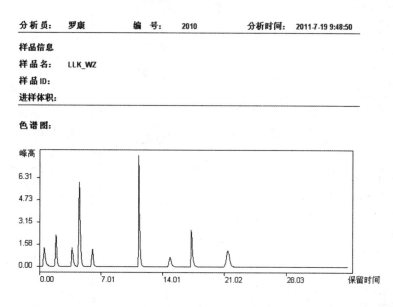

图 4.33　分析结果报告

将报告进行保存供以后查阅。

（七）降温关机

点击真空控制图标,在弹出的窗口中点击"自动关机",提示关机完成后,关闭工作站软件、关闭色谱仪电源、关闭质谱仪电源、关闭载气根部阀、关闭载气送出阀、关闭电脑电源,实验结束！

三、相关说明

(一) 功能图标

各功能图标说明见表 4.2。

表 4.2　功能图标说明

图　标	说　明	图　标	说　明
	场景关闭		阀门或旋钮顺时针旋转
	阀门或旋钮逆时针旋转		电脑启动按钮
	工作站启动		色谱仪器电源开关
	质谱仪器电源开关		

(二) 备注

本手册涉及的数据仅供参考,具体数据及方法请以有关教材为准!

项目五　化学检验工(中级)职业技能鉴定实操考核

一、化学分析技能操作考核项目

(一) 注意事项

(1) 技能操作考核试卷依据《化学检验工》国家职业标准命题编制。

(2) 请根据试题考核要求,完成考核内容。

(3) 请服从考评人员指挥,保证考核安全顺利进行。

(二) 说明

(1) 化学分析技能操作考核每题满分100分,权重0.4,完成时间120分钟,超过120分钟停考。

(2) 关于评分细则中制定的评分标准,规定每小项分数扣完为止,不另扣分。

(3) 考核成绩为操作过程评分、测定结果评分和考核时间评分之和。

(4) 技能操作考核中,未注明要求时,试剂均为分析纯,用水符合国家规定的实验室三级水规格。

(三) 考核要求

(1) 仪器设备清洁干净、摆放整齐,台面整洁。

(2) 态度端正,认真对待考核,保持安静。

(3) 操作规范。

(4) 原始记录工整、完整,数据改正规范,结果计算准确。

(5) 在规定时间内完成考核。

(四) 技能操作考核试题

试题一　EDTA标准溶液测定试样中碳酸钙的含量——配位滴定分析法(模拟)

考件编号:＿＿＿＿＿＿＿

1. 测定方案

(1) 用分析天平称取0.15 g烘干至恒重的试样(精确至0.0001 g),置于250 mL锥形瓶中。

(2) 用2 mL水调湿,滴加20%盐酸溶液至试样全部溶解,再加入50 mL水和5 mL 30%的三乙醇胺溶液,用乙二胺四乙酸二钠标准滴定溶液(c_{EDTA}约为0.05 mol/L)滴定(浓度由考核站标定好)。

（3）当标准滴定溶液消耗至 25 mL 时，加 5mL 浓度为 100 g/L 的氢氧化钠溶液和 10 mg 钙指示剂，继续用 EDTA 标准滴定溶液滴定至溶液由红色为纯蓝色。

平行测定 3 次，同时做空白试验，并进行滴定管体积校正和溶液温度的体积校正。

2. 数据记录

将数据记录在表 5.1 中。

表 5.1　数据记录表

班级		学号			姓名	
标准溶液名称			试样名称		滴定管编号	
室温(℃)		溶液温度(℃)		标定日期	年　月　日	
内容　　平行测定次数				1	2	3
称量瓶和试样的质量(第一次读数)						
称量瓶和试样的质量(第二次读数)						
试样质量 m(g)						
试样试验	滴定管初读数(mL)					
	滴定消耗 EDTA 溶液的体积(mL)					
	滴定管校正值(mL)					
	溶液温度补正值(mL/L)					
	溶液温度校正值(mL)					
	实际滴定消耗 EDTA 溶液的体积 V(mL)					
空白试验	滴定管初读数(mL)					
	滴定消耗 EDTA 溶液的体积(mL)					
	滴定管校正值(mL)					
	溶液温度补正值(mL/L)					
	溶液温度校正值(mL)					
	实际滴定消耗 EDTA 溶液体积 V_0(mL)					
EDTA 标准溶液的浓度: c_{EDTA}(mol/L)						
试样中 $CaCO_3$ 含量 ω(%)						
试样中 $CaCO_3$ 含量的平均值 $\bar{\omega}$(%)						
平行测定结果的极差(%)						
相对极差(即极差与平均值之比)(%)						

3. 结果计算

（1）碳酸钙含量以质量分数 ω 计，数值以百分比表示，按下式计算：

$$\omega_{\mathrm{CaCO_3}} = \frac{C \times \left(\dfrac{V}{1000} - \dfrac{V_0}{1000}\right) \times 100.09}{m_s} \times 100\%$$

式中:C 为 EDTA 标准滴定溶液浓度的准确数值,单位为摩尔每升(mol/L);

  V 为测定试样消耗 EDTA 标准滴定溶液体积的准确数值,单位是毫升(mL);

  V_0 为空白试验消耗 EDTA 标准滴定溶液体积的准确数值,单位是毫升(mL);

  m_s 为试样质量的准确数值,单位是克(g);

  100.09 为碳酸钙的摩尔质量,单位是克每摩尔(g/mol)。

取平行测定结果的算术平均值为试样的含量。

(2)平行测定结果的极差,按下式计算:

$$R = X_{\max} - X_{\min}$$

式中:$X_{\max}$ 为平行测定值的最大值(%);

  $X_{\min}$ 为平行测定值的最小值(%)。

(3)相对极差(即极差与平均值之比),数值以百分比表示,按下式计算:

$$\frac{R}{\overline{\omega}} \times 100\%$$

式中:R 为平行测定结果的极差(%);

  $\overline{\omega}$ 为试样中 CaCO$_3$ 含量的平均值(%)。

4. 评分细则

评分细则如表 5.2 所示。

表 5.2 EDTA 标准溶液测定试样中碳酸钙含量——配位滴定分析法评分细则

考位号: 班级: 准考证号(学号):   姓名:

日期: 年 月 日   开始时间: 结束时间:

序号	评分标准	配分	评分点	扣分	得分	备注
一、称样(13分)						
1	天平准备工作 (缺做一项扣1分)	2	预热(考核前由工作人员准备)			
			调水平			
			清扫			
			调零			
2	称量操作 (错一项扣1分)	6	正确使用干燥器			
			未戴称量手套或未用干燥干净纸条拿捏称量瓶			
			称量物放于天平盘正确位置			
			称量瓶错放于实验台面			
			敲样动作正确			
			敲样时药品洒落到台面			
			敲样次数≤5			
			数显稳定后读数			
			锥形瓶有完整编号(逐一检查)			

序号	评分标准	配分	评分点	扣分	得分	备注
3	称量范围 (错一个扣1分)	3	试样称量范围最多不超过±5%			
4	称量后处理 (缺一项扣1分)	2	复原天平			
			清扫天平盘			
			放回凳子			
二、滴定(44分)						
1	滴定前准备 (缺或错做一项扣1分)	8	滴定管洗涤干净			
			正确试漏			
			润洗前尽量沥干			
			润洗量符合要求			
			润洗次数不少于三次			
			装溶液前摇匀溶液			
			试剂瓶标签对准手心			
			调零点正确(检查第一次)			
2	滴定操作 (错一项扣1分)	18	正确滴加或添加指示剂			
			滴定姿势正确			
			操作滴定管动作正确			
			滴定速度控制适当			
			摇瓶操作动作规范			
			滴定后补加溶液操作正确			
			半滴溶液的加入控制适当			
			近终点靠液次数不多于4次			
3	终点判断 (错一个扣1分)	4	终点判断准确			
4	读数 (错一个扣1分)	4	停留30秒读数			
			读数正确			
5	数据记录 (缺或错一处扣0.5分)	5	原始数据记录及时、规范、正确			
			原始数据不用其他纸张(若有应收回并扣1分)			
			数据按规范改正			
			正确进行滴定管体积校正(考评员应核对体积校正值)			

序号	评分标准	配分	评分点	扣分	得分	备注
6	滴定后处理（缺或错做一项扣1分）	3	实验结束，清洗仪器			
			物品摆放整齐，台面整洁			
			"三废"按规定处理			
三、重大失误(10分)倒扣分项，最多扣10分						
1	重称试样		每重称一次倒扣2分			
2	溶液重配		每次倒扣5分			
3	重新滴定		每次倒扣5分			
4	损坏玻璃仪器		每损坏一个倒扣3分			
5	篡改测量数据		伪造、凑数据等，总分计为零分			
四、考核时间(120分钟)超过5分钟扣2分，10分钟扣4分，15分钟扣8分，20分钟扣16分并停考						
五、数据处理(8分)						
1	计算（缺或错一处扣1分）	3	计算结果正确（由于第一次错误影响到其他数据不再扣分）			
2	有效数字保留（错一处扣1分）	5	对消耗标准滴定溶液体积正确进行温度校正			
			有效数字位数保留或修约正确			
六、分析结果(35分)						
1	精密度	10	相对极差≤0.10%	0		
			0.10%＜相对极差≤0.20%	2		
			0.20%＜相对极差≤0.40%	4		
			0.40%＜相对极差≤0.60%	6		
			0.60%＜相对极差≤0.80%	8		
			相对极差＞0.80%	10		
2	准确度	25	｜相对误差｜≤0.10%	0		
			0.10%＜｜相对误差｜≤0.30%	5		
			0.30%＜｜相对误差｜≤0.50%	10		
			0.50%＜｜相对误差｜≤0.70%	15		
			0.70%＜｜相对误差｜≤0.90%	20		
			｜相对误差｜＞0.90%	25		
合计						

一～四项合计得分：_____　　　　　五～六项合计得分：_____

总得分：_____

阅卷考评员签字：_____　　　　　复核考评员签字：_____

试题二　EDTA 标准溶液测定试样中氯化锌的含量——配位滴定分析法

考件编号：_____

1. 测定方案

(1) 用分析天平称取 0.3 g 试样(精确至 0.0002 g)，置于 250 mL 锥形瓶中，加 50mL 蒸馏水和数滴 20％的盐酸溶液，再加入 3 g 四水合酒石酸钾钠，溶解。用 1∶1 氨水中和至刚出现白色沉淀或浑浊并过量 1 mL。

(2) 加 50 mg 铬黑 T 指示剂，用浓度为 $c_{EDTA}=0.1$ mol/L 的乙二胺四乙酸二钠标准溶液(浓度由考核站标定好)滴定至溶液呈现蓝色停止滴定。

平行测定 3 次，同时做空白试验，并进行滴定管体积校正和溶液温度的体积校正。

2. 数据记录

将数据记录在表 5.3 中。

表 5.3　数据记录表

班级		学号			姓名		
标准溶液名称			试样名称			滴定管编号	
室温(℃)		溶液温度(℃)			标定日期		年　月　日
平行测定次数　　内容					1	2	3
称量瓶和试样的质量(第一次读数)							
称量瓶和试样的质量(第二次读数)							
试样质量 m(g)							
试样试验	滴定管初读数(mL)						
	滴定消耗 EDTA 溶液的体积(mL)						
	滴定管校正值(mL)						
	溶液温度补正值(mL/L)						
	溶液温度校正值(mL)						
	实际滴定消耗 EDTA 溶液的体积 V(mL)						
空白试验	滴定管初读数(mL)						
	滴定消耗 EDTA 溶液的体积(mL)						
	滴定管校正值(mL)						
	溶液温度补正值(mL/L)						
	溶液温度校正值(mL)						
	实际滴定消耗 EDTA 溶液体积 V_0(mL)						
EDTA 标准溶液的浓度：c_{EDTA}(mol/L)							
试样中 $ZnCl_2$ 含量 ω(％)							
试样中 $ZnCl_2$ 含量的平均值 $\bar{\omega}$(％)							
平行测定结果的极差(％)							
相对极差(即极差与平均值之比)(％)							

3. 结果计算

(1) 氯化锌含量以质量分数 ω 计,数值以百分比表示,按下式计算:

$$\omega_{ZnCl_2} = \frac{C \times (V - V_0) \times 136.30}{1000 \times m_s} \times 100\%$$

式中:C 为 EDTA 标准滴定溶液浓度的准确数值,单位为摩尔每升(mol/L);

V 为测定试样消耗 EDTA 标准滴定溶液体积的准确数值,单位是毫升(mL);

V_0 为空白试验消耗 EDTA 标准滴定溶液体积的准确数值,单位是毫升(mL);

m_s 为试样质量的准确数值,单位是克(g);

136.30 为氯化锌的摩尔质量,单位是克每摩尔(g/mol)。

取平行测定结果的算术平均值为试样的含量。

(2) 平行测定结果的极差,按下式计算:

$$R = X_{max} - X_{min}$$

式中:X_{max} 为平行测定值的最大值(%);

X_{min} 为平行测定值的最小值(%)。

(3) 相对极差(即极差与平均值之比),数值以百分比表示,按下式计算:

$$\frac{R}{\bar{\omega}} \times 100\%$$

式中:R 为平行测定结果的极差(%);

$\bar{\omega}$ 为试样中 $ZnCl_2$ 含量的平均值(%)。

4. 评分细则

评分细则见表 5.4。

表 5.4 EDTA 标准溶液测定试样中氯化锌含量——配位滴定分析法

考位号: 班级: 准考证号(学号): 姓名:

日期: 年 月 日 开始时间: 结束时间:

序号	评分标准	配分	评分点	扣分	得分	备注
一、称样(13分)						
1	天平准备工作 (缺做一项扣1分)	2	预热(考核前由工作人员准备)			
			调水平			
			清扫			
			调零			
2	称量操作 (错一项扣1分)	6	正确使用干燥器			
			未戴称量手套或未用干燥干净纸条拿捏称量瓶			
			称量物放于天平盘正确位置			
			称量瓶错于实验台面			
			敲样动作正确			
			敲样时药品洒落到台面			
			敲样次数≤5			
			数显稳定后读数			
			锥形瓶有完整编号(逐一检查)			

序号	评分标准	配分	评分点	扣分	得分	备注
3	称量范围 (错一个扣1分)	3	试样称量范围最多不超过±5%			
4	称量后处理 (缺一项扣1分)	2	复原天平			
			清扫天平盘			
			放回凳子			
二、滴定(44分)						
1	滴定前准备 (缺或错做一项扣1分)	8	滴定管洗涤干净			
			正确试漏			
			润洗前尽量沥干			
			润洗量符合要求			
			润洗次数不少于三次			
			装溶液前摇匀溶液			
			试剂瓶标签对准手心			
			调零点正确(检查第一次)			
2	滴定操作 (错一项扣1分)	18	正确滴加或添加指示剂			
			滴定姿势正确			
			操作滴定管动作正确			
			滴定速度控制适当			
			摇瓶操作动作规范			
			滴定后补加溶液操作正确			
			半滴溶液的加入控制适当			
			近终点靠液次数不多于4次			
3	终点判断 (错一个扣1分)	4	终点判断准确			
4	读数 (错一个扣1分)	4	停留30秒读数			
			读数正确			
5	数据记录 (缺或错一处扣0.5分)	5	原始数据记录及时、规范、正确			
			原始数据不用其他纸张(若有应收回并扣1分)			
			数据按规范改正			
			正确进行滴定管体积校正(考评员应核对体积校正值)			

续表

序号	评分标准	配分	评分点	扣分	得分	备注
6	滴定后处理 (缺或错做一项扣1分)	3	实验结束,清洗仪器			
			物品摆放整齐,台面整洁			
			"三废"按规定处理			

三、重大失误(10分)倒扣分项,最多扣10分

1	重称试样	每重称一次倒扣2分	
2	溶液重配	每次倒扣5分	
3	重新滴定	每次倒扣5分	
4	损坏玻璃仪器	每损坏一个倒扣3分	
5	篡改测量数据	伪造、凑数据等,总分计为零分	

四、考核时间(120分钟)超过5分钟扣2分,10分钟扣4分,15分钟扣8分,20分钟扣16分并停考

五、数据处理(8分)

1	计算(缺或错一处扣1分)	3	计算结果正确(由于第一次错误影响到其他数据不再扣分)			
			对消耗标准滴定溶液体积正确进行温度校正			
2	有效数字保留(错一处扣1分)	5	有效数字位数保留或修约正确			

六、分析结果(35分)

1	精密度	10	相对极差≤0.10%	0		
			0.10%＜相对极差≤0.30%	2		
			0.30%＜相对极差≤0.50%	4		
			0.50%＜相对极差≤0.70%	6		
			0.70%＜相对极差≤0.90%	8		
			相对极差＞0.90%	10		
2	准确度	25	∣相对误差∣≤0.10%	0		
			0.10%＜∣相对误差∣≤0.30%	5		
			0.30%＜∣相对误差∣≤0.50%	10		
			0.50%＜∣相对误差∣≤0.70%	15		
			0.70%＜∣相对误差∣≤0.90%	20		
			∣相对误差∣＞0.90%	25		
合计						

一～四项合计得分:_____　　　　　五～六项合计得分:_____

总得分:_____

阅卷考评员签字:_____　　　　　复核考评员签字:_____

试题三　硫代硫酸钠标准溶液测定碘酸钾的含量——氧化还原滴定分析法(模拟)

考件编号：_____

1. 测定方案

(1) 用分析天平称取 0.12 g 试样(精确至 0.0002 g)，置于 500 mL 碘量瓶中；

(2) 加 25 mL 水溶解，加 3 g 碘化钾及 5 mL 浓度为 20% 的盐酸溶液，水封碘量瓶，摇匀，于暗处放置 5 min，取出用水冲洗瓶塞和瓶口，加 150 mL 蒸馏水。

(3) 立即用浓度为 $C_{Na_2S_2O_3} = 0.1$ mol/L 的硫代硫酸钠标准滴定溶液(浓度由考核站标定好)滴定，近终点时，加 3 mL 淀粉指示液，继续滴定至溶液蓝色消失。

平行测定 3 次，同时做空白试验，并进行滴定管体积校正和溶液温度的体积校正。

2. 数据记录

将数据记录在表 5.5 中。

表 5.5　数据记录表

班级		学号				姓名		
标准溶液名称			试样名称				滴定管编号	
室温(℃)			溶液温度(℃)			标定日期	年　月　日	
内容	平行测定次数					1	2	3
称量瓶和试样的质量(第一次读数)								
称量瓶和试样的质量(第二次读数)								
试样质量 m(g)								
试样试验	滴定管初读数(mL)							
	滴定消耗 $Na_2S_2O_3$ 溶液的体积(mL)							
	滴定管校正值(mL)							
	溶液温度补正值(mL/L)							
	溶液温度校正值(mL)							
	实际滴定消耗 $Na_2S_2O_3$ 溶液的体积 V(mL)							
空白试验	滴定管初读数(mL)							
	滴定消耗 $Na_2S_2O_3$ 溶液的体积(mL)							
	滴定管校正值(mL)							
	溶液温度补正值(mL/L)							
	溶液温度校正值(mL)							
	实际滴定消耗 $Na_2S_2O_3$ 溶液体积 V_0(mL)							
$Na_2S_2O_3$ 标准溶液的浓度：$C_{Na_2S_2O_3}$ (mol/L)								
试样中 KIO_3 含量 ω(%)								
试样中 KIO_3 含量的平均值 $\bar{\omega}$(%)								
平行测定结果的极差(%)								
相对极差(即极差与平均值之比)(%)								

3. 结果计算

(1) 碘酸钾含量以质量分数 ω 计,数值以百分比表示,按下式计算:

$$\omega_{KIO_3} = \frac{C \times (V-V_0) \times \frac{1}{6} \times 214.00}{1\,000 \times m_s} \times 100\%$$

式中:C 为硫代硫酸钠标准滴定溶液浓度,单位为摩尔每升(mol/L);

V 为测定试样消耗硫代硫酸钠标准溶液体积,单位为毫升(mL);

V_0 为空白试验消耗硫代硫酸钠标准溶液体积,单位为毫升(mL);

m_s 为试样质量,单位为克(g);

214.00 为碘酸钾的摩尔质量,单位是克每摩尔(g/mol)。

取平行测定结果的算术平均值为试样的含量。

(2) 平行测定结果的极差,按下式计算:

$$R = X_{max} - X_{min}$$

式中:X_{max} 为平行测定值的最大值(%);

X_{min} 为平行测定值的最小值(%)。

(3) 极差与平均值之比,数值以%表示,按下式计算:

$$\frac{R}{\bar{\omega}} \times 100\%$$

式中:R 为平行测定结果的极差(%);

$\bar{\omega}$ 为试样中 KIO_3 含量的平均值(%)。

4. 评分细则

评分细则见表5.6。

表5.6 硫代硫酸钠标准溶液测定碘酸钾的含量——氧化还原滴定分析法

考位号: 班级: 准考证号(学号): 姓名:

日期: 年 月 日 开始时间: 结束时间:

序号	评分标准	配分	评分点	扣分	得分	备注
			一、称样(13分)			
1	天平准备工作 (缺做一项扣1分)	2	预热(考核前由工作人员准备)			
			调水平			
			清扫			
			调零			
2	称量操作 (错一项扣1分)	6	正确使用干燥器			
			未戴称量手套或未用干燥干净纸条拿捏称量瓶			
			称量物放于天平盘正确位置			
			称量瓶错放于实验台面			
			敲样动作正确			
			敲样时药品洒落到台面			
			敲样次数≤5			
			数显稳定后读数			
			锥形瓶有完整编号(逐一检查)			

序号	评分标准	配分	评分点	扣分	得分	备注
3	称量范围 (错一个扣1分)	3	试样称量范围最多不超过±5%			
4	称量后处理 (缺一项扣1分)	2	复原天平			
			清扫天平盘			
			放回凳子			
二、制备试样(4分)							
1	准备待测溶液(缺做 或错一项扣1分)	4	加水溶解试样方法正确			
			水封方法得当			
			溶液放置达规定时间			
			用水冲洗瓶塞和瓶口			
三、滴定(44分)							
1	滴定前准备 (缺或错做一项扣1 分)	8	滴定管洗涤干净			
			正确试漏			
			润洗前尽量沥干			
			润洗量符合要求			
			润洗次数不少于三次			
			装溶液前摇匀溶液			
			试剂瓶标签对准手心			
			调零点正确(检查第一次)			
2	滴定操作 (错一项扣1分)	16	正确滴加或添加指示剂			
			滴定姿势正确			
			操作滴定管动作正确			
			滴定速度控制适当			
			摇瓶操作动作规范			
			滴定后补加溶液操作正确			
			半滴溶液的加入控制适当			
			近终点靠液次数不多于4次			
3	终点判断 (错一个扣1分)	4	终点判断准确			
4	读数 (错一个扣1分)	4	停留30秒读数			
			读数正确			

序号	评分标准	配分	评分点	扣分	得分	备注
5	数据记录 (缺或错一处扣 0.5 分)	5	原始数据记录及时、规范、正确			
			原始数据不用其他纸张(若有应收回并扣 1 分)			
			数据按规范改正			
			正确进行滴定管体积校正(考评员应核对体积校正值)			
6	滴定后处理 (缺或错做一项扣 1 分)	3	实验结束,清洗仪器			
			物品摆放整齐,台面整洁			
			"三废"按规定处理			

四、重大失误(10 分)倒扣分项,最多扣 10 分

1	重称试样		每重称一次倒扣 2 分			
2	溶液重配		每次倒扣 5 分			
3	重新滴定		每次倒扣 5 分			
4	损坏玻璃仪器		每损坏一个倒扣 3 分			
5	篡改测量数据		伪造、凑数据等,总分计为零分			

五、考核时间(120 分钟)超过 5 分钟扣 2 分,10 分钟扣 4 分,15 分钟扣 8 分,20 分钟扣 16 分并停考

六、数据处理(8 分)

1	计算(缺或错一处扣 1 分) 有效数字保留(错一处扣 1 分)	3	计算结果正确(由于第一次错误影响到其他数据不再扣分); 对消耗标准滴定溶液体积正确进行温度校正			
2	有效数字保留(缺或错一处扣 1 分)	5	有效数字位数保留或修约正确			

七、分析结果(35 分)

1	精密度	10	相对极差≤0.10%	0		
			0.10%<相对极差≤0.30%	2		
			0.30%<相对极差≤0.50%	4		
			0.50%<相对极差≤0.70%	6		
			0.70%<相对极差≤0.90%	8		
			相对极差>0.90%	10		

序号	评分标准	配分	评分点	扣分	得分	备注
2	准确度	25	｜相对误差｜≤0.10％	0		
			0.10％＜｜相对误差｜≤0.30％	5		
			0.30％＜｜相对误差｜≤0.50％	10		
			0.50％＜｜相对误差｜≤0.70％	15		
			0.70％＜｜相对误差｜≤0.90％	20		
			｜相对误差｜＞0.90％	25		
合计						

一～五项合计得分：＿＿＿＿＿　　　六～七项合计得分：＿＿＿＿＿

总得分：＿＿＿＿＿

阅卷考评员签字：＿＿＿＿＿　　　复核考评员签字：＿＿＿＿＿

试题四　基准无水碳酸钠标定盐酸溶液的浓度——酸碱滴定分析法(模拟)

考件编号：＿＿＿＿＿＿＿＿

1. 测定方案

(1) 用称量瓶按递减称样法称取在 270～280 ℃灼烧至恒重的基准无水碳酸钠 0.15～0.2 g(称准至 0.0002 g),放入 250 mL 锥形瓶中,用 50 mL 蒸馏水溶解。

(2) 加溴甲酚绿-甲基红混合指示剂 10 滴(或用 25 mL 蒸馏水溶解,加甲基橙指示剂 1～2 滴),用 0.1 mol/L HCl 标准溶液滴定至溶液由绿色变为暗红色(或由黄色变为橙色)。

(3) 加热煮沸 2 分钟,冷却后继续滴定至溶液呈暗红色(或橙色)为终点。

平行标定 3 次,同时做空白实验,并进行滴定管体积校正和溶液温度的体积校正。

2. 数据记录

将数据记录在表5.7中。

表 5.7

班级		学号			姓名	
标准溶液名称			试样名称		滴定管编号	
室温(℃)		溶液温度(℃)		标定日期	年　月　日	
内容 平行测定次数				1	2	3
称量瓶和试样的质量(第一次读数)						
称量瓶和试样的质量(第二次读数)						
试样质量 m(g)						

试样试验	滴定管初读数(mL)			
	滴定消耗 HCl 溶液的体积(mL)			
	滴定管校正值(mL)			
	溶液温度补正值(mL/L)			
	溶液温度校正值(mL)			
	实际滴定消耗 HCl 溶液的体积 V(mL)			
空白试验	滴定管初读数(mL)			
	滴定消耗 HCl 溶液的体积(mL)			
	滴定管校正值(mL)			
	溶液温度补正值(mL/L)			
	溶液温度校正值(mL)			
	实际滴定消耗 HCl 溶液体积 V_0(mL)			
HCl 标准溶液的浓度:C_{HCl}(mol/L)				
HCl 含量的平均值 $\bar{\omega}$(%)				

3. 结果计算

(1) HCl 标准溶液浓度以物质的量浓度 C_{HCl} 计,按下式计算:

$$C_{HCl}=\frac{m\times1000\times2}{(V-V_0)\times105.99}$$

式中:V 为滴定基准物实际消耗盐酸标准溶液体积,单位为毫升(mL);

V_0 为空白试验消耗盐酸标准溶液体积,单位为毫升(mL);

m 为基准无水碳酸钠的质量,单位为克(g);

105.99 为基准无水碳酸钠的摩尔质量,单位是克每摩尔(g/mol)。

取平行测定结果的算术平均值为待测溶液的浓度。

(2) 相对极差(即极差与平均值之比),数值以百分比表示,按下式计算:

$$R_r=\frac{C_{max}-C_{min}}{\bar{C}}\times100\%$$

式中:C_{max} 为平行测定值的最大值(mol/L);

C_{min} 为平行测定值的最小值(mol/L)。

4. 评分细则

评分细则见表 5.8。

表5.8 基准无水碳酸钠标定盐酸溶液的浓度(评分细则)

班级: 准考证号(学号): 姓名:

日期: 年 月 日 开始时间: 结束时间: 考位号:

序号	评分标准	配分	评分点	扣分	得分	备注
一、称样(13分)						
1	天平准备工作 (缺做一项扣1分)	2	预热(考核前由工作人员准备)			
			调水平			
			清扫			
			调零			
2	称量操作 (错一项扣1分)	6	正确使用干燥器			
			未戴称量手套或未用干燥干净纸条拿捏称量瓶			
			称量物放于天平盘正确位置			
			称量瓶错放于实验台面			
			敲样动作正确			
			敲样时药品洒落到台面			
			敲样次数≤5			
			数显稳定后读数			
			锥形瓶有完整编号(逐一检查)			
3	称量范围 (错一个扣1分)	3	基准物称量范围 最多不超过±5%			
4	称量后处理 (缺一项扣1分)	2	复原天平			
			清扫天平盘			
			放回凳子			
二、滴定(44分)						
1	滴定前准备 (缺或错做一项扣1分)	8	滴定管洗涤干净			
			正确试漏			
			润洗前尽量沥干			
			润洗量符合要求			
			润洗次数不少于三次			
			装溶液前摇匀溶液			
			试剂瓶标签对准手心			
			调零点正确(看第一次)			

续表

序号	评分标准	配分	评分点	扣分	得分	备注
2	滴定操作 (错一项扣1分)	18	正确滴加或添加指示剂			
			滴定姿势正确			
			操作滴定管动作正确			
			滴定速度控制适当			
			摇瓶操作动作规范			
			加热前擦干锥形瓶外壁			
			煮沸符合规定时间(2分钟)			
			半滴溶液的加入控制适当			
			近终点靠液次数不多于4次			
			滴定后补加溶液操作正确			
3	终点判断 (错一个扣1分)	4	终点判断准确			
4	读数 (错一个扣1分)	4	停留30秒读数			
			读数正确			
5	数据记录 (缺或错一处扣0.5分)	5	原始数据记录及时、规范、正确			
			原始数据不用其他纸张(若有应收回并扣1分)			
			数据按规范改正			
			正确进行滴定管体积校正(考评员应核对体积校正值)			
6	滴定后处理 (缺或错做一项扣1分)	3	实验结束,清洗仪器			
			物品摆放整齐,台面整洁			
			"三废"按规定处理			

三、重大失误(10分)倒扣分项,最多扣10分

1	重称试样	每重称一次倒扣2分			
2	溶液重配	每次倒扣5分			
3	重新滴定	每次倒扣5分			
4	损坏玻璃仪器	每损坏一个倒扣3分			
5	篡改测量数据	伪造、凑数据等,总分计为零分			

四、考核时间(120分钟)超过5分钟扣2分,10分钟扣4分,15分钟扣8分,20分钟扣16分并停考

续表

序号	评分标准	配分	评分点	扣分	得分	备注
五、数据处理(8分)						
1	计算 (缺或错一处扣1分)	3	计算结果正确(由于第一次错误影响到其他数据不再扣分)			
			对消耗标准滴定溶液体积正确进行温度校正			
2	有效数字保留(错一处扣1分)	5	有效数字位数保留或修约正确			
六、分析结果(35分)						
1	精密度	10	相对极差≤0.10%	0		
			0.10%<相对极差≤0.30%	2		
			0.30%<相对极差≤0.50%	4		
			0.50%<相对极差≤0.70%	6		
			0.70%<相对极差≤0.90%	8		
			相对极差>0.90%	10		
2	准确度	25	|相对误差|≤0.10%	0		
			0.10%<|相对误差|≤0.30%	5		
			0.30%<|相对误差|≤0.50%	10		
			0.50%<|相对误差|≤0.70%	15		
			0.70%<|相对误差|≤0.90%	20		
			|相对误差|>0.90%	25		
合计						

一～四项合计得分:_____　　　五～六项合计得分:_____

总得分:_____

阅卷考评员签字:_____　　　复核考评员签字:_____

二、仪器分析技能操作考核项目

(一) 注意事项

(1) 技能操作考核试卷依据《化学检验工》国家职业标准命题编制。

(2) 请根据试题考核要求,完成考核内容。

(3) 请服从考评人员指挥,保证考核安全顺利进行。

(二) 说明

(1) 仪器分析技能操作考核,试题一满分 40 分,权重 1.0,完成时间 40 分钟,超过 5 分钟停考;试题二和三每题 100 分,权重 0.4,完成时间 120 分钟,超过 20 分钟停考。

(2) 考核成绩为操作过程评分、测定结果评分和考核时间评分之和。

(三) 考核要求

(1) 仪器设备清洁干净、堆放整齐。

(2) 操作规范。

(3) 测定读数必须迅速、准确。

(4) 结果计算准确。

(5) 原始记录完整。

(6) 完成速度符合要求。

(四) 技能操作考核试题

试题一　工业循环冷却水 pH 的测定——电化学分析法(模拟)

考件编号:＿＿＿＿＿＿

1. 测定方案

(1) 根据考核站给出的待测水样的 pH 范围,选取两种合适的标准缓冲溶液(有三种磷酸盐标准缓冲溶液供选择,其 pH 分别为 4.00、6.86 和 9.18),其中一种的 pH 大于并接近试样的 pH,另一种小于并接近试样的 pH。

(2) 调节酸度计温度补偿旋钮至标准缓冲溶液的温度。按照下表所标明的数据,依次校正标准缓冲溶液在该温度下的 pH。重复校正直到其读数与标准缓冲溶液的 pHs 相差不超过 0.02 pH单位。

(3) 用与水样 pH 接近的标准缓冲溶液定位。

(4) 把水样放入一个洁净的烧杯中,并将酸度计的温度补偿旋钮调至所测试样的温度。浸入电极、摇匀、测定,记录读数。

平行测定三次,对照数据见表5.9。

表 5.9　不同温度时各标准缓冲溶液的 pHs 表

温度(℃)	草酸盐标准缓冲溶液	酒石酸盐标准缓冲溶液	苯二甲酸盐标准缓冲溶液	磷酸盐标准缓冲溶液	硼酸盐标准缓冲溶液	氢氧化钙标准缓冲溶液
0	1.67		4.00	6.98	9.46	13.42
5	1.67		4.00	6.95	9.40	13.21
10	1.67		4.00	6.92	9.33	13.00
15	1.67		4.00	6.90	9.28	12.81
20	1.68		4.00	6.88	9.22	12.63

温度 (℃)	草酸盐标准 缓冲溶液	酒石酸盐标准 缓冲溶液	苯二甲酸盐标准 缓冲溶液	磷酸盐标准 缓冲溶液	硼酸盐标准 缓冲溶液	氢氧化钙标 准缓冲溶液
25	1.68	3.56	4.01	6.86	9.18	12.45
30	1.69	3.55	4.01	6.85	9.14	12.29
35	1.69	3.55	4.02	6.84	9.10	12.13
40	1.69	3.55	4.04	6.84	9.07	11.98

2. 数据记录

将数据填入表 5.10。

表 5.10 数据记录表

班级		学号		姓名		
试样名称		酸度计编号		测定日期		年　月　日
内容 ＼ 测定次数		1		2		3
试样温度(℃)						
试样的 pH						
测定结果(算术平均值)						
平行测定结果的极差						
相对极差(%)						

3. 结果计算

(1) 试样的 pH 为酸度计测量显示值,测定结果以算术平均值$\overline{\text{pH}}$表示。取平行测定结果的算术平均值为试样的含量。

(2) 平行测定结果的极差,按下式计算:

$$R = \text{pH}_{max} - \text{pH}_{min}$$

式中:pH_{max}为平行测定值的最大值;

pH_{min}为平行测定值的最小值。

(3) 相对极差(即极差与平均值之比),数值以百分比表示,按下式计算:

$$\frac{R}{\overline{\text{pH}}} \times 100\%$$

式中:R 为平行测定结果的极差;

$\overline{\text{pH}}$为试样 pH 的平均值。

4. 评分细则

评分细则见表 5.11。

表 5.11 工业循环冷却水 pH 的测定——电化学分析法

班级：　　　　　准考证号（学号）：　　　　　　　　姓名：

日期：　年　月　日　　开始时间：　　结束时间：　　仪器编号：

序号	项目	配分	评分点及评分标准	扣分	得分	备注
一、操作过程（22 分）						
1		1	没有检查读数电表，扣 1 分			
2		2	电极选择、安装不正确，扣 2 分			
3		1	没有选择溶液温度补偿，扣 1 分			
4		3	校正不正确，扣 3 分			
5		1	选定位标准缓冲溶液错误，扣 1 分			
6		2	定位不正确，扣 2 分			
7		2	电极使用不正确，扣 2 分			
8		3	测量操作不正确，扣 3 分			
9		1	读数不准确，扣 1 分			
10		1	按键（开关）操作不当，扣 1 分			
11		1	未切断电源，扣 1 分			
12		2	电极未清洁及保存，扣 2 分			
13		1	台面不清洁，扣 1 分			
14		1	没有盖好酸度计，扣 1 分			
二、重大失误（10 分）此项为倒扣分项，最多扣 10 分						
1	损坏仪器		每损坏一个玻璃仪器倒扣 3 分			
2	重新测定		每次倒扣 5 分			
3	篡改测量数据		篡改是指伪造、凑数据等，总分以零分计			
三、考核时间（60 分钟）超过 2 分钟扣 1 分；3 分钟扣 3 分；4 分钟扣 5 分；5 分钟扣 8 分并停考。						
四、数据处理（3 分）						
1	计算（缺或错一处扣 1 分）	2	计算结果正确（由于第一次错误影响到其他数据不再扣分），			
2	有效数字处理（缺或错一处扣 1 分）	1	有效数字位数修约和保留正确			
五、测定结果（15 分）						
1	精密度	5	相对极差≤0.30%	0		
			0.30%＜相对极差≤0.50%	1		
			0.50%＜相对极差≤0.70%	3		
			相对极差＞0.70%	5		

序号	项目	配分	评分点及评分标准	扣分	得分	备注
2	准确度	10	｜相对误差｜≤0.10％	0		
			0.10％＜｜相对误差｜≤0.30％	2		
			0.30％＜｜相对误差｜≤0.50％	4		
			0.50％＜｜相对误差｜≤0.70％	6		
			0.70％＜｜相对误差｜≤0.90％	8		
			｜相对误差｜＞0.90％	10		
合计						

一～三项合计得分：＿＿＿＿　　　　　四～五项合计得分＿＿＿＿

总得分：＿＿＿＿

阅卷考评员签字：＿＿＿＿　　　　　复核考评员签字：＿＿＿＿

试题二　制备等浓度的 HAc 和 NaAc 混合溶液并测定其 pH——电化学分析法(模拟)

考件编号：＿＿＿＿＿＿＿

1. 测定方案

(1) 配制准确浓度的 HAc 溶液。

将 2 只洁净干燥的 50 mL 小烧杯编成 1～3 号。用 3 号烧杯盛已知准确浓度的 HAc 溶液(浓度由考核站标定好)约 20 mL，然后用吸量管从烧杯中吸取 5.00 mL 标准 HAc 溶液分别放入 50 mL 容量瓶中，然后加入蒸馏水至刻度，充分摇匀待用。

(2) 制备等浓度的 HAc 和 NaAc 混合溶液。

从容量瓶中倒入约 40 mL HAc 溶液于 2 号烧杯中，用吸量管吸取 10.00 mL HAc 溶液于 1 号烧杯中，加入 1 滴酚酞指示液，然后用滴管逐滴加入 0.1 mol/L NaOH 溶液(注意：边滴边搅拌)，至溶液变粉红色且半分钟内不褪色为止。再从 2 号烧杯中吸取 10.00 mL HAc 溶液加入到 1 号烧杯中，用玻棒搅拌均匀，即得等浓度的 HAc 和 NaAc 混合溶液。

(3) 调节酸度计温度补偿旋钮至标准缓冲溶液的温度。按照下表所标明的数据，依次校正标准缓冲溶液在该温度下的 pH。重复校正直到其读数与标准缓冲溶液的 pHs 相差不超过 0.02 pH 单位。

(4) 用与 HAc 和 NaAc 混合溶液 pH(范围由考核站给出)接近的标准缓冲溶液定位。

(5) 将酸度计的温度补偿旋钮调至所测混合溶液的温度。用玻棒将 1 号烧杯中溶液搅拌均匀，浸入电极，测定，记录读数。

平行测定三次，对照数据见表 5.12。

表 5.12　不同温度时各标准缓冲溶液的 pHs 表

温度(℃)	草酸盐标准缓冲溶液	酒石酸盐标准缓冲溶液	苯二甲酸盐标准缓冲溶液	磷酸盐标准缓冲溶液	硼酸盐标准缓冲溶液	氢氧化钙标准缓冲溶液
0	1.67		4.00	6.98	9.46	13.42
5	1.67		4.00	6.95	9.40	13.21

续表

温度 (℃)	草酸盐标准 缓冲溶液	酒石酸盐标准 缓冲溶液	苯二甲酸盐标准 缓冲溶液	磷酸盐标准 缓冲溶液	硼酸盐标准 缓冲溶液	氢氧化钙标准 缓冲溶液
10	1.67		4.00	6.92	9.33	13.00
15	1.67		4.00	6.90	9.28	12.81
20	1.68		4.00	6.88	9.22	12.63
25	1.68	3.56	4.01	6.86	9.18	12.45
30	1.69	3.55	4.01	6.85	9.14	12.29
35	1.69	3.55	4.02	6.84	9.10	12.13

2. 数据记录

将数据填入表5.13。

表 5.13　数据记录表

班级			学号			姓名	
试样名称			酸度计编号		测定日期		年　月　日
内容 ＼ 测定次数			1		2		3
试样温度(℃)							
试样的 pH							
测定结果(算术平均值)							
平行测定结果的极差							
相对极差(%)							

3. 结果计算

(1) 试样的 pH 为酸度计测量显示值,测定结果以算术平均值$\overline{\text{pH}}$表示。取平行测定结果的算术平均值为试样的含量。

(2) 平行测定结果的极差,按下式计算:

$$R = \text{pH}_{max} - \text{pH}_{min}$$

式中:pH_{max}为平行测定值的最大值;

　　pH_{min}为平行测定值的最小值。

(3) 相对极差(即极差与平均值之比),数值以%表示,按下式计算:

$$\frac{R}{\overline{\text{pH}}} \times 100\%$$

式中:R 为平行测定结果的极差;

　　$\overline{\text{pH}}$为试样 pH 的平均值。

4. 评分细则

评分细则见表5.14。

表 5.14　制备等浓度的 HAc 和 NaAc 混合溶液并测定其 pH

班级：　　　　　　　准考证号(学号)：　　　　　　　　姓名：

日期：　年　月　日　开始时间：　　　结束时间：　　　仪器编号：

序号	评分标准	配分	评分点	扣分	得分	备注
一、移取溶液(20分)						
1	吸量管洗涤	2	洗涤干净			
2	吸量管润洗 (错一项扣1分)	5	润洗量符合要求			
			润洗方法正确			
			润洗次数不少于三次			
3	吸液操作 (错一项扣1分)	5	直接从容量瓶中吸液			
			吸液次数多于三次			
			吸空			
4	调刻线(错一项扣1分)	5	调刻线前擦干吸量管外壁			
			调刻线时吸量管竖直			
			吸量管调至刻线后不能有气泡			
			调刻线准确			
5	放溶液 (错一项扣0.5分)	3	放液时吸量管和接收器位置正确			
			放液完成后,停顿约15秒			
			吸液或放液后的余液不应放回原溶液中			
二、定量转移、定容(10分)						
1	容量瓶试漏	2	正确试漏			
2	容量瓶洗涤 (错一个扣1分)	2	洗涤干净			
3	定量转移 (错一项扣1分)	4	转移动作规范			
			玻棒放置位置正确			
			洗涤次数不少于三次			
			溶液不洒落			
4	定容 (缺做或错一项扣1分)	2	三分之二处水平摇动			
			准确稀释至刻线,定容过量或不足均扣分(考评员应逐一检查)			
			摇匀动作正确			
			摇动中放气及瓶塞粘液处理正确			
			摇匀次数不少于8次			

序号	评分标准	配分	评分点	扣分	得分	备注
三、测试操作(30分)						
1	测试 错一项扣2分	22	没有检查读数电表			
2			电极选择、安装不正确			
3			没有选择溶液温度补偿			
4			校正不正确			
5			选定位标准缓冲溶液错误			
6			定位不正确			
7			电极使用不正确			
8			测量操作不正确			
9			读数不准确			
10			按键(开关)操作不当			
11	数据记录 (缺或错一处扣0.5分)	3	原始记录及时			
			原始数据不用其他纸张(若有应收回并扣1分)			
			数据按规范改正			
			原始记录工整			
12	测试完毕处理 (缺或错做一项扣1分)	5	物品摆放整齐,台面整洁			
			取出电极清洁及保存			
			测试结束后切断电源			
			仪器复原			
			用布罩罩好仪器			
四、重大失误(10分)此项为倒扣分项,最多扣10分						
1	损坏仪器		每损坏一个玻璃仪器倒扣3分			
2	重新测定		每次倒扣5分			
3	篡改测量数据		篡改是指伪造、凑数据等 总分计为零分			

五、考核时间(90分钟)超过2分钟扣2分;4分钟扣5分;6分钟扣8分;8分钟扣12分并停考。

序号	评分标准	配分	评分点	扣分	得分	备注
六、数据处理(5分)						
1	计算(缺或错一处扣1分)	3	计算结果正确(由于第一次错误影响到其他数据不再扣分)			
2	有效数字处理(缺或错一处扣1分)	2	有效数字位数修约和保留正确			
七、测定结果(35分)						
1	精密度	10	相对极差≤0.10%	0		
			0.10%<相对极差≤0.30%	2		
			0.30%<相对极差≤0.50%	4		
			0.50%<相对极差≤0.70%	6		
			0.70%<相对极差≤0.90%	8		
			相对极差>0.90%	10		
2	准确度	25	|相对误差|≤0.10%	0		
			0.10%<|相对误差|≤0.30%	5		
			0.30%<|相对误差|≤0.50%	10		
			0.50%<|相对误差|≤0.70%	15		
			0.70%<|相对误差|≤0.90%	20		
			|相对误差|>0.90%	25		
合计						

一～五项合计得分:＿＿＿＿　　　　　　六～七项合计得分:＿＿＿＿

总得分:＿＿＿＿

阅卷考评员签字:＿＿＿＿　　　　　　复核考评员签字:＿＿＿＿

试题三　邻菲啰啉分光光度法测定未知样中铁含量——标准比较法

考件编号:＿＿＿＿＿＿＿

1. 测定方案

(1) 铁标准溶液的稀释:用 100 $\mu g/mL$ 铁标准溶液配制 10 $\mu g/mL$ 铁标准溶液 100 mL。

用吸量管移入 10.0 mL 浓度为 100 $\mu g/mL$ 的铁标准溶液至 100 mL 容量瓶中,用蒸馏水稀释至刻度,摇匀。

(2) 显色:取五只 50 mL 的容量瓶,用吸量管分别吸取 2.00 mL 浓度为 10.0 $\mu g/mL$ 的铁标准溶液于 1 号、2 号两只容量瓶中;再用吸量管分别吸取 2.00 mL 未知样于 3 号、4 号两只容量瓶中;5 号容量瓶为空白试验用。在五只容量瓶中分别加入 1% 的盐酸羟胺 2 mL,摇匀,再加入 pH=4.6 的 HAc-NaAc 缓冲液 5 mL 和 0.1% 的邻菲啰啉 5 mL,用蒸馏水稀释至刻度,摇匀,放置 10 min。

(3) 用 1 cm 比色皿,以空白试验溶液做参比溶液,在波长为 510 nm 处分别测量它们的吸光度,每个溶液样平行测定二次。

2. 数据记录

将数据记录在表5.15中。

表 5.15　数据记录表

班级		学号		姓名	
试样编号 测定项目	标准样1	标准样2	未知样3	未知样4	空白样5
吸光度 A 值					—
平均值 $\overline{A}$		—	—	—	—
标准样的浓度值 C ($\mu g/mL$)	10	—	—	—	—
未知样的浓度值 C_i ($\mu g/mL$)	—				—
未知样的浓度平均值 $\overline{C}$($\mu g/mL$)	—	—			—
相对平均偏差(%)					

注明:上表中标注"—"符号的单元格不需要填入数据。

3. 结果计算

(1) 计算标准样的吸光度平均值。标准样的吸光度平均值 $\overline{A}$ 按下式计算:

$$\overline{A} = \frac{\sum_{i=1}^{n} A_i}{n}$$

式中:A_i 为单次测得标准样吸光度的准确数值;

　　n 为标准样的测定次数。

(2) 分别计算两个未知样铁含量的浓度 C_i($\mu g/mL$),C_i 按下式计算:

$$C_i = C \times \frac{A_i}{\overline{A}}$$

式中:C 为标准样品浓度的准确数值,单位为微克每毫升($\mu g/mL$);

　　A_i 为未知样的吸光度的准确数值;

　　$\overline{A}$ 为标准样品的平均吸光度的准确数值。

取平行测定结果的算术平均值为测定的结果。

(3) 计算未知样浓度的相对平均偏差。相对平均偏差 $\overline{d_r}$ 按下式计算:

$$\overline{d_r} = \frac{\dfrac{\sum_{i=1}^{n} |C_i - \overline{C}|}{n}}{\overline{C}} \times 100\%$$

式中：C_i 为未知样浓度单次测定值；

　　$\overline{C}$ 为未知样浓度测定值的平均值；

　　n 为未知样浓度测定次数。

4. 评分细则

评分细则见表 5.16。

表 5.16　邻菲啰啉分光光度法测定未知样中铁含量——标准比较法

班级：　　　　　　　　学号：　　　　　　　　姓名：

日期：　　年　月　日　　开始时间：　　　结束时间：　　　仪器编号：

序号	评分标准	配分	评分点	扣分	得分	备注
一、移取溶液(20分)						
1	吸量管洗涤	2	洗涤干净			
2	吸量管润洗 (错一项扣1分)	5	润洗量符合要求			
			润洗方法正确			
			润洗次数不少于三次			
3	吸液操作 (错一项扣1分)	5	直接从容量瓶中吸液			
			吸液次数多于三次			
			吸空			
4	调刻线 (错一项扣1分)	5	调刻线前擦干吸量管外壁			
			调刻线时吸量管竖直			
			吸量管调至刻线后不能有气泡			
			调刻线准确			
5	放溶液 (错一项扣0.5分)	3	放液时吸量管和接收器位置正确			
			放液完成后,停顿约15秒			
			吸液或放液后的余液不应放回原溶液中			
二、定量转移、定容(12分)						
1	容量瓶试漏	2	正确试漏			
2	容量瓶洗涤 (错一个扣1分)	2	洗涤干净			
3	定量转移 (错一项扣1分)	4	转移动作规范			
			玻棒放置位置正确			
			洗涤次数不少于三次			
			溶液不洒落			

序号	评分标准	配分	评分点	扣分	得分	备注
4	定容 (缺做或错一项扣1分)	4	三分之二处水平摇动			
			准确稀释至刻线,定容过量或不足均扣分(考评员应每瓶检查)			
			摇匀动作正确			
			摇动中放气及瓶塞黏液处理正确			
			摇匀次数不少于8次			
三、测试操作(25分)						
1	测试 (缺或错做一项扣1分)	1	仪器自检预热			
2		3	调零操作正确			
3		2	灵敏度选择适当			
4		3	调满度操作正确			
5		3	手拿捏比色皿毛面			
6		3	擦干比色皿外壁方法正确			
7		2	拉动暗盒动作过大有溶液溅出			
8	数据记录 (缺或错一处扣0.5分)	5	原始记录及时			
			原始数据不用其他纸张(若有应收回并扣1分)			
			数据按规范改正			
			原始记录工整			
9	测试完毕处理 (缺或错做一项扣1分)	3	物品摆放整齐,台面整洁			
			仪器复原			
			取出比色皿洗净放好			
			用布罩罩好仪器			
四、重大失误(10分)此项为倒扣分项,最多扣10分						
1	损坏玻璃仪器		每损坏一个玻璃仪器倒扣3分			
2	重新测定		每次倒扣5分			
3	溶液重配		每次倒扣5分			
4	篡改测量数据		篡改指伪造、凑数据等,总分以零分计			

五、考核时间(120分钟)超过5分钟扣2分;10分钟扣4分;15分钟扣8分;20分钟扣16分并停考(2分)

序号	评分标准	配分	评分点	扣分	得分	备注
六、数据处理(8分)						
1	计算(缺或错一处扣1分)	5	计算正确(由于第一次错误影响到其他不再扣分)			
2	有效数字保留(缺或错一处扣1分)	3	数据中有效数字位数修约和保留正确			
七、测定结果(35分)						
1	精密度	10	相对极差≤0.10%	0		
			0.10%<相对极差≤0.30%	2		
			0.30%<相对极差≤0.50%	4		
			0.50%<相对极差≤0.70%	6		
			0.70%<相对极差≤0.90%	8		
			相对极差>0.90%	10		
2	准确度	25	|相对误差|≤0.10%	0		
			0.10%<|相对误差|≤0.30%	5		
			0.30%<|相对误差|≤0.50%	10		
			0.50%<|相对误差|≤0.70%	15		
			0.70%<|相对误差|≤0.90%	20		
			|相对误差|>0.90%	25		
合计						

一~五项合计得分:_____ 六~七项合计得分:_____

总得分:_____

阅卷考评员签字:_____ 复核考评员签字:_____

项目六 化学检验工(中级)职业技能鉴定考核方案

一、技能鉴定考核内容

技能鉴定考核范围依据《化学检验工(中级)》国家职业标准、《鉴定机构自编化学检验工题库》和《化工行业化学检验工题库》确定,考核内容分为理论知识测试和技能操作考核两大部分,理论知识测试与技能操作考核分项计算成绩(均计100分)。其中技能操作考核分为化学分析、仪器分析和仿真三个项目。

二、理论知识测试方案

(一)测试方法

理论知识测试主要考查对纯理论知识掌握程度,满分100分。测试采用闭卷、笔试形式,测试规定用时为120分钟,安排标准化考场,人员随机安排,每个考场由两名考评员(或教师)监考。

(二)试题内容及分布

1. 试题内容分布比例

试题内容分布比例见表6.1。

表6.1 试题内容分布比例

序 号	知 识 点	比 例
1	职业道德、环境保护基础等	5%
2	无机化学	5%
3	有机化学	5%
4	化学实验技能训练	15%
5	分析化学	40%
6	仪器分析	30%
	合 计	100%

2. 理论试题其他要求

(1)试题题型结构分布:

单选题占60%;多选题占10%;判断题占30%。

(2)试题赋值:

单选题、多选题和判断题每小题均赋分值1分。

(3)试题难度结构分配:

试题难度结构分配见表6.2。

表6.2　试题难度结构分配

题目难易程度	比　例	备　注
较低难度(标记为3)	30%	难度标记只出现在题库内,不出现在考卷上
中等难度(标记为2)	60%	
较高难度(标记为1)	10%	

(4)试题出题范围

考核单位自编化学检验工题库原题占90%,另有10%的题目在不超过原试题库的范围内重新修改或设计。

3. 试卷形成方式

理论试卷由考核单位负责成卷。

理论试卷形成方式为:先按1:6放大比例从考核单位自编化学检验工题库和重新修改或设计的题库中按知识点分配比例分别抽取90%和10%的题目形成出卷题库。考核前再由鉴定机构安排专人从该出卷题库抽题形成A、B、C三份试卷,考试前随机抽一份进行考核。

三、化学分析操作考核方案

本项目为个人项目,要求参加鉴定人员在规定时间内独立完成。

(一)考核内容

考核内容包括以下一些项目,考核时将从中选择一个项目,实际考核内容将在鉴定前发布的《开展职业技能鉴定工作的通知》中明确说明。

考核项目(具体内容见项目五)有:

(1)EDTA标准溶液测定试样中碳酸钙的含量——配位滴定分析法。

(2)EDTA标准溶液测定试样中氯化锌的含量——配位滴定分析法。

(3)硫代硫酸钠标准溶液测定碘酸钾的含量——氧化还原滴定分析法。

(4)基准无水碳酸钠标定盐酸溶液的浓度——酸碱滴定分析法。

(二)考核时间

考核项目(1)~(4)规定用时均为120分钟。

(三)评分细则

参考本书项目五。

四、仪器分析操作考核方案

本项目为个人项目，要求参加鉴定人员在规定时间内独立完成。

（一）考核内容

考核内容包括以下一些项目，考核时将从中选择一个项目，实际考核内容将在鉴定前发布的《开展职业技能鉴定工作的通知》中明确说明。

考核项目（具体内容见项目五）有：

（1）用酸度计测定工业循环冷却水的 pH——电化学分析法。

（2）制备等浓度的 HAc 和 NaAc 混合溶液并测定其 pH——电化学分析法。

（3）邻菲啰啉分光光度法测定未知样中铁含量——分光光度（标准比较）法。

（二）考核时间

项目（1）规定用时 40 分钟，考核项目（2）和考核项目（3）规定用时均为 90 分钟。

（三）评分细则

参考本书项目五。

五、仿真考核方案

本项目为个人项目，要求参加鉴定人员在规定时间内独立完成。

（一）考核内容

利用北京东方仿真技术有限公司新开发的"气相色谱与质谱联用仿真考核软件"完成样品中相关成分测定，考核时不屏蔽操作步骤。

（二）考核时间

90 分钟。

（三）评分细则

软件自动生成成绩。

六、评分与记分方法

(一) 理论知识成绩

理论知识测试试卷答题卡经密封后由鉴定机构指派考评员阅卷评分,再由另一考评员复核,最后由鉴定机构审核后生效。

(二) 技能操作考核成绩

技能操作考核成绩分两步得出,现场部分由考评员根据考生现场实际操作规范程度、操作质量、文明操作情况和现场分析结果,依据评分细则对每个单元单独评分后得出;分析结果准确性部分则由鉴定机构经专人按规范进行真值、差异性等取舍处理后得出。

(三) 仿真考核成绩

由考核软件自动生成。

(四) 成绩合成方法

理论知识测试、化学分析技能操作考核、仪器分析技能操作考核和仿真考核每个单项均以满分 100 分计,最后按理论知识 100% 计算理论知识测试成绩,技能操作考核按化学分析技能操作考核 40%、仪器分析技能操作考核 40% 和仿真考核 20% 的比例计算成绩。

七、关于仪器使用的要求和说明

化学分析玻璃仪器和仪器分析使用的仪器均由鉴定机构提供。

八、试题库与参考书目

(一) 试题库

化学检验工(中级)技能鉴定理论知识测试和技能操作考核试题库均以《化学检验工(中级)职业技能鉴定指导教程》为依据。

(二) 参考书目

(1) 有关的国家标准和法规性文件。

(2) 高职高专化学教材编写组编写,高等教育出版社出版的《分析化学(第三版)》。

(3) 黄一石主编,化学工业出版社出版的《定量化学分析》。

(4) 胡伟光主编,化学工业出版社出版的《定量化学分析实验》。

(5) 丁敬敏主编,化学工业出版社出版的《化学实验技术Ⅰ》(第二版)。

(6) 季剑波主编,化学工业出版社出版的《定量化学分析例题与习题》。

(7) 黄一石主编,化学工业出版社出版的《仪器分析》。

(8) 黄一石主编,化学工业出版社出版的《分析仪器操作技术与维护》。

(9) 冷宝林主编,化学工业出版社出版的《环境保护基础》。

项目七　化学检验工(中级)职业技能鉴定理论知识测试模拟试卷

化学检验工(中级)职业技能鉴定理论知识测试模拟试卷(一)

(一) 单项选择题

(第 1 题～第 60 题。选择一个正确的答案，将相应的字母填入题内的括号中，每题 1 分，满分 60 分)

1. 加强职业道德不可以(　　　)。
   A. 有利于企业摆脱困境，实现企业发展目标
   B. 减少市场竞争
   C. 有利于企业树立良好形象，创造企业品牌
   D. 提高职工个人文化素质

2. 下面有关诚实守信与为人处世的关系中叙述不正确的是(　　　)。
   A. 诚实守信是为人之本
   B. 诚实守信是从业之要
   C. 诚实守信只是服务行业的职业道德，与为人处世无关
   D. 诚实守信是确保人类社会交往尤其是经济交往持续、稳定、有效发展的重要保证

3. 对于反应
$$C(s) + H_2O(g) \rightleftharpoons CO(g) + H_2(g) \qquad \Delta H > 0$$
为了提高 C(s) 的转化率，可采取的措施是(　　　)。
   A. 升高反应温度 　　　　　　　　　　　　B. 降低反应温度

C. 增大体系的总压力   D. 减小 $H_2O(g)$ 的分压

4. 气体反应

$$A(g) + B(g) \rightleftharpoons C(g)$$

在密闭容器中建立化学平衡,如果温度不变,但体积缩小了 $\dfrac{2}{3}$,则平衡常数 $K^{\ominus}$ 为原来的( )。

    A. 3 倍   B. 9 倍   C. 2 倍   D. 不变

5. 在主量子数为 4 的电子层中,能容纳的最多电子数是( )。

    A. 18   B. 24   C. 32   D. 36

6. 某烷烃的分子式为 C_5H_{12},只有二种二氯衍生物,那么它是( )。

    A. 正戊烷   B. 异戊烷   C. 新戊烷   D. 不存在这种物质

7. 萘最容易溶于( )溶剂。

    A. 水   B. 乙醇   C. 苯   D. 乙酸

8. 鉴别环己烷和苯可用( )。

    A. 浓硫酸   B. Br_2/CCl_4 C. $FeCl_3$ D. $KMnO_4$ 溶液

9. 一般化学试剂分为( )级。

    A. 3   B. 4   C. 5   D. 6

10. 化学烧伤中,酸的蚀伤,应用大量的水冲洗,然后用( )冲洗,再用水冲洗。

    A. $0.3\,mol/L$ HAc 溶液   B. 2% $NaHCO_3$ 溶液

    C. $0.3\,mol/L$ HCl 溶液   D. 2% NaOH 溶液

11. 实验室三级水不能用以下办法来进行制备( )。

    A. 蒸馏   B. 电渗析   C. 过滤   D. 离子交换

12. 电气设备火灾宜用( )灭火。

    A. 干粉灭火器   B. 泡沫灭火器

    C. 水   D. 湿抹布

13. 检查可燃气体管道或装置气路是否漏气,禁止使用( )。

    A. 部分管道浸入水中的方法

    B. 肥皂水

    C. 十二烷基硫酸钠水溶液

    D. 火焰

14. 进行中和滴定时,事先不应该用所盛溶液润洗的仪器是( )。

    A. 酸式滴定管   B. 碱式滴定管   C. 锥形瓶   D. 移液管

15. 金光红色标签的试剂适用范围为( )。

    A. 精密分析实验   B. 一般分析实验

    C. 一般分析工作   D. 生化及医用化学实验

16. 对同一盐酸溶液进行标定,甲、乙、丙的相对平均偏差分别为 0.1%、0.4%、0.8%,对其实验结果的评价错误的是( )。

    A. 甲的精密度最高   B. 甲的准确度最高

    C. 丙的精密度最低   D. 丙的准确度最低

17. 一个样品分析结果的准确度不好,但精密度好,可能存在( )。

    A. 操作失误　　　　　　　　　　　B. 记录有差错

    C. 使用试剂不纯　　　　　　　　　D. 随机误差大

18. $0.0234 \times 4.303 \times 71.07 \div 127.5$ 的计算结果是(　　)。

    A. 0.056126　　　B. 0.056　　　　C. 0.05613　　　D. 0.0561

19. 重量法测定硅酸盐中 SiO_2 的含量,结果分别为:37.40%、37.20%、37.32%、37.52%、37.34%,平均偏差和相对平均偏差分别是(　　)。

    A. 0.04%、0.58%　　　　　　　　　B. 0.08%、0.21%

    C. 0.06%、0.48%　　　　　　　　　D. 0.12%、0.32%

20. 质量分数大于 10% 的分析结果,一般要求有(　　)有效数字。

    A. 一位　　　　　B. 两位　　　　　C. 三位　　　　　D. 四位

21. 按 Q 检验法(当 $n=4$ 时,$Q_{0.90}=0.76$)删除逸出值,下列(　　)组数据中有逸出值应予以删除。

    A. 3.03,3.04,3.05,3.13

    B. 97.50,98.50,99.00,99.50

    C. 0.1042,0.1044,0.1045,0.1047

    D. 0.2122,0.2126,0.2130,0.2134

22. 测定 SO_2 的质量分数,得到数据:28.62%、28.59%、28.51%、28.52%、28.61%,则置信度为 95% 时平均值的置信区间为(　　)(已知置信度为 95%,$n=5$ 时,$t=2.776$)。

    A. (28.57±0.12)%　　　　　　　　B. (28.57±0.13)%

    C. (28.56±0.13)%　　　　　　　　D. (28.57±0.06)%

23. 在同样的条件下,用标样代替试样进行的平行测定叫做(　　)。

    A. 空白实验　　　　　　　　　　　B. 对照实验

    C. 回收实验　　　　　　　　　　　D. 校正实验

24. 某碱样溶液以酚酞为指示剂,用标准 HCl 溶液滴定至终点时,消耗 HCl 溶液为 V_1,继续以甲基橙为指示剂滴定至终点,又消耗 HCl 溶液体积为 V_2,若 $V_2 < V_1$,则此碱样溶液是(　　)。

    A. Na_2CO_3　　　　　　　　　　　B. $Na_2CO_3 + NaHCO_3$

    C. $NaHCO_3$　　　　　　　　　　　D. $NaOH + Na_2CO_3$

25. 用 0.1 mol/L $NaOH$ 滴定 0.1 mol/L 的甲酸($pK_a = 3.74$),适合的指示剂为(　　)。

    A. 甲基橙(3.46)　　　　　　　　　B. 百里酚兰(1.65)

    C. 酚酞(9.1)　　　　　　　　　　　D. 甲基红(5.00)

26. 按酸碱质子理论,Na_2HPO_4 是(　　)。

    A. 中性物质　　　B. 酸性物质　　　C. 碱性物质　　　D. 两性物质

27. 用 0.1000 mol/L HCl 滴定 0.1000 mol/L $NaOH$ 时的 pH 突跃范围是 9.7~4.3,用 0.01 mol/L HCl 滴定 0.01 mol/L $NaOH$ 的突跃范围是(　　)。

    A. 9.7~4.3　　　B. 8.7~4.3　　　C. 8.7~5.3　　　D. 10.7~3.3

28. 用基准无水碳酸钠标定 0.100 mol/L 盐酸,宜选用(　　)作指示剂。

    A. 溴钾酚绿-甲基红　　　　　　　B. 酚酞

    C. 百里酚蓝　　　　　　　　　　　D. 二甲酚橙

29. 在酸碱滴定中,选择强酸强碱作为滴定剂的理由是(　　)。

    A. 强酸强碱可以直接配制标准溶液

    B. 使滴定突跃尽量大

    C. 加快滴定反应速率

    D. 使滴定曲线较完美

30. 共轭酸碱对中,K_a、K_b 的关系是(　　)。

    A. $K_a/K_b=1$ B. $K_a/K_b=K_w$

    C. $K_a \cdot K_b=1$ D. $K_a \cdot K_b=K_w$

31. 在配位滴定中,金属离子与 EDTA 形成配合物越稳定,在滴定时允许的 pH(　　)。

    A. 越大   B. 越小   C. 中性   D. 不要求

32. 配位滴定分析中测定单一金属离子的条件是(　　)。

    A. $\lg(C_M \cdot K'_{MY}) \geqslant 8$ B. $C_M \cdot K'_{MY} \geqslant 10^{-8}$

    C. $\lg(C_M \cdot K'_{MY}) \geqslant 6$ D. $C_M \cdot K'_{MY} \geqslant 10^{-6}$

33. EDTA 酸效应曲线不能回答的问题是(　　)。

    A. 进行各金属离子滴定时的最低 pH

    B. 在一定 pH 范围内滴定某种金属离子时,哪些离子可能有干扰

    C. 控制溶液的酸度,有可能在同一溶液中连续测定几种离子

    D. 准确测定各离子时溶液的最低酸度

34. 配位滴定法测定 Fe^{3+} 离子,常用的指示剂是(　　)。

    A. 磺基水杨酸钠   B. 二甲酚橙

    C. 钙指示剂   D. PAN

35. Al^{3+} 能使铬黑 T 指示剂封闭,加入(　　)可解除。

    A. 三乙醇胺   B. KCN   C. NH_4F D. NH_4SCN

36. 以配位滴定法测定 Pb^{2+} 时,消除 Ca^{2+}、Mg^{2+} 干扰最简便的方法是(　　)。

    A. 配位掩蔽法   B. 控制酸度法

    C. 沉淀分离法   D. 解蔽法

37. 当增加反应酸度时,氧化剂的电极电位会增大的是(　　)。

    A. Fe^{3+} B. I_2 C. $K_2Cr_2O_7$ D. Cu^{2+}

38. MnO_4^- 与 Fe^{2+} 反应的平衡常数 K 为(　　)(已知:$E^{\ominus}_{MnO_4^-/Mn^{2+}}=1.51$ V,$E^{\ominus}_{Fe^{3+}/Fe^{2+}}=0.771$ V)。

    A. 3.4×10^{12} B. 320   C. 3.0×10^{62} D. 4.2×10^{53}

39. 氧化还原滴定中化学计量点的位置(　　)。

    A. 恰好处于滴定突跃的中间

    B. 偏向于电子得失较多的一方

    C. 偏向于电子得失较少的一方

    D. 无法确定

40. 碘量法测定 $CuSO_4$ 含量,试样溶液中加入过量的 KI,下列叙述其作用错误的是(　　)。

    A. 还原 Cu^{2+} 为 Cu^+

    B. 防止 I_2 挥发

    C. 与 Cu^+ 形成 CuI 沉淀

    D. 把 $CuSO_4$ 还原成单质 Cu

41. 间接碘法要求在中性或弱酸性介质中进行测定,若酸度太高,将会(　　)。

A. 反应不定量

B. I_2 易挥发

C. 终点不明显

D. I^- 被氧化，$Na_2S_2O_3$ 被分解

42. 用高锰酸钾滴定无色或浅色的还原剂溶液时，所用的指示剂为（　　）。

A. 自身指示剂

B. 酸碱指示剂

C. 金属指示剂

D. 专属指示剂

43. 已知 25 ℃时 $K_{sp,BaSO_4}=1.8\times10^{-10}$，计算在 400 mL 的该溶液中由于沉淀的溶解而造成的损失为（　　）g(已知 $M_{BaSO_4}=233$ g/mol)。

A. 6.5×10^{-4}

B. 1.2×10^{-3}

C. 3.2×10^{-4}

D. 1.8×10^{-7}

44. 用酸碱滴定法测定工业醋酸中的乙酸含量，应选择的指示剂是（　　）。

A. 酚酞

B. 甲基橙

C. 甲基红

D. 甲基红-次甲基蓝

45. 在间接碘量法中，滴定终点的颜色变化是（　　）。

A. 蓝色恰好消失

B. 出现蓝色

C. 出现浅黄色

D. 黄色恰好消失

46. 实验室使的用酸度计，其结构一般由（　　）组成。

A. 电极系统和高阻抗毫伏计

B. pH 玻璃电和饱和甘汞电极

C. 显示器和高阻抗毫伏计

D. 显示器和电极系统

47. pH 玻璃电极和 SCE 组成工作电池，25℃时测得 pH＝6.18 的标液电动势是 0.220 V，而未知试液电动势 $E_x=0.186$ V，则未知试液 pH 为（　　）。

A. 7.6　　　　　B. 4.6　　　　　C. 5.6　　　　　D. 6.6

48. 测量 pH 时，需用标准 pH 溶液定位，这是为了（　　）。

A. 避免产生酸差

B. 避免产生碱差

C. 消除温度影响

D. 消除不对称电位和液接电位

49. 离子选择性电极的选择性主要取决于（　　）。

A. 离子活度

B. 电极膜活性材料的性质

C. 参比电极

D. 测定酸度

50. 库仑分析法是通过（　　）来进行定量分析的。

A. 称量电解析出物的质量

B. 准确测定电解池中某种离子消耗的量

C. 准确测量电解过程中所消耗的电量

D. 准确测定电解液浓度的变化

51. 红外吸收光谱的产生是由于（　　）。

A. 分子外层电子、振动、转动能级的跃迁

    B. 原子外层电子、振动、转动能级的跃迁

    C. 分子振动-转动能级的跃迁

    D. 分子外层电子的能级跃迁

52. 原子吸收分光光度计的结构中一般不包括(　　)。

    A. 空心阴极灯　　　　　　　　B. 原子化系统

    C. 分光系统　　　　　　　　　D. 进样系统

53. 下列关于空心阴极灯使用注意事项描述不正确的是(　　)。

    A. 使用前一般要预热时间

    B. 长期不用,应定期点燃处理

    C. 低熔点的灯用完后,等冷却后才能移动

    D. 测量过程中可以打开灯室盖调整

54. 原子吸收分析对光源进行调制,主要是为了消除(　　)。

    A. 光源透射光的干扰　　　　　B. 原子化器火焰的干扰

    C. 背景干扰　　　　　　　　　D. 物理干扰

55. 原子吸收分光光度计调节燃烧器高度目的是为了得到(　　)。

    A. 吸光度最小　　　　　　　　B. 透光度最小

    C. 入射光强度最大　　　　　　D. 火焰温度最高

56. FID 点火前需要加热至 $100\,℃$ 的原因是(　　)。

    A. 易于点火　　　　　　　　　B. 点火后不容易熄灭

    C. 防止水分凝结产生噪音　　　D. 容易产生信号

57. 使用氢火焰离子化检测器,选用下列(　　)气体作载气最合适。

    A. H_2　　　　　　B. He　　　　　　C. Ar　　　　　　D. N_2

58. 在气液色谱固定相中担体的作用是(　　)。

    A. 提供大的表面涂上固定液　　B. 吸附样品

    C. 分离样品　　　　　　　　　D. 脱附样品

59. 在色谱分析中,可用来定性的色谱参数是(　　)。

    A. 峰面积　　　　B. 保留值　　　　C. 峰高　　　　D. 半峰宽

60. 在高效液相色谱流程中,试样混合物在(　　)中被分离。

    A. 检测器　　　　B. 记录器　　　　C. 色谱柱　　　　D. 进样器

(二) 多项选择题

　　(第 61 题～第 70 题。每题至少有两个正确选项,将正确选项的字母填入题内的括号中,多选、漏选或错选均不得分,每题 1 分,共 10 分)

61. 在酸碱质子理论中,可作为酸的物质是(　　)。

    A. NH_4^+　　　　　B. HCl　　　　C. H_2SO_4　　　　D. OH^-

62. 含有某阴离子的未知液初步试验结果如下:

(1) 试液酸化,无气泡产生;

(2) 中性溶液中加入 $BaCl_2$ 无沉淀;

(3) 硝酸溶液中加入 $AgNO_3$ 有黄色沉淀;

    (4) 酸性溶液中加入 $KMnO_4$，$KMnO_4$ 紫色褪去,加淀粉溶液呈现蓝色;

    (5) 试液中加入 $Pb(Ac)_2$ 生成金黄色沉淀。

请判断未知液中不可能存在的离子是(　　)。

    A. Cl^- B. Br^- C. I^- D. NO_3^-

63. 在常温下,(　　)能与浓硫酸反应。

    A. 烷烃   B. 烯烃   C. 二烯烃   D. 芳烃

64. 称量瓶可以用作(　　)。

    A. 水分测定   B. 灰分测定   C. 烘干基准物   D. 挥发份测定

65. 指出下列滴定分析操作中,不规范操作的是(　　)。

    A. 滴定之前,用待装标准溶液润洗滴定管三次

    B. 滴定时摇动锥形瓶有少量溶液溅出

    C. 在滴定前,锥形瓶应用待测液淋洗三次

    D. 滴定管加溶液不到"0"刻度 1 cm 时,用滴管滴加溶液到溶液弯月面最下端与"0"刻度相切

66. 下列说法正确的是(　　)。

    A. 配制溶液时,所用的试剂越纯越好

    B. 基本单元可以是原子、分子、离子、电子等粒子

    C. 溶液的酸度指的就是酸的浓度

    D. 法扬斯法测定 Cl^- 可以选用曙红吸附指示剂

    E. 增加平行测定次数可减小随机误差

67. 在配位滴定中,消除干扰离子常用的方法有(　　)。

    A. 掩蔽法   B. 解蔽法   C. 预先分离

    D. 改用其他滴定剂   E. 控制溶液酸度

68. 分光光度法中判断出测得的吸光度有问题,可能的原因包括(　　)。

    A. 比色皿没有放正位置   B. 比色皿配套性不好

    C. 比色皿毛面放于透光位置   D. 比色皿润洗不到位

69. 气相色谱仪常用的检测器有(　　)检测器。

    A. 热导池   B. 电子捕获   C. 氢火焰   D. 火焰光度

70. 红外光谱产生的必要条件是(　　)。

    A. 光子的能量与振动能级的能量相等

    B. 化学键振动过程中 $\Delta\mu \neq 0$

    C. 化合物分子必须具有 π 轨道

    D. 化合物分子应具有 n 电子

(三) 判断题

(第 71 题～第 100 题。将判断结果填入括号中,正确的填"√",错误的填"×",每题 1 分,满分 30 分)

71. 主族元素的最高氧化值一般等于其所在的族序数。   (　　)

72. 戊烷的同分异构体有 5 种。   (　　)

73. $(CH_3)_4C$ 的习惯命名法为新戊烷。 (   )

74. 实验室中油类物质引发的火灾可用二氧化碳灭火器进行灭火。 (   )

75. 用过的铬酸洗液应倒入废液缸,不能再次使用。 (   )

76. 锥形瓶可以用去污粉直接刷洗。 (   )

77. 进行滴定操作前,要将滴定管尖处的液滴靠进锥形瓶中。 (   )

78. 实验用的纯水其纯度可通过测定水的电导率大小来判断,电导率越低,说明水的纯度越高。 (   )

79. 由于同离子效应,沉淀剂加得越多,沉淀越完全。 (   )

80. 对滴定终点颜色的判断,有人偏深有人偏浅,所造成的误差为系统误差。 (   )

81. 分析纯 NaCl 试剂,如不做任何处理,用来标定 $AgNO_3$ 溶液,结果会偏高。 (   )

82. 做的平行次数越多,结果的相对误差越小。 (   )

83. 用 0.1000 mol/L NaOH 溶液滴定 0.1000 mol/L HAc 溶液,化学计量点时溶液的 pH 小于 7。 (   )

84. 现有原电池(−)Pt │ Fe^{3+},Fe^{2+} ‖ Ce^{4+},Ce^{3+} │ Pt(+),该原电池放电时所发生的反应是 $Ce^{4+} + Fe^{2+} = Ce^{3+} + Fe^{3+}$。 (   )

85. $H_2C_2O_4$ 的两步离解常数为 $K_{a_1} = 5.6 \times 10^{-2}$,$K_{a_2} = 5.1 \times 10^{-5}$,因此不能分步滴定。 (   )

86. 用 NaOH 标准溶液标定 HCl 溶液浓度时,以酚酞作指示剂,若 NaOH 溶液因贮存不当吸收了 CO_2,则测定结果偏高。 (   )

87. EDTA 标准溶液一般用直接法配制。 (   )

88. $KMnO_4$ 溶液作为滴定剂时,必须装在棕色酸式滴定管中。 (   )

89. 金属(M)离子指示剂(In)应用的条件是 $K'_{MIn} > K'_{MY}$。 (   )

90. 间接碘量法加入 KI 一定要过量,淀粉指示剂要在接近终点时加入。 (   )

91. 气相色谱分析中,当热导池检测器的桥路电流和钨丝温度一定时,适当降低池体温度,可以提高灵敏度。 (   )

92. 气相色谱分析中,提高柱温能提高柱子的选择性,但会延长分析时间,降低柱效率。 (   )

93. 认真负责,实事求是,坚持原则,一丝不苟地依据标准进行检验和判定是化学检验工的职业守则内容之一。 (   )

94. 化工产品质量检验中,主成分含量达到标准规定的要求,如仅有一项杂质含量不能达到标准规定的要求时,可判定为合格产品。 (   )

95. 我国的标准等级分为国家标准、行业标准和企业标准三级。 (   )

96. 使用法定计量单位时单位名称或符号必须作为一个整体使用而不应拆开。 (   )

97. 计量检定就是对精密的刻度仪器进行校准。 (   )

98. 光的吸收定律不仅适用于溶液,同样也适用于气体和固体。 (   )

99. 原子吸收光谱分析中的背景干扰会使吸光度增加,导致测定结果偏低。 (   )

100. 使用甘汞电极一定要注意保持电极内充满饱和 KCl 溶液,并且没有气泡。 (   )

化学检验工（中级）职业技能鉴定
理论知识测试模拟试卷（二）

（一）单项选择题

（第 1 题～第 60 题。选择一个正确的答案，将相应的字母填入题内的括号中。每题 1 分，满分 60 分）

1. 职业道德是一种（ ）机制。
   A. 强制性　　　　B. 非强制性　　　　C. 普遍　　　　D. 一般

2. 社会主义市场经济是一种竞争经济，因此人们应该进行（ ）的竞争。
   A. 不择手段，损人利己　　　　　　B. 诚信为本，公平、公开、公正、合理
   C. "和为贵"　　　　　　　　　　　D. 行业垄断

3. 下列说法不正确的是（ ）。
   A. 波函数由 4 个量子数确定
   B. 多电子原子中，电子的能量不仅与 n 有关，还与 l 有关
   C. 氢原子中，电子的能量只取决于主量子数 n
   D. $m_s = \pm\frac{1}{2}$ 表示电子的自旋有两种方式

4. 元素 R 的原子质量数为 35，中子数为 18，则核外电子数是（ ）。
   A. 16　　　　　B. 19　　　　　C. 17　　　　　D. 18

5. 当反应 $3H_2 + N_2 \rightleftharpoons 2NH_3$ 达到平衡时，下列说法正确的是（ ）。
   A. H_2 与 N_2 不再化合　　　　B. H_2、N_2 与 NH_3 的浓度相等
   C. NH_3 停止分解　　　　　　　D. 平衡体系中各组分的质量不变

6. 能将 $C_6H_5CH=CHCHO$ 还原成 $C_6H_5CH=CHCH_2OH$ 的试剂是（ ）。
   A. $KMnO_4$ 的酸性溶液　　　　B. H_2-Ni
   C. H_2-Pd　　　　　　　　　　D. $NaBH_4$

7. 下列物质中，（ ）能与羰基发生加成反应。

　　A. 氯气　　　　　　B. 水　　　　　　C. 次碘酸钠　　　D. 格氏试剂

8. 在下列化合物中属于醇的化合物是(　　)。

　　A. C_6H_5OH　　　　　　　　　　B. CH_3CH_2COOH

　　C. CH_2OHCH_2OH　　　　　　　D. CH_3COCH_3

9. 反应 $CH_3COOCH_2CH(CH_3)_2 + CH_3OH \longrightarrow CH_3COOCH_3 + (CH_3)_2CHCH_2OH$ 属于酯的(　　)。

　　A. 水解　　　　　　B. 醇解　　　　　　C. 硝解　　　　　D. 氨解

10. 加快固体试剂在水中溶解时,常用的方法是(　　)。

　　A. 在加热溶液的同时,用玻璃棒不断搅拌溶液

　　B. 用玻璃棒不断搅拌溶液的同时,用玻璃棒碾压固体试剂

　　C. 将溶液避光存放,同时静置

　　D. 在试剂溶解的过程中,应迅速冷却溶液,以防止氧化发生

11. 在量筒使用的说法中,不正确的是(　　)。

　　A. 若量筒有少量的油,用蒸馏水又无法冲洗掉时,可用氢氧化钾-乙醇液浸泡

　　B. 在量取 30 ℃以上的溶液时,必须先将待取溶液冷却后才能量取,对特殊物料(如蜡状物料)则应例外

　　C. 一般情况下量筒可以不进行校正

　　D. 若需要校正,则应半年校正一次

12. 分析实验室用水的硫酸根离子检验方法为:取水样 100 mL 于试管中,加入数滴硝酸,滴加 10 g/L(　　)1 mL,摇匀,在黑色背景看溶液是否变白色浑浊,如无硫酸根应为无色透明。

　　A. 氯化钡　　　　　B. 氯化钠　　　　　C. 硝酸银　　　　D. 硫酸钡

13. 二级标准重铬酸钾用前应在 120 ℃灼烧至(　　)。

　　A. 2~3 小时　　　B. 恒重　　　　　　C. 半小时　　　　D. 5 小时

14. 以基准无水碳酸钠为基准物,甲基红-溴甲酚绿为指示剂,标定硫酸时终点颜色变化为(　　)。

　　A. 绿色到暗红色　　　　　　　　B. 绿色到灰色

　　C. 暗红色到绿色　　　　　　　　D. 灰色到绿色

15. 欲配制 $C_{Na_2CO_3} = 0.5$ mol/L 溶液 500mL,应称取 Na_2CO_3 约(　　)(已知:$M_{Na_2CO_3} = 105.99$ g/mol)。

　　A. 39.0 g　　　　B. 53.0 g　　　　C. 13.3 g　　　　D. 26.5 g

16. 在标定 NaOH 溶液时,称取邻苯二甲酸氢钾基准物一般采用(　　)进行称量。

　　A. 指定质量法　　　　　　　　B. 直接称量法

　　C. 减量法　　　　　　　　　　D. 以上三种方法均可以

17. 称取混合碱(NaOH 和 Na_2CO_3)试样 1.179 g,溶解后用酚酞作指示剂,滴加 0.3000 mol/L 的 HCl 溶液至 45.16 mL,溶液变为无色,再加甲基橙作指示剂,继续用该酸滴定,又消耗 HCl 溶液 22.56 mL,则试样中 NaOH 的含量为(　　)(已知:$M_{Na_2CO_3} = 105.99$ g/mol,$M_{NaOH} = 40.00$ J/mol)。

　　A. 60.85%　　　B. 39.15%　　　C. 23.00%　　　D. 77.00%

18. $0.0234 \times 4.303 \times 71.07 \div 127.5 + 0.23$ 的计算结果是(　　)。

　　A. 0.2861　　　B. 0.286　　　　C. 0.29　　　　　D. 0.3

19. 用甲醛法测定氯化铵盐中氮含量时，一般选用（   ）作指示剂。

    A. 酚酞   B. 中性红   C. 甲基红   D. 甲基橙

20. 以 EDTA 配位滴定剂，下列叙述中错误的是（   ）。

    A. 易与金属离子形成稳定的配合物

    B. 形成的配合物的比例大多数为 1∶1

    C. 在酸度较高的溶液中可形成 MHY 配合物

    D. 酸度越高滴定反应的条件稳定常数越大

21. 用 EDTA 测定 Ag^+ 时，由于 Ag^+ 与 EDTA 配合不稳定，一般加入 $Ni(CN)_4^{2-}$，这种方法属于（   ）。

    A. 直接滴定   B. 返滴定   C. 置换滴定   D. 间接滴定

22. 利用溴酸钾的强氧化性，在酸性介质中可直接测定（   ）。

    A. N_2H_4 B. 苯酚   C. 苯胺   D. 苯乙烯

23. 已知 $C_{K_2Cr_2O_7} = 0.1200\ mol/L$，那么 $C_{\frac{1}{6}K_2Cr_2O_7} = $（   ）$mol/L$。

    A. 0.02000   B. 0.1200   C. 0.3600   D. 0.7200

24. 莫尔法滴定终点的颜色是（   ）。

    A. 白色   B. 黄色   C. 红色   D. 砖红色

25. 佛尔哈德法测定 I^- 含量时，下面步骤错误的是（   ）。

    A. 在 HNO_3 介质中进行，酸度控制在 0.2～0.6 mol/L

    B. 加入铁铵矾指示剂后，加入定量过量的 $AgNO_3$ 标准溶液

    C. 用 NH_4SCN 标准滴定溶液滴定过量的 Ag^+

    D. 至溶液成红色时，停止滴定，根据消耗标准溶液的体积进行计算

26. 按酸碱质子理论，NaH_2PO_4 是（   ）。

    A. 中性物质   B. 酸性物质   C. 碱性物质   D. 两性物质

27. 用 0.01000 mol/L HCl 滴定 0.01000 mol/L NaOH 时的 pH 突跃范围是 8.7～5.3，用 0.1000 mol/L HCl 滴定 0.1000 mol/L NaOH 的突跃范围是（   ）。

    A. 9.7～4.3   B. 8.7～4.3   C. 8.7～5.3   D. 10.7～3.3

28. 对工业硫酸样品进行测定，三次测定值分别为：98.01%，98.04%，98.09%，则测量平均偏差为（   ）。

    A. 0.05%   B. 0.08%   C. 0.03%   D. 0.04%

29. 关于莫尔法的条件选择，下列说法不正确的是（   ）。

    A. 指示剂 K_2CrO_4 的用量应大于 0.01 mol/L，避免终点拖后

    B. 溶液 pH 控制在 6.5～10.5

    C. 近终点时应剧烈摇动，减少 AgCl 沉淀对 Cl^- 吸附

    D. 含铵盐的溶液 pH 控制在 6.5～7.2

30. 以下方法中不能用来检验测定过程中是否存在方法误差的是（   ）。

    A. 对照试验   B. 空白试验

    C. 加标回收试验   D. 用标准方法（或一种可靠的方法）进行比较试验

31. 玻璃吸收池成套性检查时，吸收池内装 30 mg/L 的 $K_2Cr_2O_7$ 在波长为（   ）测定，装蒸馏水在波长为（   ）测定。

    A. 440 nm，700 nm   B. 700 nm，440 nm

C. 440 nm,440 nm   D. 700 nm,700 nm

32. 无 CO_3^{2-} 的 NaOH 标准溶液配制方法如下:称取 100 g NaOH,溶于 100 mL 水中摇匀,注入聚乙烯容器中,密闭放置至溶液清亮。用塑料管虹吸规定体积的上层清液,注入 1000 mL 无(　　)的水中摇匀。

A. HCl   B. O_2 C. CO_2 D. N_2

33. 重铬酸钾法测定铁矿石中铁的含量时,加入磷酸的作用是(　　)。

A. 加快反应速度

B. 溶解矿石

C. 使 Fe^{3+} 生成无色配离子,便于终点观察

D. 控制溶液酸度

34. 国家标准规定,一般滴定分析用标准溶液在常温(15～25 ℃)下使用(　　)个月后,必须重新标定浓度。

A. 1   B. 6   C. 3   D. 2

35. 用 ZnO 基准物标定 EDTA 标准溶液时,溶液的 pH 用(　　)缓冲溶液调至(　　)。

A. 醋酸-醋酸钠,pH=5～6   B. 醋酸-醋酸钠,pH=7～8

C. 氨-氯化铵,pH=7～8   D. 氨-氯化铵,pH=10

36. 校准滴定管时,由在 27 ℃时由滴定管放出 10.05 mL 水称其质量为 10.06 g,已知 27 ℃时水的密度为 0.99569 g/mL,则在 27 ℃时的实际体积为(　　)mL。

A. 9.99   B. 10.10   C. 9.90   D. 10.01

37. 有一碱液,可能是 K_2CO_3,KOH 和 $KHCO_3$ 或其中两者的混合碱物。今用 HCl 标准滴定溶液滴定,以酚酞为指示剂时,消耗体积为 V_1,继续加入甲基橙作指示剂,再用 HCl 溶液滴定,又消耗体积为 V_2,且 $V_2 < V_1$,则溶液由(　　)组成。

A. K_2CO_3 和 KOH   B. K_2CO_3 和 $KHCO_3$

C. K_2CO_3 D. $KHCO_3$

38. 下列物质中,可以用高锰酸钾返滴定法测定的是(　　)。

A. Cu^{2+} B. Ag^+ C. $CaCO_3$ D. MnO_2

39. 为了测定水中的 Ca^{2+}、Mg^{2+} 含量,以下消除少量 Fe^{3+}、Al^{3+} 干扰的方法中正确的是(　　)。

A. 于 pH=10 的氨性溶液中直接加入三乙醇胺

B. 于酸性溶液中加入 KCN,然后调至 pH=10

C. 于酸性溶液中加入三乙醇胺,然后调至 pH=10 的氨性溶液

D. 加入三乙醇胺时无需要考虑溶液的酸碱性

40. 下列物质中,能够用直接碘量法进行测定的是(　　)。

A. Cu^{2+} B. AsO_3^{3-} C. H_2O_2 D. IO_3^-

41. 沉淀滴定中,吸附指示剂终点变色发生在(　　)。

A. 溶液中   B. 沉淀内部   C. 沉淀表面   D. 溶液表面

42. EDTA 与 Ca^{2+} 配位时,其配位比为(　　)。

A. 1∶1   B. 2∶1   C. 1∶2   D. 4∶1

43. 溴酸钾法测定苯酚的反应如下:

$$BrO_3^- + 5Br^- + 6H^+ \Longrightarrow 3Br_2 + 3H_2O$$

$$C_6H_5OH + 3Br_2 \Longrightarrow C_6H_2Br_3OH + 3HBr$$

$$Br_2 + 2I^- \Longrightarrow I_2 + 2Br^-$$

$$I_2 + 2S_2O_3^{2-} \Longrightarrow S_4O_6^{2-} + 2I^-$$

在此测定中,$Na_2S_2O_3$ 与苯酚的物质的量之比为(　　)。

  A. 6:1   B. 3:1   C. 2:1   D. 1:1

44. 用电位滴定法测定卤素时,滴定剂为硝酸银,指示电极用(　　)。

  A. 铂电极   B. 玻璃电极

  C. 甘汞电极   D. 银电极

45. 在列出的电极中,属于参比电极的是(　　)。

  A. 玻璃电极   B. 甘汞电极

  C. 晶体膜电极   D. 非晶体膜电极

46. 关于电极的使用与维护,下列说法不正确的是(　　)。

  A. 玻璃电极应避免在含氟较高的溶液中使用

  B. 玻璃电极使用后应清洗擦干并存于盒中

  C. 甘汞电极不用时应盖上电极上、下端的胶皮帽

  D. 甘汞电极在使用前应充满 KCl 溶液

47. 在电位法中作为指示电极,其电极电位与被测离子的活(浓)度的关系应是(　　)的。

  A. 成正比

  B. 成反比

  C. 与被测离子活(浓)度的对数成正比

  D. 符合能斯特方程

48. 填充色谱柱的制备过程依次为色谱柱管处理、固体吸附剂或载体处理及(　　)。

  A. 载体涂渍、色谱柱装填   B. 载体涂渍、色谱柱老化

  C. 色谱柱装填、色谱柱老化   D. 载体涂渍、色谱柱装填、色谱柱老化

49. 原子吸收分析的定量依据是(　　)。

  A. 朗伯-比尔定律   B. 玻尔兹曼定律

  C. 多普勒变宽   D. 普朗克定律

50. 原子吸收分光光度计中可以提供锐线光源的是(　　)。

  A. 钨灯和氘灯   B. 无极放电灯和钨灯

  C. 空心阴极灯和无极放电灯   D. 空心阴极灯和钨灯

51. 使用火焰原子吸收分光光度计作试样测定时,发现指示器(表头、数字显示器或记录器)突然波动,可能的原因是(　　)。

  A. 电源电压变化太大   B. 燃气纯度不够

  C. 存在背景吸收   D. 外光路位置不正

52. 在气相色谱法中,使用热导池检测器时,为了提高检测器的灵敏度常使用的载气为(　　)。

  A. H_2 B. N_2 C. He   D. Ne

53. 紫外分光光度计中包括(　　)光源、单色器、石英吸收池和检测系统。

  A. 紫外灯   B. 氢灯   C. 钨灯   D. 碘钨灯

54. 火焰原子吸收光谱进样系统故障主要表现为(　　)和进样的提升量不足。

    A. 毛细管管口直径小
    B. 毛细管堵塞

    C. 燃助比选择不当
    D. 毛细管安装不当

55. 气相色谱仪汽化室硅橡胶垫连续漏气会使(　　),灵敏度差。

    A. 基线呈阶梯状
    B. 保留时间变小

    C. 保留时间增大
    D. 出现尖峰信号

56. pHs-2 型酸度计测水的 pH 值前要进行预热,然后调节"温度补偿钮"、"零点调节器"、(　　)和按下"读数开关"进行测量。

    A. "电极调节器"
    B. "缓冲调节器"

    C. "电源调节器"
    D. "定位调节器"

57. 分光光度计使用时,"灵敏度挡"在保证仪器使用波长状态能调到透过率为 100% 的情况下,尽量采用(　　)。

    A. "中间挡"
    B. "高灵敏度挡"

    C. "较低挡"
    D. "较高挡"

58. 火焰原子吸收光谱仪的空心阴极灯在使用时,应该根据仪器的性能条件,尽量使用(　　)。

    A. 高电流
    B. 低电流
    C. 最低电流
    D. 最大允许电流

59. FID 气相色谱仪所用空气压缩机的过滤器,一般每(　　)个月更换一次活性炭。

    A. 1
    B. 2
    C. 3
    D. 4

60. 邻二氮菲亚铁吸收曲线的测定,需要使用的试剂有亚铁标准滴定溶液、邻二氮菲、(　　)和醋酸钠等试剂。

    A. 过氧化氢
    B. 氯化亚锡
    C. 硫酸锰
    D. 盐酸羟胺

(二) 多项选择题

(第 61 题～第 70 题。每题至少有两个正确选项,将正确选项的字母填入题内的括号中。多选、漏选或错选均不得分,每题 1 分,共 10 分)

61. 下列叙述正确的是(　　)。

    A. 单质铁及铁盐在许多场合可用作催化剂

    B. 铁对氢氧化钠较为稳定,小型化工厂可用铁锅熔碱

    C. 根据 Fe^{3+} 和 SCN^- 以不同比例结合显现颜色不同,可用目视比色法测定 Fe^{3+} 含量

    D. 实际上锰钢的主要成分是锰

62. 下列关于卤素的描述正确的是(　　)。

    A. 氟的电负性最大
    B. 碘的变形性比氯大

    C. 氢卤酸都是强酸
    D. 碘分子间存在取向力和色散力

63. 下列羧酸中加热即可脱水生成酸酐的是(　　)。

    A. 乙酸
    B. 邻苯二甲酸
    C. 丁二酸
    D. 丙酸

64. 工业硫酸含量测定过程中,用减量法称取试样时,下列操作正确的是(　　)。

    A. 将滴瓶外壁擦干净后,先称量滴瓶与试样的总质量

    B. 滴管从滴瓶拿出前应先在滴瓶口处轻靠两下,避免转移至锥形瓶途中滴落损失

    C. 取一干净锥形瓶,将硫酸试样沿锥形瓶内壁滴加,防止溶液溅出损失

D. 将滴瓶放回天平称量，两次质量之差即为硫酸试样质量

65. 以甲基橙为指示剂，不能用 0.1000 mol/L 的盐酸标准滴定溶液直接滴定的是（　　　）。

  A. CH_3COONa B. $HCOONa$ C. Na_2CO_3 D. NH_4Cl

66. 下列离子中，能用莫尔法直接测定的是（　　　）。

  A. Br^- B. I^- C. SCN^- D. Cl^-

67. 已知几种金属离子浓度相近，$lgK_{MgY}=8.7$，$lgK_{MnY}=13.87$，$lgK_{FeY}=14.3$，$lgK_{AlY}=16.3$，$lgK_{BiY}=27.91$，则在 pH=5 时，测定 Al^{3+} 时，干扰测定的是（　　　）。

  A. Mg^{2+} B. Mn^{2+} C. Fe^{2+} D. Bi^{3+}

68. 原子吸收光谱法中，一般在（　　　）情况下不选择共振线而选择次灵敏线作分析线。

  A. 试样浓度较高   B. 共振线受其他谱线的干扰

  C. 有吸收线重叠   D. 共振吸收线的稳定度小

69. 在气相色谱法中，载气所起的作用是将样品（　　　）。

  A. 气化   B. 带入色谱柱进行分离

  C. 分离后的各组分带入检测器进行检测   D. 带出检测器排空

70. 在气相色谱法中，不能用来测定载气流速的是（　　　）。

  A. 转子流量计   B. 皂膜流量计   C. 气压计   D. 秒表

（三）判断题

（第 71 题～第 100 题。将判断结果填入括号中，正确的填"√"，错误的填"×"。每题 1 分，满分 30 分）

71. 社会主义市场经济对职业道德只有正面影响。 （　　　）

72. 浓硫酸有很强的氧化性，而稀硫酸却没有氧化性。 （　　　）

73. 在冶金工业上，常用电解法得到 Na、Mg 和 Al 等金属，其原因是这些金属很活泼。 （　　　）

74. 秸秆的发酵是制取乙醇最有效的方法。 （　　　）

75. 醛与托伦试剂（硝酸银的氨溶液）的反应属于氧化反应。 （　　　）

76. 某试样通过 10 次测定，可以去掉一个最大值和一个最小值，然后取平均值报结果。 （　　　）

77. 测定结果精密度好，准确度不一定高。 （　　　）

78. 在干燥器中贮存标准物 $H_2C_2O_4 \cdot 2H_2O$ 时，干燥器内不得放干燥剂。 （　　　）

79. 产品分析中，标准滴定溶液的浓度要求精确到四位有效数字。 （　　　）

80. 空白试验可以减小随机误差。 （　　　）

81. 分析实验室所用的三级水中的阳离子既可以用测电导率法测定，也可以用化学方法测定。 （　　　）

82. 分析实验室所用二级水只储存于密闭的、专用聚乙烯容器中。 （　　　）

83. 实验室中常用的铬酸洗液是用浓硫酸和重铬酸钾配制而成的。 （　　　）

84. 当电子天平显示 CAL 时，可以进行称量。 （　　　）

85. 根据酸碱质子理论酸越强其共轭碱也越强。 （　　　）

86. pH=6.70 的有效数字位数与 56.7% 的相同。 （　　　）

87. 移液管移取溶液转移至容器前，应将外壁用滤纸擦干后再调节液面。 （　　　）

88. 在测定水的钙硬度时,以钙指示剂指示终点,终点溶液颜色为红色。 ( )

89. 在用草酸钠标定高锰酸钾时,若溶液酸度过高,标定结果偏低。 ( )

90. 直接碘量法主要用于测定具有较强还原性的物质,间接碘量法主要用于测定具有氧化性的物质。 ( )

91. 因 Ce^{4+} 是强氧化剂,因而在强酸性介质中一般能用 $KMnO_4$ 法测定的物质,也能用 $Ce(SO_4)_2$ 法测定(已知:$E^{\ominus}_{MnO_4^-/Mn^{2+}}=1.51\ V$,$E^{\ominus}_{Ce^{4+}/Ce^{3+}}=1.61\ V$)。 ( )

92. 防止指示剂发生僵化现象的办法是加热或加入有机溶剂。 ( )

93. 玻璃电极在初次使用时,只能在 $0.1\ mol/L\ HCl$ 溶液中浸泡 24 小时以上。 ( )

94. 拿比色皿时只能拿毛面,不能拿透光面;擦拭比色皿时必须用擦镜纸擦透光面,不能用滤纸擦。 ( )

95. 酸度计测定溶液的 pH 时,使用的玻璃电极属于晶体膜电极。 ( )

96. 库仑分析的两个基本要求是电极反应单纯、100%的电流效率。 ( )

97. 参比电极的电位规定为零。 ( )

98. 原子吸收光谱仪开启时,应先开燃烧气,再开助燃气。 ( )

99. 在原子吸收光谱法分析中,火焰中存在的难熔氧化物或碳粒等固体颗粒,将产生背景干扰。 ( )

100. 液相色谱中,分离系统主要包括柱管、固定相和色谱柱箱。 ( )

附录一 试题库及模拟试卷参考答案

无机化学试题参考答案

(一) 单项选择题

(共 110 题。选择一个正确的答案,将相应的字母填入题内的括号中,每题 1 分)

题号	1	2	3	4	5	6	7	8	9	10
答案	C	A	B	D	B	D	D	C	C	C
题号	11	12	13	14	15	16	17	18	19	20
答案	B	A	A	B	D	B	C	B	D	C
题号	21	22	23	24	25	26	27	28	29	30
答案	D	A	B	A	D	C	C	C	C	D
题号	31	32	33	34	35	36	37	38	39	40
答案	C	A	D	B	C	D	B	A	C	D
题号	41	42	43	44	45	46	47	48	49	50
答案	D	D	C	B	C	A	C	B	C	C
题号	51	52	53	54	55	56	57	58	59	60
答案	A	A	D	D	B	D	B	A	C	B
题号	61	62	63	64	65	66	67	68	69	70
答案	B	C	D	C	B	A	D	C	A	C
题号	71	72	73	74	75	76	77	78	79	80
答案	A	C	B	C	C	B	D	B	A	A
题号	81	82	83	84	85	86	87	88	89	90
答案	A	B	C	B	B	B	B	C	C	D
题号	91	92	93	94	95	96	97	98	99	100
答案	D	B	D	C	B	B	A	D	D	D
题号	101	102	103	104	105	106	107	108	109	110
答案	D	A	C	B	C	B	C	D	C	D

(二)多项选择题

(共 90 题。每题至少有两个正确选项,将正确选项的字母填入题内的括号中,多选、漏选或错选均不得分,每题 1 分)

题号	1	2	3	4	5	6	7	8
答案	ABC	AC	AB	ABC	AB	ABD	ABD	ABD
题号	9	10	11	12	13	14	15	16
答案	ACD	BCD	ABC	ABC	BCD	ABC	ABC	ABD
题号	17	18	19	20	21	22	23	24
答案	ACD	ACD	ACD	ABD	BCD	ACD	ABC	BCD
题号	25	26	27	28	29	30	31	32
答案	ACD	ABD	ABD	ACD	BD	ABC	ABC	ABD
题号	33	34	35	36	37	38	39	40
答案	ACD	CD	ACD	AD	AD	ACD	ACD	ACD
题号	41	42	43	44	45	46	47	48
答案	AC	BC	BCD	ABC	ABD	ACD	CD	AB
题号	49	50	51	52	53	54	55	56
答案	AB	ACD	ABC	ABC	BCD	ACD	AD	ABC
题号	57	58	59	60	61	62	63	64
答案	BD	ACD	ABC	AC	CD	ABC	CD	AB
题号	65	66	67	68	69	70	71	72
答案	AB	AB	ABD	AC	ABCD	AB	AB	BC
题号	73	74	75	76	77	78	79	80
答案	BD	BD	ACD	ACD	AD	CD	ACD	AE
题号	81	82	83	84	85	86	87	88
答案	BE	AD	BE	ACD	DE	CE	BD	AE
题号	89	90						
答案	AC	ABD						

(三) 判断题

(共 100 题。将判断结果填入括号中,正确的填"√",错误的填"×",每题 1 分)

题号	1	2	3	4	5	6	7	8	9	10
答案	×	×	√	×	√	√	×	√	×	×
题号	11	12	13	14	15	16	17	18	19	20
答案	×	√	√	×	×	×	×	√	√	√
题号	21	22	23	24	25	26	27	28	29	30
答案	√	×	√	√	×	√	√	×	√	√
题号	31	32	33	34	35	36	37	38	39	40
答案	×	×	×	√	×	√	×	√	√	×
题号	41	42	43	44	45	46	47	48	49	50
答案	√	×	√	×	√	×	×	×	×	×
题号	51	52	53	54	55	56	57	58	59	60
答案	√	√	×	√	×	√	√	√	×	×
题号	61	62	63	64	65	66	67	68	69	70
答案	√	√	×	×	√	×	√	√	√	√
题号	71	72	73	74	75	76	77	78	79	80
答案	×	√	√	×	√	√	√	×	×	√
题号	81	82	83	84	85	86	87	88	89	90
答案	×	√	×	×	√	√	×	√	×	×
题号	91	92	93	94	95	969	7	98	99	100
答案	×	×	√	×	√	√	√	√	√	×

有机化学试题参考答案

(一)单项选择题

(共 110 题。选择一个正确的答案,将相应的字母填入题内的括号中,每题 1 分)

题号	1	2	3	4	5	6	7	8	9	10
答案	B	D	B	A	A	B	A	C	B	A

续表

题号	11	12	13	14	15	16	17	18	19	20
答案	B	D	C	C	C	D	C	A	B	A
题号	21	22	23	24	25	26	27	28	29	30
答案	A	D	A	A	A	D	B	D	B	B
题号	31	32	33	34	35	36	37	38	39	40
答案	A	C	C	B	B	C	B	B	B	B
题号	41	42	43	44	45	46	47	48	49	50
答案	D	A	A	C	A	C	D	A	A	A
题号	51	52	53	54	55	56	57	58	59	60
答案	C	B	A	C	A	B	B	A	C	D
题号	61	62	63	64	65	66	67	68	69	70
答案	A	C	D	D	B	A	D	B	D	B
题号	71	72	73	74	75	76	77	78	79	80
答案	D	B	C	B	B	C	D	D	A	D
题号	81	82	83	84	85	86	87	88	89	90
答案	A	A	B	B	C	D	D	C	D	B
题号	91	92	93	94	95	96	97	98	99	100
答案	D	C	B	A	D	C	B	D	C	C
题号	101	102	103	104	105	106	107	108	109	110
答案	D	D	B	A	B	A	C	C	A	B

（二）多项选择题

（共 **85** 题。每题至少有两个正确选项,将正确选项的字母填入题内的括号中,多选、漏选或错选均不得分,每题 **1** 分）

题号	1	2	3	4	5	6	7	8
答案	ACD	ABD	BCD	BCD	ACD	ACD	ABC	CD
题号	9	10	11	12	13	14	15	16
答案	ABCD	AD	ABD	ABD	ABCD	CD	ACD	AC
题号	17	18	19	20	21	22	23	24
答案	AB	ABC	AD	ABCD	CD	ABC	AC	ABC
题号	25	26	27	28	29	30	31	32
答案	ABCD	ABD	ABD	BCD	AB	AC	BD	AD
题号	33	34	35	36	37	38	39	40
答案	AB	ABD	ABD	AD	ACD	BCD	ABC	ABC

题号	41	42	43	44	45	46	47	48
答案	ABD	AD	ABC	AC	AC	AB	BD	ABCD
题号	49	50	51	52	53	54	55	56
答案	ABD	ACD	ABC	ABC	ACD	BCD	ABCD	AB
题号	57	58	59	60	61	62	63	64
答案	ACD	ABCD	ABC	BCD	ABC	AB	ABCD	ABD
题号	65	66	67	68	69	70	71	72
答案	CD	ABC	ABD	ACD	ABC	CD	BC	BCD
题号	73	74	75	76	77	78	79	80
答案	CD	AD	AB	BCD	ABD	CD	AC	AB
题号	81	82	83	84	85			
答案	BCD	ABD	ABCD	ABD	BC			

(三) 判断题

(共 100 题。将判断结果填入括号中,正确的填"√",错误的填"×",每题 1 分)

题号	1	2	3	4	5	6	7	8	9	10
答案	×	√	√	×	×	√	×	√	√	×
题号	11	12	13	14	15	16	17	18	19	20
答案	×	×	√	√	√	√	√	×	×	√
题号	21	22	23	24	25	26	27	28	29	30
答案	×	√	√	√	×	√	√	×	√	×
题号	31	32	33	34	35	36	37	38	39	40
答案	×	×	√	√	×	×	√	×	√	√
题号	41	42	43	44	45	46	47	48	49	50
答案	×	×	×	√	√	×	√	√	√	×
题号	51	52	53	54	55	56	57	58	59	60
答案	×	×	×	√	×	√	√	√	×	×
题号	61	62	63	64	65	66	67	68	69	70
答案	×	√	√	×	√	×	√	√	×	√
题号	71	72	73	74	75	76	77	78	79	80
答案	√	×	√	×	√	×	×	×	×	×
题号	81	82	83	84	85	86	87	88	89	90
答案	√	√	√	×	√	×	×	×	√	×
题号	91	92	93	94	95	96	97	98	99	100
答案	√	√	×	×	√	√	√	√	√	×

化学实验技能训练试题参考答案

（一）单项选择题

（共 **50** 题。选择一个正确的答案,将相应的字母填入题内的括号中,每题 **1** 分）

题号	1	2	3	4	5	6	7	8	9	10
答案	C	D	D	A	D	A	B	B	B	A
题号	11	12	13	14	15	16	17	18	19	20
答案	C	A	D	C	B	D	B	C	A	C
题号	21	22	23	24	25	26	27	28	29	30
答案	C	D	A	C	D	A	B	C	B	A
题号	31	32	33	34	35	36	37	38	39	40
答案	D	C	B	A	D	B	A	D	C	D
题号	41	42	43	44	45	46	47	48	49	50
答案	A	C	B	A	B	B	C	B	D	A

（二）多项选择题

（共 **50** 题。每题至少有两个正确选项,将正确选项的字母填入题内的括号中,多选、漏选或错选均不得分,每题 **1** 分）

题号	1	2	3	4	5	6	7	8
答案	BD	AB	ABD	ABC	ACD	AD	AB	ABC
题号	9	10	11	12	13	14	15	16
答案	ABC	BD	ABD	AC	ABCD	BCD	ABD	AB
题号	17	18	19	20	21	22	23	24
答案	ACD	ACD	BC	BC	ACD	ABD	ABD	ACD
题号	25	26	27	28	29	30	31	32
答案	ABC	BCD	BCD	ABC	AD	BC	ABC	ABC
题号	33	34	35	36	37	38	39	40
答案	BC	ABD	AD	ACD	AD	ABD	BCD	ABC

题号	41	42	43	44	45	46	47	48
答案	BCD	ACD	ABD	ABC	ACD	ABD	ABD	AD
题号	49	50						
答案	ABCD	ABC						

(三) 判断题

(共 **30** 题。将判断结果填入括号中,正确的填"√",错误的填"×",每题 **1** 分)

题号	1	2	3	4	5	6	7	8	9	10
答案	√	√	√	×	√	√	×	×	×	×
题号	11	12	13	14	15	16	17	18	19	20
答案	√	√	√	√	√	√	×	×	×	×
题号	21	22	23	24	25	26	27	28	29	30
答案	×	√	×	×	√	×	×	×	√	×

分析化学试题参考答案

(一) 单项选择题

(共 **170** 题。选择一个正确的答案,将相应的字母填入题内的括号中,每题 **1** 分)

题号	1	2	3	4	5	6	7	8	9	10
答案	B	A	B	C	A	C	A	A	D	B
题号	11	12	13	14	15	16	17	18	19	20
答案	D	A	D	D	A	A	B	D	B	C
题号	21	22	23	24	25	26	27	28	29	30
答案	C	B	C	B	A	B	D	D	D	D
题号	31	32	33	34	35	36	37	38	39	40
答案	D	D	B	A	C	A	B	B	B	B
题号	41	42	43	44	45	46	47	48	49	50
答案	A	B	D	D	D	D	C	B	B	A
题号	51	52	53	54	55	56	57	58	59	60
答案	C	A	D	A	B	B	A	D	A	A
题号	61	62	63	64	65	66	67	68	69	70
答案	B	C	C	A	D	B	B	D	D	C

题号	71	72	73	74	75	76	77	78	79	80
答案	D	B	B	D	C	A	C	B	B	C
题号	81	82	83	84	85	86	87	88	89	90
答案	C	C	A	B	C	C	D	C	B	C
题号	91	92	93	94	95	96	97	98	99	100
答案	A	A	C	C	B	D	B	B	C	D
题号	101	102	103	104	105	106	107	108	109	110
答案	C	B	A	D	D	C	A	B	B	D
题号	111	112	113	114	115	116	117	118	119	120
答案	C	C	B	D	C	B	C	C	D	A
题号	121	122	123	124	125	126	127	128	129	130
答案	B	D	B	C	A	A	D	A	D	D
题号	131	132	133	134	135	136	137	138	139	140
答案	C	B	C	B	B	D	B	B	B	C
题号	141	142	143	144	145	146	147	148	149	150
答案	D	A	C	C	A	B	D	D	A	B
题号	151	152	153	154	155	156	157	158	159	160
答案	B	A	C	D	C	D	A	C	B	A
题号	161	162	163	164	165	166	167	168	169	170
答案	D	D	B	A	D	D	C	D	B	A

（二）多项选择题

（共 70 题。每题至少有二个正确选项,将正确选项的字母填入题内的括号中,多选、漏选或错选均不得分,每题 1 分）

题号	1	2	3	4	5	6	7
答案	ABCE	ADE	ABCD	ABCD	BD	CDE	ACE
题号	8	9	10	11	12	13	14
答案	ABDE	ABDE	ACD	BC	ABCE	BCDE	ACDE
题号	15	16	17	18	19	20	21
答案	BCE	DE	BC	AE	ABCE	AC	ABDE
题号	22	23	24	25	26	27	28
答案	ABCDE	ACDE	ABD	CDE	ADE	ACDE	ABCDE
题号	29	30	31	32	33	34	35
答案	BE	ABD	ABCDE	ABCDE	BCDE	AB	ABDE

题号	36	37	38	39	40	41	42
答案	ACDE	AD	BD	ABCD	BCE	DE	ACE
题号	43	44	45	46	47	48	49
答案	ABCE	AB	BCDE	ABCD	BCE	AD	AE
题号	50	51	52	53	54	55	56
答案	ABDE	ABDE	CD	CE	ACD	AC	ABCDE
题号	57	58	59	60	61	62	63
答案	BDE	ABC	ACDE	BCDE	BE	ABE	BCE
题号	64	65	66	67	68	69	70
答案	ABC	ADE	ABD	ABDE	ABCDE	ACD	ABD

(三) 判断题

(共 120 题。将判断结果填入括号中,正确的填"√",错误的填"×",每题 1 分)

题号	1	2	3	4	5	6	7	8	9	10
答案	√	×	×	×	√	×	√	√	√	×
题号	11	12	13	14	15	16	17	18	19	20
答案	×	√	×	×	×	√	√	√	×	√
题号	21	22	23	24	25	26	27	28	29	30
答案	×	√	√	×	×	√	×	×	×	×
题号	31	32	33	34	35	36	37	38	39	40
答案	√	×	×	√	√	√	×	×	√	√
题号	41	42	43	44	45	46	47	48	49	50
答案	×	√	√	√	×	√	√	√	×	√
题号	51	52	53	54	55	56	57	58	59	60
答案	×	√	√	√	×	×	×	×	√	×
题号	61	62	63	64	65	66	67	68	69	70
答案	√	×	×	×	√	√	√	√	×	×
题号	71	72	73	74	75	76	77	78	79	80
答案	×	√	×	√	×	√	×	×	×	×
题号	81	82	83	84	85	86	87	88	89	90
答案	√	×	×	×	×	×	√	×	√	√
题号	91	92	93	94	95	96	97	98	99	100
答案	×	×	√	×	×	×	√	√	×	√

题号	101	102	103	104	105	106	107	108	109	110
答案	√	×	√	×	×	×	√	√	×	√
题号	111	112	113	114	115	116	117	118	119	120
答案	×	√	×	×	√	√	×	√	×	×

仪器分析试题参考答案

（一）单项选择题

（共 **220** 题。选择一个正确的答案,将相应的字母填入题内的括号中,每题 **1** 分）

题号	1	2	3	4	5	6	7	8	9	10
答案	A	A	D	C	A	C	A	B	C	D
题号	11	12	13	14	15	16	17	18	19	20
答案	D	B	C	C	A	D	B	D	C	D
题号	21	22	23	24	25	26	27	28	29	30
答案	D	B	A	D	C	C	C	A	B	C
题号	31	32	33	34	35	36	37	38	39	40
答案	D	B	D	D	B	A	A	C	B	C
题号	41	42	43	44	45	46	47	48	49	50
答案	C	A	B	B	B	C	C	B	A	B
题号	51	52	53	54	55	56	57	58	59	60
答案	B	A	C	B	B	B	B	A	C	C
题号	61	62	63	64	65	66	67	68	69	70
答案	C	C	A	A	A	A	D	D	C	C
题号	71	72	73	74	75	76	77	78	79	80
答案	B	A	D	A	D	C	C	A	C	D
题号	81	82	83	84	85	86	87	88	89	90
答案	A	A	D	A	B	B	C	D	D	B
题号	91	92	93	94	95	96	97	98	99	100
答案	D	D	A	A	C	C	C	B	B	B
题号	101	102	103	104	105	106	107	108	109	110
答案	C	D	C	B	B	B	D	A	A	D

题号	111	112	113	114	115	116	117	118	119	120
答案	C	A	C	D	C	B	A	C	B	C
题号	121	122	123	124	125	126	127	128	129	130
答案	D	D	C	A	A	C	C	A	A	B
题号	131	132	133	134	135	136	137	138	139	140
答案	B	B	C	D	B	A	C	C	B	A
题号	141	142	143	144	145	146	147	148	149	150
答案	D	A	A	A	B	B	D	C	C	A
题号	151	152	153	154	155	156	157	158	159	160
答案	D	C	B	A	A	B	B	A	D	B
题号	161	162	163	164	165	166	167	168	169	170
答案	B	D	B	A	A	A	A	B	D	C
题号	171	172	173	174	175	176	177	178	179	180
答案	D	A	B	B	C	B	C	A	A	B
题号	181	182	183	184	185	186	187	188	189	190
答案	D	B	A	B	B	D	B	A	D	D
题号	191	192	193	194	195	196	197	198	199	200
答案	C	A	D	D	D	C	A	C	B	A
题号	201	202	203	204	205	206	207	208	209	210
答案	C	D	C	D	D	A	C	D	D	B
题号	211	212	213	214	215	216	217	218	219	220
答案	B	A	A	B	A	C	B	D	C	D

(二) 多项选择题

(共 165 题。每题至少有两个正确选项,将正确选项的字母填入题内的括号中,多选、漏选或错选均不得分,每题 1 分)

题号	1	2	3	4	5	6	7	8
答案	ABCD	AC	ABCD	ABC	ABCD	BC	ABD	ABC
题号	9	10	11	12	13	14	15	16
答案	ACD	ABC	ABD	ABCD	ABD	ACD	ACD	ABD
题号	17	18	19	20	21	22	23	24
答案	AB	AC	ABC	ABD	ABCD	BD	ABCD	ABCD
题号	25	26	27	28	29	30	31	32
答案	ABCD	BCD	ABD	ABC	AB	CD	ABCD	ABC

续表

题号	33	34	35	36	37	38	39	40
答案	AB	ABCD	AD	ABCD	BC	AD	BCE	AB
题号	41	42	43	44	45	46	47	48
答案	ABCD	BC	ABCD	ABCD	ABCD	ABCD	BC	AB
题号	49	50	51	52	53	54	55	56
答案	BCD	BD	ABCD	ABCD	ABCD	AB	ABCD	BD
题号	57	58	59	60	61	62	63	64
答案	ABD	AC	AC	AD	AB	BC	ABC	AC
题号	65	66	67	68	69	70	71	72
答案	ABD	BD	CBD	ABC	ACD	ABD	ABC	ABC
题号	73	74	75	76	77	78	79	80
答案	ABCD	ABC	ABCD	AC	ABC	ABCD	ACD	ABCD
题号	81	82	83	84	85	86	87	88
答案	ABC	ABCD	ABC	ABD	ABDE	ABCD	AD	ABCD
题号	89	90	91	92	93	94	95	96
答案	ABD	ABD	ABC	BD	ABD	ABC	ABC	ABD
题号	97	98	99	100	101	102	103	104
答案	ABC	ABCD	ABCD	ABC	BD	ABC	ABCD	AC
题号	105	106	107	108	109	110	111	112
答案	ABD	ABCD	ABC	ABCD	AC	BC	AD	ABCD
题号	113	114	115	116	117	118	119	120
答案	ABCD	ABC	ABCD	BCD	AD	BC	BCD	AD
题号	121	122	123	124	125	126	127	128
答案	ABCD	ABC	AC	ABC	AB	ABC	ABCD	ABD
题号	129	130	131	132	133	134	135	136
答案	ABDE	AB	ACD	ACD	ABC	CD	ABC	ABC
题号	137	138	139	140	141	142	143	144
答案	ACD	BC	AC	ABD	ABD	ACD	ABCD	ABCD
题号	145	146	147	148	149	150	151	152
答案	ABCD	BCD	CD	AB	ABCD	AB	AC	ABCD
题号	153	154	155	156	157	158	159	160
答案	ABCD	ABCD	ABCD	AB	ABCD	AC	ABCD	AC
题号	161	162	163	164	165			
答案	ABC	ABD	ABCD	AB	ABCD			

（三）判断题

（共 165 题。将判断结果填入括号中，正确的填"√"，错误的填"×"，每题 1 分）

题号	1	2	3	4	5	6	7	8	9	10
答案	√	×	×	√	×	×	×	√	√	√
题号	11	12	13	14	15	16	17	18	19	20
答案	×	√	√	√	√	×	√	√	×	×
题号	21	22	23	24	25	26	27	28	29	30
答案	×	×	√	√	√	×	√	×	√	√
题号	31	32	33	34	35	36	37	38	39	40
答案	×	√	√	×	×	√	×	√	√	√
题号	41	42	43	44	45	46	47	48	49	50
答案	√	×	√	√	×	√	×	√	√	×
题号	51	52	53	54	55	56	57	58	59	60
答案	×	√	√	×	√	√	√	√	×	×
题号	61	62	63	64	65	66	67	68	69	70
答案	√	√	√	√	×	×	×	√	√	√
题号	71	72	73	74	75	76	77	78	79	80
答案	×	√	√	×	×	√	√	√	×	√
题号	81	82	83	84	85	86	87	88	89	90
答案	×	×	√	×	√	√	×	√	√	√
题号	91	92	93	94	95	96	97	98	99	100
答案	×	×	√	×	×	√	×	×	√	×
题号	101	102	103	104	105	106	107	108	109	110
答案	√	√	√	×	×	×	×	√	√	√
题号	111	112	113	114	115	116	117	118	119	120
答案	√	×	√	×	×	×	√	×	×	×
题号	121	122	123	124	125	126	127	128	129	130
答案	×	√	√	×	√	√	×	×	√	√
题号	131	132	133	134	135	136	137	138	139	140
答案	×	√	√	√	√	×	√	×	√	×
题号	141	142	143	144	145	146	147	148	149	150
答案	√	√	√	×	√	×	√	×	×	√

续表

题号	151	152	153	154	155	156	157	158	159	160
答案	√	√	×	√	√	√	√	×	√	√
题号	161	162	163	164	165					
答案	√	√	√	√	√					

化学检验工(中级)职业技能鉴定理论知识测试模拟试卷(一)参考答案

(一) 单项选择题

(第1题～第60题。选择一个正确的答案,将相应的字母填入题内的括号中,每题1分,满分60分)

题号	1	2	3	4	5	6	7	8	9	10
答案	B	C	B	D	C	C	A	A	B	B
题号	11	12	13	14	15	16	17	18	19	20
答案	C	A	D	C	B	B	C	D	B	D
题号	21	22	23	24	25	26	27	28	29	30
答案	A	D	B	D	C	D	C	A	B	D
题号	31	32	33	34	35	36	37	38	39	40
答案	B	C	D	A	A	B	C	C	B	D
题号	41	42	43	44	45	46	47	48	49	50
答案	D	A	C	A	A	A	C	B	A	A
题号	51	52	53	54	55	56	57	58	59	60
答案	C	D	D	B	B	C	A	A	B	C

(二) 多项选择题

(第61题～第70题。每题至少有两个正确选项,将正确选项的字母填入题内的括号中,多选、漏选或错选均不得分,每题1分,满分10分)

题号	61	62	63	64	65	66	67	68	69	70
答案	ABC	ABD	BCD	ACD	BCD	BE	ABCDE	ABCD	ABCD	AB

(三)判断题

(第 71 题～第 100 题。将判断结果填入括号中,正确的填"√",错误的填"×",每题 1 分,满分 30 分)

题号	71	72	73	74	75	76	77	78	79	80
答案	√	×	√	√	×	√	×	√	×	√
题号	81	82	83	84	85	86	87	88	89	90
答案	√	×	×	√	√	√	×	√	√	√
题号	91	92	93	94	95	96	97	98	99	100
答案	√	√	√	×	×	√	×	√	×	√

化学检验工(中级)职业技能鉴定理论知识测试模拟试卷(二)参考答案

(一)单项选择题

(第 1 题～第 60 题。选择一个正确的答案,将相应的字母填入题内的括号中,每题 1 分,满分 60 分)

题号	1	2	3	4	5	6	7	8	9	10
答案	C	B	A	C	D	D	C	C	B	A
题号	11	12	13	14	15	16	17	18	19	20
答案	D	A	B	A	D	B	C	D	A	D
题号	21	22	23	24	25	26	27	28	29	30
答案	C	A	D	D	B	D	A	C	A	B
题号	31	32	33	34	35	36	37	38	39	40
答案	A	C	C	D	D	B	A	D	A	B
题号	41	42	43	44	45	46	47	48	49	50
答案	C	A	A	C	B	B	D	D	A	C
题号	51	52	53	54	55	56	57	58	59	60
答案	A	A	B	B	C	D	C	B	C	A

（二）多项选择题

（第 61 题～第 70 题。每题至少有两个正确选项,将正确选项的字母填入题内的括号中,多
选、漏选或错选均不得分,每题 1 分,满分 10 分）

题号	61	62	63	64	65	66	67	68	69	70
答案	ABC	AB	BC	ABD	ABD	AD	BCD	ABCD	BCD	ACD

（三）判断题

（第 71 题～第 100 题。将判断结果填入括号中,正确的填"√",错误的填"×",每题 1 分,
满分 30 分）

题号	71	72	73	74	75	76	77	78	79	80
答案	×	√	√	√	×	×	√	√	√	×
题号	81	82	83	84	85	86	87	88	89	90
答案	√	√	√	×	×	×	√	×	×	√
题号	91	92	93	94	95	96	97	98	99	100
答案	√	√	×	√	×	√	×	×	√	√

附录二　答　题　卡

班级：　　　　　准考证号(学号)：　　　　　姓名：

……………密……………封……………线……………

阅卷成绩				阅卷人签名	复核成绩				复核人签名
一	二	三	合计		一	二	三	合计	

一、单项选择题(第 1～60 题，请将正确选项字母填入下表，每题 1 分，满分 60 分)

题号	1	2	3	4	5	6	7	8	9	10
答案										
题号	11	12	13	14	15	16	17	18	19	20
答案										
题号	21	22	23	24	25	26	27	28	29	30
答案										
题号	31	32	33	34	35	36	37	38	39	40
答案										
题号	41	42	43	44	45	46	47	48	49	50
答案										
题号	51	52	53	54	55	56	57	58	59	60
答案										

二、多项选择题(第 61～70 题。每题至少有二个正确选项，请将正确选项字母填入下表，多选、漏选或错选均不得分，每题 1 分，满分 10 分)

题号	61	62	63	64	65	66	67	68	69	70
答案										

三、判断题(第 71～100 题。将判断结果填入下表，正确的填"√"，错误的填"×"，每题 1 分，满分 30 分)

题号	71	72	73	74	75	76	77	78	79	80
答案										
题号	81	82	83	84	85	86	87	88	89	90
答案										
题号	91	92	93	94	95	96	97	98	99	100
答案										

附录三　化工行业特有工种职业技能鉴定申请表

姓　名		性别		出生年月			照
文化程度		民族		联系电话			
专业名称 （或单位）				联系电话 （区号）			片
班级名称 或单位地址				邮政编码			（1寸）
身份证地址							
身份证号码							
现所持《职业资格证书》编号							
发证单位							
发证时间			专业工种				
技术等级			从事本工种工龄				
申报鉴定工种			申报鉴定级别				
鉴定前培训时间							
申请鉴定时间							
鉴定站意见				职业技能鉴定站（盖章） 年　月　日			
备注